国家自然科学基金重点项目(40635030)成果

矿业城市人地系统脆弱性

——理论·方法·实证

张平宇　李　鹤　佟连军
刘继生　王士君　修春亮　等◎著

科学出版社
北　京

图书在版编目（CIP）数据

矿业城市人地系统脆弱性：理论·方法·实证/张平宇等著．—北京：科学出版社，2011.1
ISBN 978-7-03-029852-2

Ⅰ．①矿…　Ⅱ．①张…　Ⅲ．①矿业城镇-人类环境-研究-东北地区　Ⅳ．①X24

中国版本图书馆 CIP 数据核字（2010）第 260899 号

责任编辑：宋　旭　陈　超　韩昌福　赵　冰/责任校对：鲁　素
责任印制：赵德静 / 封面设计：无极书装
编辑部电话：010-64035853
E-mail：houjunlin@mail. sciencep. com

科学出版社出版
北京东黄城根北街 16 号
邮政编码：100717
http://www.sciencep.com
骏杰印刷厂印刷

科学出版社发行　各地新华书店经销
*
2011 年 2 月第　一　版　　开本：B5（720×1000）
2011 年 2 月第一次印刷　　印张：18 3/4
印数：1－2 000　　字数：345 000

定价：48.00 元
（如有印装质量问题，我社负责调换）

序 言
Preface

脆弱性是当前全球变化研究领域的一个核心概念，已发展成为一个新的研究方向。尽管目前对脆弱性概念的理解还没有完全达成一致，脆弱性研究的理论和方法仍处在不断完善之中，但它作为研究人-自然耦合系统的一个新的范式，已被大量地应用到实践研究中，表现出方便应用的工具性，并得到日益广泛的科学认同。人与自然系统的关系是一个古老的哲学命题，现代自然科学的进步把这一哲学命题具体化为相关学科的科学命题。人-自然耦合系统，地理科学表述为“人地关系地域系统”；生态学表述为“社会生态耦合系统”；环境科学表述为“人-环境耦合系统”。这些概念均源自于各自的学科背景，有不同的研究侧重和学科特点。它们所关注的对象、研究的要素以及相互作用过程多有交叉、重叠，在解释人与自然系统的耦合机制上均有独特作用。然而，面对全球变化和经济全球化背景下当代人类社会发展趋向和可持续发展问题的复杂性，传统的科学理论和方法显现出片面性和局限性，需要建立能够最大限度地整合自然与人文过程，集成各方面学科优势，形成具有共同科学术语和研究范式的新的学科方向。刚刚兴起的可持续性科学就是在这种背景下应运而生的。脆弱性作为可持续性研究的基本方法，其独特的作用体现在能够紧密围绕人-环境耦合系统的关键相互作用过程开展研究，在一个开放、跨尺度和动态变化的背景下揭示该系统的地方特性，为其科学的管治和决策服务，同时有利于建立可应用的科学规制和技术方法。

我国是世界上生态环境最为脆弱的国家之一，一方面是因为我国自然地理结构所固有的脆弱性，另一方面是因为我国约占世界 1/5 人口的生存和发展对资源环境所带来的持续压力。同时也应注意到，我国人地系统脆弱性具有明显的区域差异性。在多种多样的人地关系地域系统中，矿产资源开采对自然系统的干扰最为强烈，所以矿业城市人地系统脆弱性最为典型，具有特殊的研究价值。

本书是国家自然科学基金重点项目“东北地区矿业城市人地系统脆弱性与可持续性研究”（40635030）的成果集成。本书从地理学人地关系地域系统理论视角出发，针对全球变化背景下人-环境耦合系统研究的新趋向，采用脆弱性研究范式，试图从一个新的理论视角探究我国矿业城市脆弱性机制，为矿业城市寻求可持续发展途径提供科学依据。全书可分为三个相互贯通的部分：第一章至第三章为一般性理论研究，探讨了当前脆弱性研究的前沿理论及其在人地系统研究应用问题，系统分析了矿业城市人地系统脆弱性特征扰动因素及关键过程，构建了矿业城市人地系统脆弱性评价流程与方法，为下面的实证研究奠定理论与方法基础；第四章、第五章通过构建脆弱性评价模型，从区域尺度上评价了东北地区 14 个矿业城市脆弱性的区域分异特征及类型差别，并探讨了脆弱性调控途径；第六章至第八章分别以阜新、大庆、辽源三个矿业城市为案例，从不同侧面深入探究矿业城市人地系统脆弱性机制与调控策略，目的在于比较矿业城市脆弱性的地方特性。

本书是项目组成员集体密切合作的研究成果。在项目进展期间，参加人员怀着高度的责任感和对这一新研究方向的浓厚兴趣，积极参加学术研讨和调研活动，付出了艰苦的努力并作出了独特的贡献。各章作者分别为：第一章，张平宇；第二章，张平宇、李鹤；第三章，李鹤、张平宇；第四章，李鹤；第五章，佟连军、李鹤、仇方道；第六章，修春亮、刘大千；第七章，王士君、杨艳茹、苏飞；第八章，刘继生、卢万合、那伟。全书由张平宇研究员统稿和最终定稿。

本书力求遵循脆弱性研究范式，紧密结合国际前沿，注重了矿业城市人地系统地方特性和脆弱性方法的应用创新，尝试了脆弱性应用研究的新领域，建立了矿业城市可持续发展问题研究的一个新的理论视角。本书的主要贡献体现在以下方面：基于脆弱性研究范式，建立了矿业城市人地系统脆弱性分析框架；识别出矿业城市关键脆弱性特征和机制；开展了矿业城市脆弱性评价，定量测度和比较了矿业城市脆弱性差异；针对脆弱性发生机制提出了矿业城市脆弱性调控途径和可持续发展对策，为东北地区矿业城市发展决策提供了参考。

同时，我们也清醒地认识到，由于数据、方法、样本和理论认识等方面的原因，本书发表的内容还仅为初步研究成果，也难免存在不足乃至值得商榷之处。欢迎从事相关研究的人士和广大读者给予批评指正，以促进我们的研究工作。

项目进展期间，正值国家实施振兴东北等老工业基地战略的关键阶段，项目的调研和数据收集得到了东北三省相关部门和相关案例城市的大力支持和热情帮助。在项目开展伊始，陆大道院士专门来信对项目进展提出了要求和期望，激励着项目组成员努力工作。在项目中期考核过程中，专家组对项目进展需要注意的方面给予了明确指导。在这里，我们对所有关心支持本项工作的单位和个人一并表示衷心感谢！本书的顺利出版还得到了科学出版社的大力支持，我们对编审人员付出的辛苦工作表示诚挚谢意！最后，需要特别感谢国家自然科学基金委员会对本项目的资助。

张平宇

2010 年 8 月 9 日

目　录

Contents

第一章　脆弱性与人地系统研究

脆弱性是全球环境变化和可持续性科学领域新的研究方向，具有综合集成、跨学科、多尺度、多要素、多重循环的特点，已成为当代地理学以及相关科学诠释人类-环境系统相互作用机制的重要研究领域。由于人地关系耦合系统的复杂性以及对脆弱性概念认识的差别，真正意义上的脆弱性研究尚处于起步阶段，既需要理论与方法的深化、学科之间的交叉与融合，又需要全球范围内更多的基于地方尺度的实证案例研究的支持。随着脆弱性研究理论和方法的不断发展，脆弱性研究必将成为揭示人地关系相互作用机制的重要研究范式。

第一节　脆弱性研究概述

一、脆弱性研究的背景

（一）自然与人文因素的综合研究是全球变化研究领域的前沿和发展趋势

进入20世纪中后期，全球变化问题成为全人类面临的重大问题，人类不仅受到来自变化中的地球的强烈冲击，而且也正以前所未有的幅度和速度改造着地球系统（叶笃正，1992；刘燕华等，2004）。全球变化是地球系统整体行为的结果，涉及地球系统各圈层之间的相互作用，是人与自然相互作用的现代地理过程，包含丰富的人文科学问题（冷疏影等，2001；张平宇，2007）。20世纪80年代以来，国际科技界已组织了四个大型全球变化研究计划，即世界气候研究计划（WCRP）、国际地圈-生物圈计划（IGBP）、全球环境变化的人文因素影响计划（IHDP）、国际生物多样性计划（DIVERSITAS）（张志强和孙成权，1999；Berrien，2000）。在四个计划的基础上，又进一步联合组成了地球系统科学联盟（ESSP），旨在促进地球系统变化研究和可持续发展的研究，进而为全球变化的政治、经济、社会决策提供支撑。早在IGBP开始酝酿时，就考虑了人文因素部分，但因人文因素内容过于庞杂，而国际科学联合会理事会（ICSU）本身又无对应的管理机构，故而ICSU向国际社会科学联合会（ISSC）建议制订人文因素计划（HDP），后发展为国际全球环境变化人文因素计划（IHDP）。除IGBP外，WCRP及DIVERSITAS随着研究的深入，对人文因素的研究也日益受到重视。例如，DIVERSITAS计划实施初期，也主要集中在全球环境变化中的生物多样性本身，而随着研究的展开、可持续发展观念的出现，生物多样性中的人类因素也不可避免地被纳入到研究内容中，并在1995年推出新的研究方案、强调对人文因素的研究（王黎明等，2003）。随着这些研究计划的酝酿、实施和推进，全球变化所关注的实际问题已从一般性全球变化问题向既具有区域性特点又有全球意义的问题发展，强调人类社会对全球环境变化的影响以及对全球变化的响应与适应问题，从侧重于关注全球变化的自然因素研究向强调自然与人文因素的综合作用研究发展，缺少人文因素的全球变化研究已经不能代表当今的潮流（宋长青等，2000；王黎明等，2003）。全球变化研究领域自然与人文因素综合研究的发展趋势，促进了不同学科的交叉和融合，从而产生了众多新的概念、方法、范式乃至学科方向，如可持续性科学（Kates et al.，2001）、脆弱性科学（Cutter，2003）、恢复力和适应性（Holling，2001；Walker et al.，2004）等，从不同角度审视全球变化背景下人地相互作用所具有的脆弱性、风险性、恢复性与适应性等独特结构与功能特性。

（二）地理学在全球变化研究领域中的作用日益凸显

对人地关系的认识始终贯彻在地理学的各个发展阶段，从19世纪末兴起的近代地理学到第二次世界大战后的现代地理学，虽然其中心研究课题随时代的进展而有所转化，但地理学的基础理论万变不离人类和地理环境的相互关系这一宗旨（吴传钧，1991）。回顾近30年全球变化研究的发展历程，地理学凭借着其综合性、区域性和全局性等学科特点，集成政治/文化生态学、生态经济学和制度经济学的视角与方法，结合风险、灾害和脆弱性等概念，在全球环境变化领域作出了突出的贡献。在全球加快建立和发展地球系统科学和可持续性科学的进程中，地理学不仅成为这两大科学体系的倡导者，而且还是重要的建设者（蔡运龙等，2004）。在IPCC、WCRP、DIVERSITAS、IGBP、IHDP和千年生态系统评估（MEA）等科学计划中，地理学者占10%左右，其中相当一部分是人文地理学者，他们起到了不可替代的作用。特别是IHDP为人文地理学者参加全球环境变化研究搭建了重要平台（张平宇，2007）。如今，地理学所关注的地球各环境要素在陆地表层的作用过程已成为发展地球系统科学的关键，所研究的自然资源利用、灾害防御与风险综合管理、环境变化影响及人类的适应性、人口与城市化、经济与产业布局、区域发展与规划、技术服务与信息传递等科学问题，直接指向全球变化背景下决策者的紧迫需求（宋长青和冷疏影，2005a），地理学在全球变化研究领域中的重要地位和作用越来越受到科学界的了解和认同。但同时也应清醒地认识到，在全球变化和可持续发展的大背景下，面对越来越综合和复杂的研究对象，各国地理学研究正在逐步从单一要素和过程的研究向多要素、复杂过程综合集成方向发展，相比之下，我国地理学研究目前还不具备很好的综合集成研究能力（宋长青和冷疏影，2005b），有针对性地探讨综合集成研究的理论和方法，已成为我国地理学发展和参与全球变化研究所面临的重要任务。

（三）“脆弱性”已成为当代人地相互作用机制研究的重大科学问题和分析范式

近100年来，以全球变暖为主要特征的全球气候与环境发生了重大变化，并通过极端天气事件频发、海平面上升、生物多样性丧失和环境退化等多种方式做出反馈，对人类的生存、社会经济的可持续发展构成了严重威胁。然而，迄今为止人类为减缓全球气候变化所做的种种努力收效仍十分有限，在此情况下，如何适应包括全球变暖在内的全球环境变化是人类响应全球环境变化策略的明智选择。而适应的核心是通过改变人类社会的脆弱性而减轻全球环境变化的不利影响，增强其有利影响，规避全球环境变化带来的风险（陈宜瑜，2004）。在全球变化的背景下，近年来脆弱性研究作为一项重要研究内容已被许多国际性科学计划（IHDP、IPCC和IGBP等）提上研究日程（Bohle，2001；McCarthy et al.，2001；Moran et al.，2005）。据M. A. Janssen等学者对环境变化人文因素领域1967～2005年出版的2286份出版物进行调查发现，其中有939份出版物与脆弱性有关，并在20世纪90年代以来呈快速增长的趋势（Janssen et al.，2006a），学术界对脆弱性研究的关注程度越来越高。2001年4月《科学》杂志发表的《可持续性科学》

(*sustainability science*）一文把“特殊地区的自然-社会系统的脆弱性或恢复力”研究列为可持续性科学的七个核心问题之一（Kates et al.，2001)。2003年，克拉克大学、斯德哥尔摩环境研究所、斯坦福大学和哈佛大学等众多研究机构的学者共同构建了人-环境耦合系统脆弱性分析框架，为探讨人地系统的耦合作用机制提供了一个新的研究范式（Turner et al.，2003)。2006年11月9～12日，ESSP在北京召开的地球系统科学联盟全球环境变化科学大会上，全球环境变化对人类的影响以及人类对全球变化的脆弱性和适应性受到各方（包括科学家、利益攸关方、决策制定者和资助机构）的关注。与会者认为，研究人类对全球变化的脆弱性和适应性（包括适应能力的建设）越来越重要，国际资助机构将加大在这方面的资助力度（王天送和孙成权，2007)。随着脆弱性研究领域的拓展和理论方法的不断丰富，脆弱性研究正在向一门基础性的科学知识体系方向发展，对人地相互作用程度的脆弱性水平的深刻理解，已成为当代地理学以及相关科学诠释人类活动之生态与环境效益以及人地相互作用机制的重要科学途径和学科前沿的重大科学问题(Downing，2000；Cutter，2003；史培军等，2006)。

二、脆弱性研究的演变与现状

（一）脆弱性研究的演变

脆弱性研究源于20世纪60年代末期的自然灾害研究以及80年代初期在粮食安全研究领域出现的权利理论（Roberts和杨国安，2003；Adger，2006)。六七十年代开始的自然灾害研究有两个不同的研究方向：一是灾害影响评价研究。这个研究方向注重对灾害影响结果的评价，把灾害的影响看成是暴露和敏感性的函数（Turner et al.，2003)，通过灾害发生的可能性及其影响来辨识和预测脆弱的群体和危险区域，对政治经济尤其是社会结构、制度等因素在系统遭受灾害影响过程中发挥的作用关注不够。二是人类/政治生态学研究。该领域学者认为在灾害管理中由于工程学措施占据主导地位，忽视了脆弱性产生的政治、结构性等潜在原因，他们尝试解释为什么穷人和处在社会边缘的人群在自然灾害中承受的风险最大，强调经济发展在适应外部风险变化中的作用以及社会等级结构、管理、经济依赖性的不同所导致的灾害影响的差异。Blaikie等（1994）提出了压力与释放（pressure and release，PAR）模型，他们提出物理的或生物的灾害只代表了脆弱性的一种压力或特征，更深一层的压力来源于脆弱性的不断积累，这两种压力在灾害发生时达到顶峰。PAR模型既从灾害影响评价研究的角度关注灾害产生的影响，又从政治生态学的研究框架下对脆弱性产生的原因进行分析，把两种研究方向很好地连接起来，但 PAR 模型对脆弱性产生的机制和过程没有系统地阐述。

脆弱性研究的另一个重要理论来源是 20 世纪 80 年代初期在粮食安全研究领域出现的权利理论，20 世纪 80 年代以前，在粮食安全、饥荒等研究中比较关注极端的气候灾害（水灾和旱灾等）造成的粮食减产。随着研究的深入，研究者们逐渐认识到许多饥荒是在没有明显的粮食减产及环境灾害的情况下产生的，是由于个体权利的缺失而使其缺乏获取粮食的社会、经济途径，进而导致其对饥荒的脆弱性（表 1-1）。在 20 世纪 80 年代早期 Sen 利用权利理论解释了饥荒产生的原因，把制度、福利水平、社会等级和性别等作为分析饥荒脆弱性的重要变量（Sen，1981，1984），这一理论突出了社会经济因素在脆弱性产生原因及其结果差异方面的作用，但忽视饥荒产生的生态环境风险。

表 1-1 脆弱性研究传统的源流与继承

脆弱性研究		研究目的
早期研究	饥荒与粮食安全脆弱性	解释在没有粮食短缺或歉收情况下饥荒脆弱性产生的原因，将脆弱性描述为权利丧失或能力匮乏
	灾害脆弱性	通过灾害发生的可能性及其影响来辨识和预测脆弱的群体和危险区域，常应用于气候变化影响研究
	人类生态学	对自然灾害脆弱性产生的潜在原因进行结构分析
	压力-释放模型	进一步发展人类生态学模型，将离散的风险与资源、政治、经济、灾害管理与干预联结起来
继承研究	气候变化脆弱性	用一系列方法和研究传统来解释当前社会、自然和生态系统对未来风险的脆弱性
	可持续生计与贫困脆弱性	基于经济因素和社会关系的分析来解释贫困及难以脱贫的原因
	社会生态系统脆弱性	解释人-环境耦合系统的脆弱性

资料来源：Adger，2006

目前脆弱性研究有两个不同的分支（图 1-1），一个分支是 20 世纪 90 年代早期，在借鉴粮食安全研究领域出现的权利缺失理论研究的基础上，在发展经济学领域出现的可持续生计和贫困脆弱性的研究。90 年代早期，随着对贫困理解的加深，学者们除了考察研究传统意义上收入的贫困以外，还特别强调了发展能力的贫困，即缺少能力去选择和完成基本的生计活动（Roberts 和杨国安，2003）。这一研究方向从个体层面界定和度量风险与福利之间的关系，例如，贫困脆弱性的度量一般有三种方法：使用家庭消费的变动性来度量、使用未来消费支出（或其期望效用）与贫困线（或其效用）之间的差来度量、使用陷入贫困的概率来度量（章元，2006）。另一个分支则是 21 世纪初期以来，在总结粮食安全研究中的权利缺失理论和自然灾害研究中存在的问题，同时结合上述研究中的优点基础上发展起来的耦合系统脆弱性的研究（Turner et al.，2003；Eakin and Luers，2006；Schroter et al.，2004），脆弱性研究开始转向系统层面的脆弱性问题，把脆弱性作为系统的一个重要属性正式提出来（Turner et al.，2003；Young et al.，2006；史培军等，2006），不仅吸收了灾害脆弱性研究中的风险、灾害、暴露和敏感性等相关概念和分析方法，同时把权利理论和政治生态学研究中强调的社会、经济和制度等人文方面因素及恢复力机制的研究纳入自己的分析框架中，开始探讨耦合系统脆弱性产生的机制和过程。与以往研究相比，耦合系统脆弱性研究由最初只关注单一扰动所产生的多重影响逐渐扩展到对多重扰动所导致的脆弱性进行分析，开始关注在特定空间尺度上对耦合系统脆弱性要素进行系统分析，反映脆弱性产生的多因素、多反馈和跨尺度过程（Turner et al.，2003），尤其在全球环境变化研究领域，脆弱性研究呈现出多学科交叉的研究趋势。

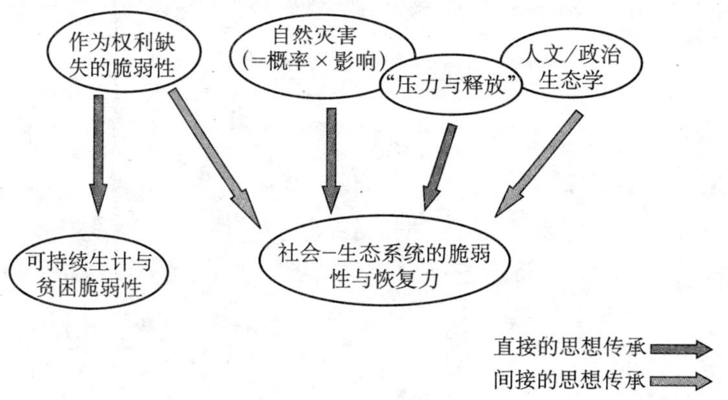

图 1-1 脆弱性研究的演变（Adger，2006）

（二）脆弱性研究现状

20 世纪 90 年代以来，脆弱性研究逐步成为全球环境变化和区域可持续发展的重要方面。对比国内外在脆弱性研究方面的进展可以发现，国外在 60 年代末期的自然灾害研究领域中就已经出现脆弱性研究的雏形，近年来在一些国际性科学计划和机构（IHDP、IGBP 和 IPCC 等）中的关注程度较高。例如，IHDP 把"脆弱性、恢复性与适应"列为 4 个横向交叉研究主题之一，2007 年 IPCC 发布的第四次评估报告《气候变化 2007：气候变化的影响、适应和脆弱性》中，气候变化对自然系统、人工系统和人-环境耦合系统的影响及这些系统的适应能力和脆弱性成为报告的主要内容。目前脆弱性研究已被应用到灾害管理、生态学、土地利用、气候变化、公共健康、可持续性科学和经济学等不同研究领域，在脆弱性的概念探讨（O'Brien et al.，2004a；Füssel，2007）、评价方法（Luers et al.，2003；O'Brien et al.，2004b）和分析框架（Bohle，2001；Turner et al.，2003）等方面取得了较快的进展，关于脆弱性的研究初步形成了一种相对完整的研究体系和研究范式。

国内脆弱性研究在20世纪90年代以来也涌现出大量的研究成果，较早的一篇讨论脆弱性概念的文章是《脆弱生态的概念及分类》（Kochunov，1993），作为“九五”国家重点科技攻关项目（96-920-13-01）成果，《脆弱生态环境与可持续发展》（刘燕华和李秀彬，2001）较系统地阐述了脆弱性的概念、理论和研究方法。2000年以来，随着全球变化研究领域的国际学术交流日益频繁，脆弱性研究在可持续发展与全球环境变化研究领域中的重要理论价值及学科意义逐渐受到国内学者的关注，对国外相关领域脆弱性研究取得的最新进展及其发展趋势进行了总结（史培军等，2006；方修琦和殷培红，2007；李鹤等，2008；刘小茜等，2009；方一平等，2009）。从近些年发表的相关研究成果来看，已开展的研究主要集中在生态环境脆弱性和灾害脆弱性等方面，在生态环境脆弱性评估、脆弱生态环境类型区划分以及自然灾害发生机制的脆弱性方面进展较快（刘燕华，1995；赵跃龙，1999；史培军，1991，1996，2002），也有一些研究尝试探讨社会经济系统的内在脆弱性或是在特定扰动作用下的脆弱性（赵国杰和张炜熙，2006；李鹤和张平宇，2008，2009），但总体来看，经济系统、社会系统和耦合系统的脆弱性研究相对滞后，并且由于研究起步较晚，严格按照全球变化领域的“脆弱性”研究范式开展的研究相对较少，相关学科对脆弱性研究思路的重视和提炼不够，缺乏对脆弱性理论和研究方法的深入探讨，并在“脆弱性”内涵的理解和认识方面与国外有一定的偏差。

从脆弱性研究的侧重点来看，自然脆弱性研究主要关注特定扰动作用下系统所遭受的损害程度，认为施加在系统上的扰动特点、扰动发生的可能性或频率、系统对扰动的暴露程度及其敏感性等因素是系统脆弱性的决定因素（Adger et al.，2004）。研究集中在探讨水资源系统、农业系统、渔业系统、海岸带、干热河谷和喀斯特环境等生态环境系统和人类社会对外部扰动（气候变化、自然灾害等）的不利响应和自身的不稳定性（刘燕华和李秀彬，2001），注重不同尺度下自然要素的动力机制、过程和格局变化的规律，在自然环境系统脆弱性评价指标设计和评估方法研究方面取得了较大进展。人文科学领域研究认为脆弱性是独立于外部扰动而存在的系统属性。对于许多人类系统来说，脆弱性通常是源于系统内部特征（如贫穷、不平等、边缘化、居住条件和社会保障等因素）的一种内在属性（Adger et al.，2004）。因此，人文科学把脆弱性概念扩展到纯粹意义上的经济社会系统的脆弱性分析（Galea et al.，2005；Adrianto and Matsuda，2002），关注与识别社会中的最脆弱群体以及分析相同扰动背景下区域内或区域间脆弱性的差异，侧重探讨导致人类社会或团体容易受到损害的经济、政治、制度和文化因素以及重建自然环境系统和经济社会系统恢复力的机制和对策。

近年来，随着IHDP、IGBP和IPCC等全球变化研究计划越来越强调人类社会对全球环境变化的影响以及响应与适应问题，面向气候变化或自然灾害的人地耦合系统脆弱性研究成为新的研究热点和发展趋势，强调综合集成自然科学、社会科学和人文科学的研究方法来解释自然、社会及工程系统之间的相互作用，把研究的注意力转向关注以下几个方面：①哪些人、事物或地区面对正在进行的人文与环境条件的变化较脆弱？②这些变化及其结果在不同的人与环境条件下是怎样被减弱或增强的？③通过什么措施可以减少对这些变化的脆弱性？④怎样建立更具恢复力和适应性的团体和社会？（Turner et al.，2003），在灾害阈值的确定、脆弱系统因果关系过程识别和属性解释、脆弱性空间制图和脆弱性评价等方面开展了大量的研究工作（Eakin and Luers，2006）。耦合系统脆弱性研究的兴起，促进了全球变化与可持续性科学研究领域自然科学和人文科学的交叉融合，不仅在“可持续性科学”的研究框架下得到明显体现，并逐渐朝向与之并列的“脆弱性科学”方向发展。Downing（2000）已明确提出“脆弱性科学”这一新的研究方向，并初步总结了脆弱性科学的基本特点及研究任务。Cutter（2001）则进一步提出脆弱性科学应关注的研究主题。目前，脆弱性研究凭借其综合集成、跨学科和多尺度的研究优势和特点，在人地相互作用过程、机制等方面研究中发挥着日益突出的作用，已成为当前地理学家分析人地系统的时空差异和响应规律的重要手段。

（三）脆弱性的研究内容

直到21世纪初，脆弱性研究的主题主要集中于三个方面，即探讨脆弱系统（个体）现有的分布状态，系统（个体）对外界胁迫的脆弱性和作为地方灾害的脆弱性。脆弱系统（个体）现有分布状态的研究主要集中于探讨一些危险条件（如地震带、海岸带和洪泛平原等）的分布状况，人类对上述危险区的利用程度和因特定灾害事件（如洪水、飓风和地震等）的发生所造成的生命和财产损失的程度。环境变化尤其是灾害事件的强度、持续性、影响力、频率和冲击的速度是该主题研究的主要内容。系统（个体）对外界胁迫的脆弱性研究主要集中于各种应急响应。对人文系统而言，这类研究着重探讨脆弱性的社会层面，即根植于社会历史文化或经济发展过程中，不断冲击社会或个人抵御灾害并对其做出充分响应能力的状况；对自然系统而言，它着重从系统的内部结构探讨其对外界干扰的弹性和从外界扰动不利影响中的恢复能力，作为地方灾害的脆弱性研究将上述两种研究主题结合起来，认为脆弱性既是研究对象所面临的风险又是它们对外界干扰的一种响应，被应用于一系列与空间或地点相联系的脆弱性研究中（刘燕华和李秀彬，2001）。从近年来脆弱性研究领域开展的相关研究和实践来看，脆弱性研究近来关注的主要内容体现在以下四个方面（Eakin and Luers，2006）。

1. 脆弱性阈值的识别

脆弱性阈值的识别可以为衡量未来脆弱性提供一个参照点，有利于评估通过适应策略所能够避免的风险度，因此，脆弱性阈值的识别已成为当前不同脆弱性研究领域所共同关注的研究内容。在气候变化研究中，耦合、嵌套的过程模型的应用，已经开始考虑对未来影响和系统响应进行越来越复杂的模拟，从而识别生态系统对重大变化的承受阈值。Christensen 等（2004）模拟了放牧和气候变化对蒙古国草地生产力的综合影响，识别了不同牲畜管理水平和资源利用强度下生态系统状态变化的阈值。在温室气体减排研究中，为了设定合理的减排目标，科学家越来越关注界定气候变化的危险阈值。在社会系统的灾害阈值研究中，经济生存能力分析通常作为探索社会经济系统阈值的途径。Antle 等（2004）采用耦合过程模型，评估了农民年生产的经济净收益随气候变化而发生的变化，利用耕作的经济回报作为衡量北美大平原农场系统脆弱性的阈值。然而，脆弱性阈值的确定是一个非常复杂的问题，尤其对受制度因素影响较大的社会系统而言，不同人群对于灾害的理解具有相对性和主观性，灾害阈值的确定不仅仅是一个科学难题，而且还涉及人文价值判断，因此在实践中很难找到一个广为接受的阈值标准。

2. 脆弱系统因果关系过程和属性的识别

近年来，政治生态学、可持续生计以及恢复力研究领域越来越重视用定性与定量相结合的方法来揭示脆弱性产生的社会、制度驱动力以及特定区域脆弱人口的特征。例如，Pelling（1999）通过对经济波动和政治权利斗争的分析，解释了圭亚那城市人口对洪灾的脆弱性，他的调研和访谈数据揭示了政治精英对团体组织的控制阻碍了社会资本形式的发展，而这对降低居民的洪灾敏感性是十分必要的，并提出只有通过改善资源利用和分配的决策过程才能降低城市人口对洪灾的脆弱性。此外，一些研究还利用适应能力来解释脆弱性的差异，Vasquez-Leon 等（2003）阐述了资源政策、种族划分和社会阶层如何造成农民对生计压力方面的不同缓冲能力。Adger（1999）在越南海岸带脆弱性评价研究中，利用贫穷和对气候敏感性经济活动的依赖度来表征农户对气候压力的敏感性，并阐述了越南自由贸易计划如何对海岸带保护计划以及部分人口收入、恢复力方面的影响。上述案例的研究表明制度、政策和社会资本等社会经济要素在个体或群体脆弱性特征及原因研究中越来越重要。

3. 脆弱性评价方法研究

脆弱性评价是当前脆弱性研究的重要内容，在自然灾害脆弱性、全球环境变化脆弱性、生态环境脆弱性等研究领域取得了大量研究成果，这类研究关注于定量评价模型和指标的构建，使其能够应用到一系列研究背景，并能在系统属性和脆弱性结果之间建立起明确的联系。目前，关于脆弱性评价的技术流程已初步形成（刘燕华等，2001；Schroter et al.，2005），脆弱性函数评价模型（Luers et al.，2003；Metzger et al.，2005）、综合指数法（Brooks et al.，2005）等一些定量或半定量的评价方法得到广泛应用，在揭示研究对象的脆弱性特征、影响因素、程度差异方面发挥着重要作用。Cutter等（2003）利用主成分分析法构建了环境灾害的社会脆弱性指数，对美国各地区环境灾害的社会脆弱性进行了分析。Brooks等（2005）遴选了11个表征气候变化脆弱性的关键指标，对59个国家的脆弱性程度进行了排序，并探讨了研究结果对适应气候变化的启示。近年来与GIS和遥感技术结合的脆弱性评价被广泛应用于脆弱性制图与区划方面，有利于为政府和其他组织制定脆弱性援助方案提供决策支持，但目前脆弱性评价研究在数据获得性、指标设计、尺度选择、权重确定以及脆弱性指数合成方法方面仍面临诸多的挑战。

4. 脆弱性空间制图

暴露于环境和技术风险的空间制图早已被用于灾害管理。目前，在脆弱性评价方法和指标的研究推动下，描述脆弱性空间分布的地图已经成为向研究人员、政策制定者、社会团体展示脆弱性研究结果的有效工具，许多脆弱性评价研究正在广泛地使用GIS和遥感技术进行脆弱性空间分析，以揭示脆弱性空间格局和识别脆弱性热点区域。例如，在粮食安全研究领域，联合国粮食及农业组织的粮食不安全和脆弱性信息制图系统（the food insecurity and vulnerability information mapping systems）就致力于收集、分析和传播有关粮食不安全和脆弱性信息，提高粮食安全数据和空间分析的质量。O'Brien等（2004b）利用GIS技术分别分析了印度农场人口在经济全球化和气候变化扰动下的脆弱性空间格局，并将上述扰动下的两种脆弱性格局图进行叠置以反映双重扰动背景下的脆弱性分布格局。利用GIS和RS技术不仅可以分析研究对象暴露、敏感性和应对能力等脆弱性特征，进而揭示研究对象脆弱性的时空动态变化，而且还可借助GIS技术作为开发环境，开发与脆弱性相关的各种支持、管理和决策系统，更好地为决策和管理部门提供服务。从未来发展来看，GIS技术与各种数学、物理等模型的结合是未来脆弱性评估的一个最重要发展方向（刘燕华和李秀彬，2001）。

三、脆弱性研究面临的挑战

脆弱性研究融合了暴露、敏感性、恢复力以及适应性等众多概念，借鉴并综合了自然科学、社会科学与人文科学等多学科理论和方法，定性与定量相结合来探讨社会经济系统与自然系统之间复杂的作用关系，在研究问题的选择和研究过程中更注重实效性和前瞻性，为不同学科之间、科学研究与决策制定之间的交流搭建了良好的平台。正是凭借脆弱性分析范式所具有的重要学术和实践价值，脆弱性研究在众多学科领域得到重视，相关理论和方法得到蓬勃发展，跨尺度、学科交叉、综合集成的发展趋势越来越明显，极大地推动了人地相互作用过程、机制和调控对策方面的研究进展。然而，随着脆弱性研究对象的拓展和日益复杂化，脆弱性研究范式在理论方法研究和实践应用方面面临着诸多挑战。

（一）脆弱性概念框架的整合与理论体系构建

确定选用的脆弱性概念框架是进行脆弱性研究的首要步骤，但目前的脆弱性研究尚缺乏一种通用的脆弱性概念框架。由于研究主题、研究视角的不同，不同研究领域及国内外学者对于脆弱性概念、构成及其分析框架尚未完全达成共识，基于不同概念、分析框架下得出的脆弱性研究结果很难进行对比，不仅影响脆弱性在不同研究领域学者之间的交流和沟通，同时也不利于脆弱性研究中不同学科之间的交叉和融合。同时，随着脆弱性研究领域的拓展，在不同类型的脆弱性研究中，各研究领域都是从各自学科角度出发，利用本学科的基本理论对“脆弱性”进行研究和解释，研究结果虽有一定的实用性，但尚未在学科交叉与融合的基础上，提炼出独立、完整和规范的脆弱性理论体系，对系统脆弱性形成、演化机制等方面的理论总结以及脆弱性研究范式的整合不够。特别是在耦合系统脆弱性研究中，目前真正意义上的经济社会与自然环境两大系统耦合作用机制的研究仍然是相关学科的前沿课题和难题，既需要理论与方法的深化、学科之间的交叉和融合，又需要全球范围内更多的基于地方尺度的实证案例的充实和对比研究。因此，要真正促进脆弱性研究向脆弱性科学方向发展，在脆弱性概念框架的整合与理论体系构建方面仍面临着严峻挑战。

（二）脆弱性评价

尽管早在20世纪90年代，“脆弱性”就已经成为全球环境变化与可持续性科学研究领域一个非常重要的研究主题，但近几年脆弱性评价才在一些应用型研究中受到广泛关注，尤其在自然灾害脆弱性、全球变化脆弱性、生态环境脆弱性等研究领域，一些定量或半定量的脆弱性评价方法已经被提出并得到应用，成为识别和监测脆弱性时空动态变化、制定脆弱性调控对策的一种有效工具。但总体来看，脆弱性评价方法仍远未成熟，基于不同脆弱性概念框架的脆弱性评价思路和方法仍存在很大分歧，特别是在耦合系统脆弱性评价研究方面，仍面临诸多难以解决的问题。

1. 多重相互作用扰动下的脆弱性评价

系统通常暴露于多尺度、相互作用的多重扰动（Turner et al.，2003；O'Brien et al.，2004b）。当前，传染疾病（如 SARS 和 HIV）的快速传播、战争和内乱的爆发、全球化过程中的经济边缘化和社会不平等等扰动因素都与环境变化因素紧密地联系在一起，共同影响着区域的脆弱性，因此如何识别并评价与脆弱性密切相关的各种扰动是脆弱性科学的核心问题（Cutter，2003）。但以往的脆弱性评价多是针对气候变化、自然灾害和土地利用等单一扰动下的脆弱性评价（Adger，1999；Cutter et al.，2003；Metzger et al.，2006），这种单一扰动-单一结果的研究视角无法反映多数系统的实际脆弱性状况。尽管也有学者尝试研究双重扰动背景下（如气候变化与经济全球化）的脆弱性评价（O'Brien et al.，2004b；Belliveau et al.，2006），但总体来看，面向多重扰动的脆弱性评价仍处在探索阶段，关于不同扰动因素间的相互作用关系、各种扰动对系统整体脆弱性影响程度的差异以及系统对多重扰动的非线性响应过程等仍未得到很好的阐述，尚无系统的方法实现多重扰动背景下的脆弱性评价。

2. 社会经济与自然系统中的不确定性

不确定性是现实世界的一个重要特征，科学研究的重要目的之一就是识别并降低现实世界的不确定性。脆弱性评价具有明显的前瞻性，对研究对象未来的脆弱性状态做出合理判断，是脆弱性评价的重要目的之一。随着脆弱性研究越来越关注社会经济系统与自然环境系统之间复杂的作用关系，脆弱性评价不仅涉及多变量分析，同时还要考虑人文与自然子系统存在的高度不确定性问题（Cutter，2003）。社会经济与自然要素相互作用的变化及要素变化对于系统状态的影响，具有高度的不确定性，未来的发展充满不可预知的因素（陆大道，2002）。脆弱性评价在刻画社会经济与自然系统中的不确定性问题方面，不仅受到现实世界的数据不连贯性和不完备性的限制，同时也缺乏有力的理论和方法支撑。如何在脆弱性评价中科学地体现研究对象所具有的高度不确定性，进而更为准确地反映研究对象的脆弱性状况是脆弱性评价研究面临的重要挑战之一。

3. 脆弱性阈值的确定

无论采取哪种具体的脆弱性评价方法，都不可避免地需要界定风险、危险或伤害的阈值，以对脆弱性的程度和严重性进行解释（Luers et al., 2003）。由于研究对象面临多重扰动，并通过不同结果体现研究对象的脆弱性，不同扰动背景下研究对象的脆弱性也具有不同的阈值和衡量方式，此外脆弱性阈值还具有显著的时空差异性。以往社会系统脆弱性评价研究中，死亡率、收入和财产等客观物质指标以及脆弱人群对风险的主观感知通常作为衡量脆弱性阈值的重要方式，这种脆弱性阈值界定方式不可避免地需要外部的价值判断和对可接受风险的解释，受人的价值观和制度文化背景的影响较大，同时对研究对象超过脆弱性阈值的可能性计算也缺乏系统的数据支撑和有效的方法，因此，种种限制导致脆弱性评价通常缺乏明确的阈值，造成脆弱性评价结果最终只是一种相对的估测，而非绝对的估测。

4. 脆弱性评价结果的验证

科学可靠的脆弱性评价结果是制定脆弱性调控政策的重要依据之一，因此脆弱性评价结果的验证成为脆弱性评价过程中至关重要的一环。然而，由于脆弱性概念的抽象性和综合性，脆弱性评价结果的验证缺乏外部参照，例如，在人口预测模型中，模型的质量可以通过与现实人口数量的对比来验证，而对于脆弱性评价模型而言，则没有对应的实际数据来实现评价模型质量的验证，由此导致目前多数脆弱性评价研究鲜有尝试验证模型的质量和精准度。现实应用中，过去灾害事件的受灾记录通常作为替代的参照，但也面临着数据质量的差异以及难以标准化来对比不同灾害影响等问题，如何通过与专家判断、实地调研、历史案例的对照等途径来验证评价结果，以保证脆弱性评价结果的准确性，对于提高脆弱性评价研究的决策指导价值具有重要的意义。

（三）脆弱性过程与机制

人-环境耦合系统各组分之间的相互作用具有尺度嵌套、多重反馈、动态变化的特点，某一尺度上暴露单元脆弱性的缓解可能会导致更大尺度上系统脆弱性的增强，或者暴露单元当前脆弱性的降低可能会通过某些反馈回路造成未来脆弱性的提高。脆弱性研究要识别不同时空尺度上导致脆弱性升高或下降的驱动力及其关键耦合过程，探讨脆弱性的跨尺度传递和转移过程、机制，进而为脆弱性评价与调控提供有力的理论支撑。但目前已有的脆弱性案例研究大多在特定空间尺度及某一时间截面展开，关于脆弱性单元空间分布格局与特征方面成果较为丰富，但在时间维度上对脆弱性动态变化及其驱动因素的耦合作用过程与机制探讨不够，在空间尺度上对脆弱性跨尺度传递与转移过程的研究较为薄弱，造成脆弱性理论方面的研究相对滞后，不利于有针对性地指导适应性能力建设。加强脆弱性过程与机制的研究，尤其是脆弱性驱动力的厘定研究，辨析自然驱动力和人为驱动力对系统脆弱性的影响程度及其综合效果，科学处理脆弱性调控的时空协调问题，对于推动脆弱性理论研究，充分发挥脆弱性研究的实践价值具有重要作用。

（四）脆弱性研究领域的多学科交叉与融合

随着脆弱性研究越来越关注自然系统与人文系统之间复杂的作用关系，其未来的发展越来越取决于多学科研究方法、研究视角的交叉及多源数据、多学科知识的融合。近年来，许多大型国际科学研究计划将众多不同领域的研究团体组织起来，在脆弱性研究的多学科交叉与融合方面起到了积极的推动作用。但总体来看，多数脆弱性研究中在理论上仍属于多学科的工作，而不是跨学科的工作，学科之间的交叉与融合仍面临体制、管理、平台建设等诸多障碍。在未来的脆弱性研究中除了加强原有地理学、生态学、灾害学和环境科学等自然学科的交叉研究外，还必须将社会学、心理学、管理学和经济学等人文社会学科纳入脆弱性研究中，促进学科的交叉与融合，以便更好地推动脆弱性研究在自然与人文因素相互作用研究领域的应用与发展。

第二节　脆弱性的内涵与分析框架

一、脆弱性的内涵

（一）脆弱性内涵的演变

随着脆弱性研究对象的拓展和相关学科的交融，学术界对“脆弱性”认识不断深化，脆弱性的内涵也在持续地丰富和发展。英文中“vulnerability”（脆弱性）这一词汇的来源可追溯到拉丁文“vulnus”（含义为“a wound”）和“vulnerare”（含义为“to wound”）（Patrik，1979），牛津英文字典中对“vulnerability”的解释是“对身体上或情感上伤害的接受能力”，这种语言学上对“脆弱性”的解释为其日后发展为一个学术概念奠定了基础。作为一个学术概念，“脆弱性”最初出现于社会科学研究中，并在20世纪70年代被引入到自然灾害研究领域（Schneiderbauer and Ehrlich，2004），其后，“脆弱性”这一概念在众多领域得到广泛应用。在20世纪六七十年代的灾害影响评价研究中，“脆弱性”这一概念通常被认为是“内部的风险”，与处在风险中的系统或要素的内在属性紧密相关。例如，联合国国际减灾战略（United Nations International Strategy for Disaster Reduction，UNISDR）对脆弱性的界定是："脆弱性是由自然、社会、经济和环境因素及过程共同决定的系统对各种胁迫的易损性，是系统的内在属性"（UNISDR，2004）。20 世纪 90 年代，自然灾害研究领域的学者开始关注环境变化（尤其是全球气候变化）背景下人类的脆弱性问题（Janssen et al.，2006b），脆弱性的概念进一步延伸为"人类在特定灾害事件扰动下遭受损害的可能性"。典型的界定如脆弱性是指个体或群体暴露于灾害及其不利影响的可能性（Cutter，1993）；脆弱性是指由于强烈的外部扰动事件和暴露组分的易损性，导致生命、财产及环境发生损害的可能性（Zapata and Caballeros，2000）。总体来看，上述两种界定与自然灾害研究中"风险"的概念相似，界定角度侧重于对灾害产生的潜在影响或可能性。

随着社会、经济和制度等人文因素在脆弱性研究领域逐渐得到重视，脆弱性的内涵得到进一步拓展。2001 年 IHDP 发布的报道中明确提出了脆弱性的"二元结构"（Bohle，2001），即脆弱性的外部方面指系统对扰动和压力的暴露，内部方面代表系统对压力及扰动的应对能力；Wisner（2002）认为脆弱性是指在极端事件中生命、生计和财产受到伤害的可能性，并且受到影响后难以恢复。这种对脆弱性内涵的解释强调了系统受到损害的可能性与对扰动事件影响的应对能力共同刻画和决定了系统的脆弱性。2000 年以来，"脆弱性"在气候变化与可持续性科学研究领域的关注度大幅提高，其内涵也在上述"二元结构"的基础上进一步得到细化和丰富。McCarthy 等（2001）认为，脆弱性是指系统容易受到外界扰动（气候变化）的不利影响的程度和难以应对不利影响的程度，它是暴露（外部影响的特征、量级和频率）、敏感性和适应性三者构成的函数；Turner 等（2003）指出脆弱性可进一步细化为暴露、敏感性、恢复力、适应能力以及与不同尺度扰动因素之间的相互作用等要素。上述对"脆弱性"的界定包含的核心要素不断丰富，使脆弱性内涵从"二元结构"过渡到"多要素结构"。此外，随着脆弱性研究逐渐从生态环境系统延伸到人文社会系统、人-环境耦合系统，脆弱性的内涵也由最初只强调自然生态要素的分析拓展到经济、社会、制度和环境等任何影响脆弱性的因素，成为一个具有多种维度、跨学科的学术概念。

总体来看，脆弱性内涵的演变在要素构成方面经历了从只关注扰动事件影响的程度或可能性（敏感性）延伸到系统对扰动的暴露、恢复力、适应能力等构成要素，从一元结构向多要素结构转变；在表现维度方面由最初只关注自然生态方面的脆弱性逐渐拓展到社会、经济、环境和制度等多维度的脆弱性，越来越重视人文要素在脆弱性形成与调控中的作用。目前，"脆弱性"

这一概念已经从日常生活中的一般含义逐渐演变成一个庞大的、独立的、多维度、跨学科的概念体系，很难再将其局限于某一研究领域（图 1-2）。

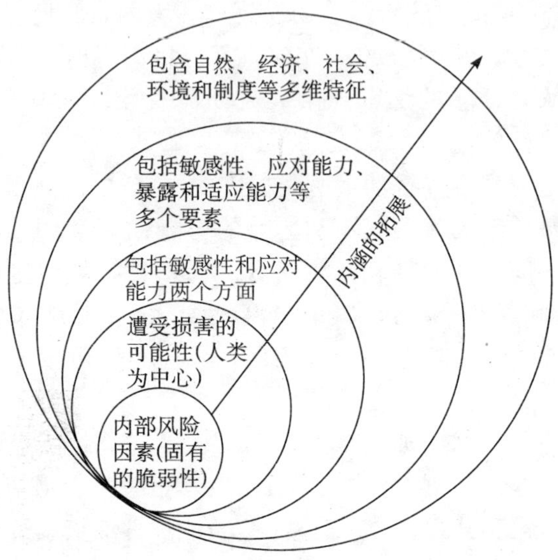

图 1-2　脆弱性内涵的发展演变（Birkmannn，2006）

（二）脆弱性内涵的共识与分歧

脆弱性内涵的演变伴随着不同学科思想和认识的交融和碰撞，虽然目前该概念已被应用到众多研究领域，但只有在人与环境作用关系研究领域，脆弱性的内涵初步达成了一些共识（Adger，2006），对于推动脆弱性不同研究领域学者的交流以及脆弱性科学的发展具有重要意义。归纳起来主要有以下几点：首先，脆弱性客体具有多层次性。目前，脆弱性的概念已经被应用到家庭、社区、地区和国家等不同层次，研究对象涉及人群、动植物群落、特定区域（岛国和城市）、市场和产业等多种有形或无形的客体，“脆弱性”已经成为当今世界无法回避的一个重要问题，脆弱性客体具有多层次性。其次，施加在脆弱性研究客体上的扰动是多重的、多尺度的。系统通常暴露于多重扰动，这些扰动既有来自于系统内部的，又有来自于系统外部的，并且不同尺度的扰动之间还存在复杂的相互作用。再次，脆弱性概念的界定中出现了一些共同的术语，如暴露、敏感性、应对能力、恢复力和适应能力等概念，方便了不同研究领域学者之间的交流与沟通。最后，脆弱性总是针对特定的扰动而言。系统并不是针对任何一种扰动都是脆弱的，面对不同的扰动会表现出不同的脆弱性，脆弱性总是与施加在系统上的特定扰动密切相关（李鹤等，2008）。

由于研究主题、区域以及不同学科研究视角的差异，对脆弱性内涵的理解仍存在很多的争议（刘燕华和李秀彬，2001；Birkmannn，2006）。首先，从对脆弱性概念的界定角度和侧重点来看，当前众多的脆弱性概念大致可以分为四类（表 1-2）。

表 1-2　脆弱性的概念的分类

种类	典型界定	侧重点
脆弱性是暴露于不利影响或遭受损害的可能性	（1）脆弱性是指个体或群体暴露于灾害及其不利影响的可能性（Cutter，1993）； （2）脆弱性是指由于强烈的外部扰动事件和暴露组分的易损性，导致生命、财产及环境发生损害的可能性（Zapata and Caballeros，2000）	与自然灾害研究中"风险"的概念相似，着重于对灾害产生的潜在影响进行分析
脆弱性是遭受不利影响损害或威胁的程度	（1）脆弱性是系统或系统的一部分在灾害事件发生时所产生的不利响应的程度（Timmerman，1981）； （2）脆弱性是指系统、子系统、系统组分由于暴露于灾害（扰动或压力）而可能遭受损害的程度（Turner et al.，2003）	常见于自然灾害和气候变化研究中，强调系统面对不利扰动（灾害事件）的结果
脆弱性是承受不利影响的能力	（1）脆弱性是社会个体或社会群体应对灾害事件的能力，这种能力基于他们在自然环境和社会环境中所处的形势（Dow，1992）； （2）脆弱性是指社会个体或社会群体预测、处理、抵抗不利影响（气候变化），并从不利影响中恢复的能力（Vogel，1998）	突出了社会、经济、制度、权力等人文因素对脆弱性的影响作用，侧重对脆弱性产生的人文驱动因素进行分析
脆弱性是一个概念的集合	（1）脆弱性应包含三层含义：①它表明系统、群体或个体存在内在的不稳定性。②该系统、群体或个体对外界的干扰和变化（自然的或人为的）比较敏感。③在外来干扰和外部环境变化的胁迫下，该系统、群体或个体易遭受某种程度的损失或损害，并且难以复原（刘燕华和李秀彬，2001）； （2）脆弱性是指暴露单元由于暴露于扰动和压力而容易受到损害的程度以及暴露单元处理、应付、适应这些扰动和压力的能力（Research and Assessment Systems for Sustainability Program，2001）； （3）脆弱性是系统由于暴露于环境和社会变化带来的压力及扰动，并且缺乏适应能力而导致的容易受到损害的一种状态（Adger，2006）	包含了"风险"、"敏感性"、"适应性"、"恢复力"等一系列相关概念，既考虑了系统内部条件对系统脆弱性的影响，也包含系统与外界环境的相互作用特征

资料来源：李鹤等，2008

其次，从对脆弱性构成要素的认识来看，分歧主要集中在以下两点。第一，系统对扰动因素的暴露是否是脆弱性的构成要素之一？Mitchell 等（1989）和 Bohle（2001）认为，脆弱性包含内部、外部两个方面，内部方面是指系统对外部扰动或冲击的应对能力，外部方面是指系统对外部扰动或冲击的暴露，还有一些学者（McCarthy et al.，2001；Turner et al.，2003；Adger，2006；Yohe and Tol，2002）认为，系统对外界干扰的暴露、系统的敏感性、系统的适应能力是脆弱性的关键构成要素；但 Gallopín（2003）认为，暴露并不是脆弱性的构成要素，脆弱性是由系统面对外界扰动的敏感性和反应能力构成。两种观点分歧的结果表现在对“脆弱性”内涵本质的认识上，前一种观点认为脆弱性是系统与其所在环境相互作用关系的一种属性，具体的脆弱性特征需要考虑所有可能的情景组合，并且随着暴露条件的改变而变化；后一种观点则认为脆弱性是系统内部的属性，这种属性在暴露于扰动之前就已经存在，并在系统受到扰动时显现出来（Gallopín，2006）。第二，恢复力、适应性与脆弱性的关系仍存在争论。2001 年 IPCC 将脆弱性界定为由系统对所受到的气候变化的特征、幅度和变化速率及其敏感性、适应能力构成的函数（McCarthy et al.，2001）；Turner 等（2003）认为，系统对扰动影响的处理或响应能力以及适应能力是系统恢复力的组成部分，系统的脆弱性包括暴露、敏感性和恢复力三个要素；Gallopín（2006）认为，暴露、敏感性与应对能力是系统脆弱性的重要构成要素，其中应对能力包括了恢复力与适应性。

二、脆弱性的描述与分类

（一）脆弱性的描述

据 Birkmannn（2006）统计，当前的文献著作中大约有 25 种以上不同的脆弱性定义，多样化的脆弱性定义不仅造成脆弱性研究思路与方法的混乱，而且也同时使脆弱性研究面临“关注度很高，但缺乏准确统一的概念界定”的尴尬局面。鉴于此，很多学者开始呼吁要建立一种通用的脆弱性概念以方便不同领域学者之间的交流（Newell et al.，2005）。

清晰地描述系统的脆弱状况是避免对脆弱性内涵误解的首要环节，虽然不同领域、不同研究主题的学者对“脆弱性”的理解有所差异，但从各种不同的界定中可以归纳出描述“脆弱性”的四个重要维度（Füssel，2007）：①脆弱的系统。例如，人-环境耦合系统、人群、经济部门、地理区、自然系统等研究对象。有些学派将脆弱性的概念限定在社会系统（Downing and Patwardhan，2004）或人-环境耦合系统（Turner et al.，2003），但也有领域将此概念应用到任何受到灾害潜在威胁的系统（McCarthy et al.，2001）。②所关注的系统属性。它主要指暴露于灾害扰动而受到威胁的某种（某些）有价值的系统属性。例如，生命、健康、收入、社区文化、生物多样性和森林生态系统的碳吸收潜力或生产力等。③灾害。即对脆弱系统的潜在破坏性影响。联合国国际减灾战略秘书处将“灾害”广义地定义为“一种具有潜在破坏性的自然事件、现象或人类活动，它能够导致死亡或伤害、财产破坏、社会经济紊乱、环境退化等不利影响”（United Nations，2004），因此，灾害被理解为对有价值的系统属性的负面影响。灾害扰动通常存在于所关注系统的外部，但有时系统内部也会出现灾害扰动。例如，一个集团内部冒险的商业经营活动或不可持续的土地管理实践也会对该集团构成潜在威胁。Turner等（2003）将灾害划分为离散的灾害与连续性的灾害，前者为扰动，后者即压力；④时间尺度。它是指所关注的时间点或时间段。在脆弱性评估中，当系统的风险在特定的时间范围内预期将发生明显改变时，详细地说明时间尺度至关重要。

抓住这四个关键维度可以将系统的脆弱状况完整地表述为：系统的某些属性在特定时段内对某种或某些灾害的脆弱性。例如，特定山区的旅游部门未来30年内对气候变化的脆弱性（Füssel，2007）。这四个关键维度对于清晰地解释特定背景下的脆弱性具有重要意义，同时也有利于不同脆弱性研究领域学者间的交流与沟通，但在实际应用中包含四个维度的脆弱性表述略显冗繁，完全可以在上下文中对部分维度进行详细说明。

（二）脆弱性因素的分类

为了区分不同领域学者对脆弱性概念的认识，许多学者尝试对脆弱性影响因素进行分类。例如，有些学者将针对环境灾害的脆弱性划分为内部和外部两方面（Chambers，1989；Bohle，2001），用来区分系统所暴露的外部扰动和决定扰动影响的内部因素。联合国（United Nations，2004）将与减灾背景相关的脆弱性因素划分为四组：①自然因素，用来描述区域内脆弱组分的暴露状况；②经济因素，用来描述个体、人群和社区的经济资源；③社会因素，用来描述决定个体、人群、社区福利的非经济因素，如教育、安全、人权和社会管理等；④环境因素，用来描述区域内的环境状态。上述所有因素主要是对脆弱系统属性的描述，不包括系统外部的扰动特征。Moss等（2001）从三个维度对气候变化的脆弱性因素进行了划分。自然环境维度指当地的气候条件及气候变化所产生的影响；社会经济维度指区域从极端事件影响中的恢复能力以及对变化的长期适应能力；外部援助维度指区域在努力适应变化过程中得到联盟、贸易伙伴、国际救援组织等方面的援助程度。还有些学者对自然脆弱性和社会脆弱性进行了区分，Klein和Nicholls（1999）建立的海岸带脆弱性评价的概念框架中认为自然脆弱性是社会经济脆弱性的决定因素之一，而Cutter（1996）认为，自然脆弱性和社会经济脆弱性是相互独立的，Brooks（2003）则认为社会脆弱性是自然脆弱性的决定因素之一。

从上述有关脆弱性影响要素的分类来看，各种分类之间彼此互不兼容，没有一种分类能够全面地整合各种脆弱性要素。Füssel（2007）认为，造成这种混淆的主要原因是没有区分好脆弱性因子的两个独立的维度：即尺度和知识范畴。①尺度：内部的脆弱性因子指脆弱系统或团体自身的属性，而外部脆弱性因子则指脆弱系统外部的因素。这种内部与外部因子的划分取决于脆弱性研究的尺度。例如，国家政策在国家尺度上的脆弱性研究中是内部因子，但在区域尺度上的研究中则是外部因子。②知识范畴。社会经济脆弱性因子是指与经济资源、权力分配、社会制度、文化以及社会学和人文科学所研究的社会群体的其他特征相关联的要素，而自然脆弱性因子是指与自然科学所研究的系统属性相关联的因素。这四类脆弱性因子构成了特定系统在特定时间对特定扰动的脆弱性轮廓，成为描述当前学术著作中众多脆弱性影响因素的基本分类结构（表 1-3）。基于这种分类方法，可以将以往有关脆弱性要素的不同分类放在一个共同的分类体系下进行分析（表 1-4）。

表 1-3　脆弱性因子类型与典型因素

尺度	知识范畴	
	社会经济因子	自然因子
内部因子	家庭收入 社会网络 信息通达性	地形 环境条件 土地覆被
外部因子	国家政策 国际援助 经济全球化	风暴 地震 海平面上升

资料来源：Füssel，2007

表 1-4　四类脆弱性因子与以往脆弱性分类的对应关系

不同脆弱性因子类型	四类脆弱性因子				对应的脆弱性因子类型	编号
	IS	IB	ES	EB		
(Bohle，2001)						
内部因子	X	—	—	—	内部社会经济脆弱性因子	1
外部因子	—	—	X	—	外部社会经济脆弱性因子	2
(Sanchez-Rodriguez，2002)						
内部因子	X	—	—	—	内部社会经济脆弱性因子	1
外部因子	—	—	—	X	外部自然脆弱性因子	3
(Cutter，1996)						
社会因子	X	—	X	—	跨尺度社会经济脆弱性因子	4
自然因子	—	X	—	X	跨尺度自然脆弱性因子	5
(Klein and Nicholls，1999)						
社会经济因子	X	X	?	X	跨尺度综合脆弱性因子	6
自然因子	—	X	—	—	内部自然脆弱性因子	7
(Moss et al.，2001)						
社会经济因子	X	—	—	—	内部社会经济脆弱性因子	1
外部援助因子	—	—	X	—	外部社会经济脆弱性因子	2
自然环境因子	—	X	—	X	跨尺度自然脆弱性因子	5
(Brooks，2003)						
社会因子	X	X	?	—	跨尺度社会经济脆弱性因子与敏感性	8

续表

不同脆弱性因子类型	四类脆弱性因子				对应的脆弱性因子类型	编号
	IS	IB	ES	EB		
自然因子（United Nations，2004）	X	X	?	X	跨尺度综合脆弱性因子	6
社会与经济因子	X	—	—	—	内部社会经济脆弱性因子	1
自然与环境因子	—	X	—	—	内部自然脆弱性因子	7

注：IS代表内部社会经济脆弱性因子；IB代表内部自然脆弱性因子；ES代表外部社会经济脆弱性因子；EB代表外部自然脆弱性因子；X代表包含，一代表不包含；? 代表不确定。

资料来源：Füssel，2007

从表1-4中可以看出，以往关于脆弱性影响因素的不同分类在“尺度”、“知识领域”分类体系下可以划分为八种脆弱性因子类型，这是以往“一维”的脆弱性影响因素分类所不能达到的，“二维”的脆弱性影响因素分类方法便于讨论不同脆弱性概念之间的差异及其产生的原因，为回顾以往脆弱性要素分类提供了有力的分析框架。

三、脆弱性分析框架的演变

脆弱性研究在脆弱性内涵不断丰富以及应用领域不断拓展的过程中，涌现出众多探讨脆弱性成因及其影响因素相互作用关系的分析框架，这是脆弱性分析与评价的方法论基础。总体来看，脆弱性分析框架经历了从单一扰动向多重扰动，由只关注自然系统或人文系统的脆弱性向耦合系统脆弱性的分析，由静态的、单向的脆弱性分析向动态的、多反馈的脆弱性分析转变的过程，在整个演变过程中，逐渐将暴露、敏感性、恢复力、适应能力等要素纳入脆弱性分析框架中，使脆弱性分析框架日渐完善，逐渐成为探讨人地系统相互作用机制的一种新范式和分析工具（李鹤，2009）。

（一）早期的风险-灾害模型（RH）与压力-状态-响应模型（PAR）

20世纪六七十年代的灾害影响评价研究中出现的风险-灾害模型（RH）中（图1-3），脆弱性分析框架的雏形就已经开始出现，通常被认为是容易受到自然灾害影响及其受到影响的程度。RH模型将灾害影响看做是由对灾害事件的暴露以及暴露实体的剂量-反应（即敏感性）构成的函数，按照从灾害事件-灾害影响的顺序进行分析，应用该模型对灾害或者环境、气候影响进行定性分析和定量评估时，一般都强调对扰动的暴露和敏感性。许多学者认为RH模型存在明显不足，Turner等（2003）归纳为以下几点：①没有考虑系统对灾害影响放大或削弱的途径；②暴露系统及其组分的哪些差异导致灾害影响结果的明显分异；③对政治经济，尤其是社会结构、制度等因素在遭受灾害影响过程中发挥的作用关注不够。

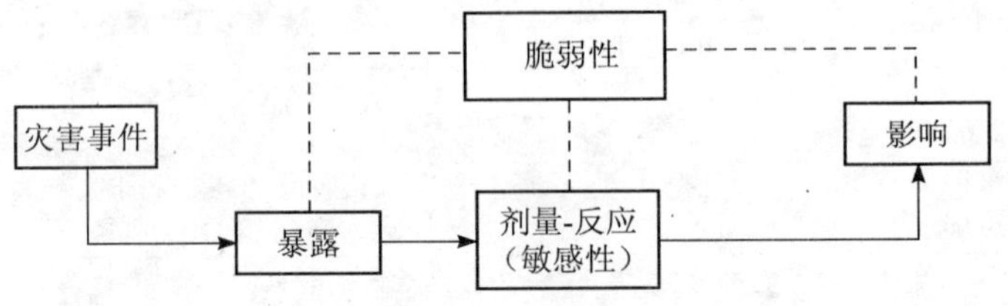

图 1-3 RH 分析框架（Turner et al.，2003）

在 RH 模型基础上发展起来的压力-状态-响应模型（PAR 模型）明确地把风险界定为扰动或压力与暴露单元脆弱性相互作用的产物（Blaikie et al.，1994），并详细说明了一系列作为根源的社会因子是如何经过“动态压力”和“不安全条件”两个阶段逐渐产生脆弱性的（图 1-4）。PAR 模型开始关注使暴露单元产生脆弱性的条件以及这些条件产生的原因，强调不同暴露单元间脆弱性的差异（Turner et al.，2003）。尽管“脆弱性”在 PAR 模型中已经被明确强调，但该分析框架对灾害产生的因果关系结构以及不同尺度扰动的相互作用缺乏深入认识，对 RH 概念模型所包含的暴露系统的反馈作用重视不够，与 RH 分析框架相比，同样没有从耦合系统的角度进行脆弱性分析，是一种静态的、单向的脆弱性分析框架。当然，值得肯定的是 Blaikie 的 PAR 模型确实为分析灾害脆弱性提供了基本的思路，体现了致灾因子与人文因素的共同作用，为减灾综合管理提供了理论基础（葛怡，2006）。

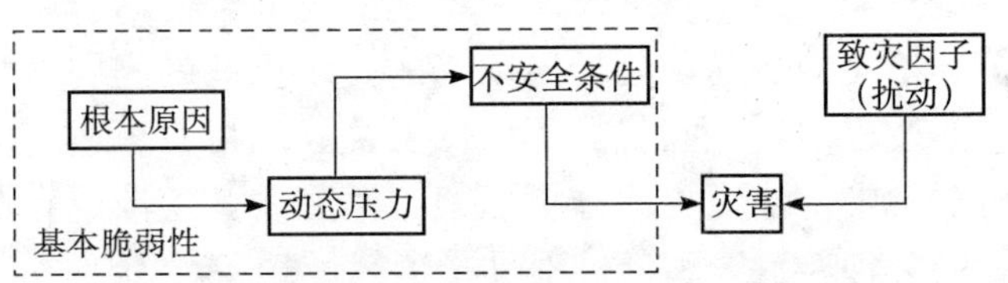

图 1-4 PAR 分析框架（Turner et al.，2003）

（二）双重结构的脆弱性分析框架

Chambers（1989）认为，脆弱性包括“内部”和“外部”两个方面，外部方面指系统对扰动和压力的暴露，内部方面代表系统对外部压力及扰动的应对能力。Bohle（2001）认为，Chambers 对脆弱性内外两个方面的划分很有意义，以往的研究比较关注对脆弱性外部方面的分析，对脆弱性内部方面研究普遍被忽视，尤其是在概念和理论方面。他认为“应对能力”是一个非常复杂的问题，并提出与应对策略关系最为紧密的三种概念和理论的探讨：一是行为导向策略，尤其是对脆弱性内外两方面相互作用及其辩证关系的研究；二是资源可达性理论，对应对资源的掌控与研究区域的政治经济状况以及不同人群在区域社会、经济、政治结构中的构成密切相关；三是冲突和危机理论，妥善地处理应对资源分配过程中的危机与冲突是决定能否成功应对扰动影响的基本因素。他在吸收 Chambers 的观点上建立了脆弱性分析的“双重结构模型”（图 1-5），该分析框架将与应对能力相关的上述三个研究方向与权利理论、人文生态学、政治经济学等概念及理论融入脆弱性分析中，从内部的“应对”和外部的“暴露”两方面较为完整地分析了脆弱性构成要素及其作用关系，在脆弱性分析框架研究方面迈出了第一步。

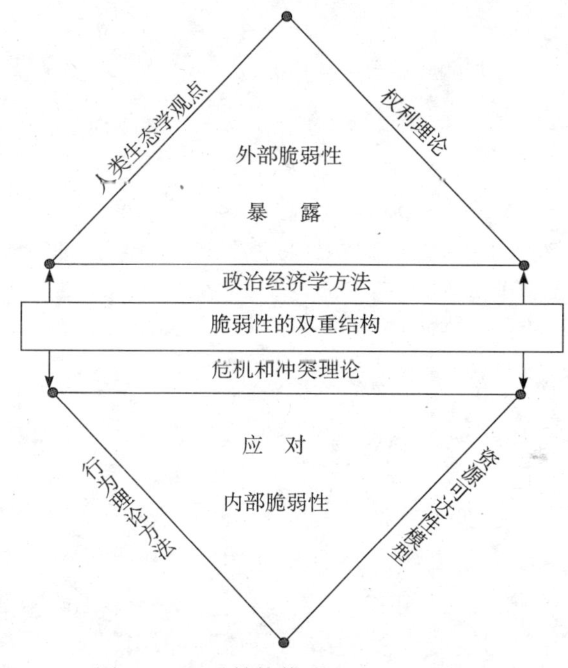

图 1-5　双重结构模型（Bohle，2001）

（三）地方灾害脆弱性分析框架

尽管极端自然灾害事件一直是脆弱性研究关注的主要扰动类型，但随着脆弱性研究社会人文科学领域的应用，关于灾害的界定有了新的拓展，区域的灾害不仅仅包括自然事件，技术、管理等人文因素同样可以导致区域灾害，脆弱性研究需要把导致灾害发生的自然与社会因素统筹考虑。为了整合自然灾害脆弱性研究与社会脆弱性研究的观点，Cutter（1996）把自然脆弱性研究中“风险”的概念与社会脆弱性研究中所关注的恢复力、应对能力等结合起来，认为应当把对灾害事件的暴露以及社会对灾害事件的敏感性放在地理学框架下进行理解，由此建立了脆弱性的地方-灾害分析框架（图 1-6），尝试通过特定区域的脆弱性研究来综合分析导致区域脆弱性的自然与社会因素及其相互作用。地方-灾害脆弱性分析框架指出了风险与区域调节能力的相互作用能导致区域脆弱性的放大或削弱，强调了脆弱性的动态变化属性，推动了多重扰动背景下自然与人文脆弱性影响因素的综合集成研究。但从地方灾害脆弱性分析框架在区域脆弱性影响因素的分析方面来看，虽然突出了自然与人文因素的综合集成，但对影响区域脆弱性的域外因素的分析不够充分。

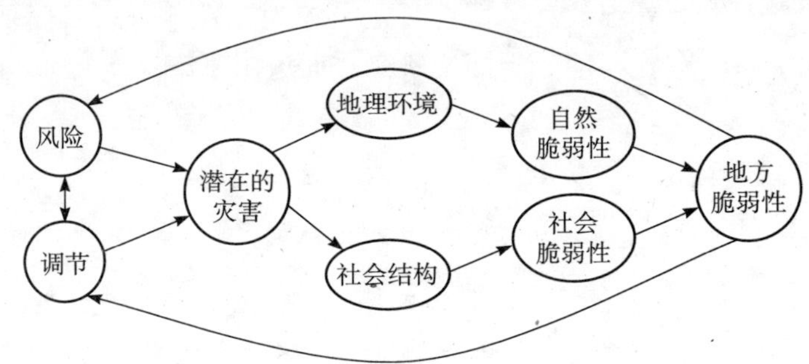

图 1-6　地方-灾害脆弱性分析框架（Cutter，1996）

（四）耦合系统脆弱性分析框架

可持续性科学研究的发展促使脆弱性研究的焦点产生了新的拓展和转移，2000 年以来，学术界逐渐认识到单独以人或生态为中心的脆弱性研究是片面的，人与生态环境是一个耦合的系统，人-环境耦合系统应作为脆弱性研究的分析对象，耦合系统脆弱性分析框架开始出现。Turner 等（2003）认为，脆弱性分析应该包括以下要素：①多重相互作用的扰动及其先后顺序；②系统对扰动的暴露及其经受灾害的方式；③耦合系统对暴露的敏感性；④系统的应对或响应能力，包括缓慢恢复的结果及伴随的风险；⑤系统响应后的重构(如调整或适应)；⑥灾害的尺度嵌套和数量变化、耦合系统及其响应。在 AH 脆弱性分析框架（Research and Assessment Systems for Sustainability Program，2001）基础上，Turner 等（2003）提出了可持续性科学中的耦合系统脆弱性分析框架（图 1-7），该框架将脆弱性研究与人-环境耦合系统结合起来，对脆弱性的内涵进行了进一步的拓展，使脆弱性演变成为包含暴露、敏感性、恢复力、适应能力等众多相关概念的集合，强调了扰动的多重性与多尺度性，突出了对脆弱性产生的内因机制、地方特性及跨尺度转移传递的分析。整个分析框架是一个多因素、多反馈和跨尺度的闭合回路。该分析框架为耦合系统脆弱性研究提供了一个可供借鉴的研究范式，但也有学者认为该框架中对驱动力和结果的区分是否恰当还有待进一步商榷（Birkmann，2006）。

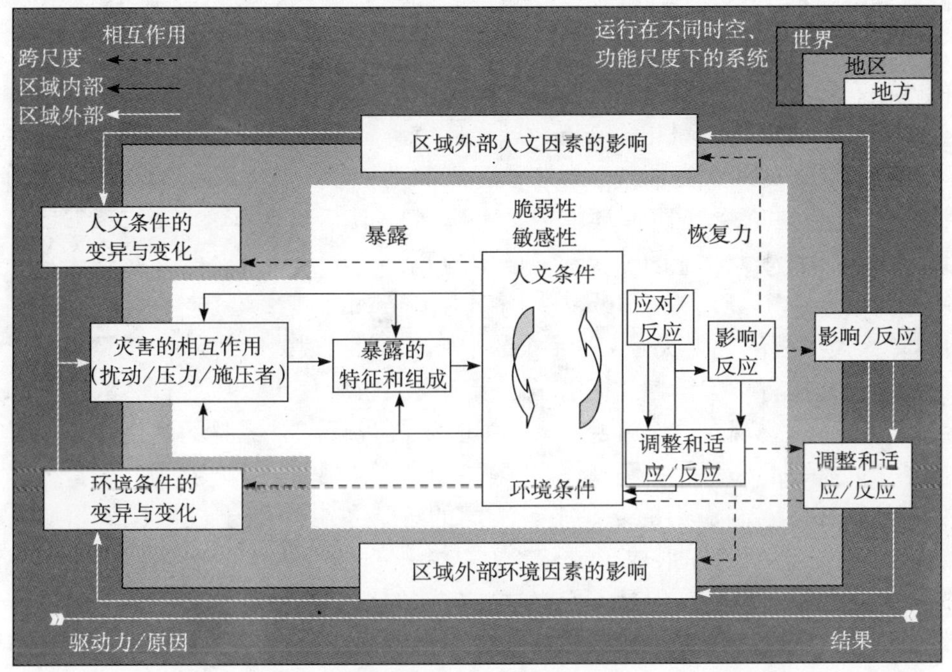

图 1-7　耦合系统脆弱性分析框架（Turner et al.，2003）

第三节　人地系统研究与脆弱性应用

一、人地系统内涵与研究内容

（一）人地关系思想的演变

人地关系是地理学永恒的研究主题，对人地关系的认识随着人类社会经济发展而不断变化。西方从古希腊、古罗马时代起，许多杰出的科学家都曾有过关于人地关系的论述。但直到 19 世纪，人地关系论才又继续向前发展，特别是李特尔创立了人文地理学以后，学者们才开始有目的地探讨人地关系的问题，并将其作为人文地理研究的核心问题（杨吾扬和江美球，1982；李旭旦，1986）。西方近代的人地关系理论主要有地理环境决定论、人类决定论（绝对人类中心论）、或然论、生态论、文化景观论、行为论和文化论等（赵明华和韩荣青，2004；任启平，2005）。

早在古希腊时期，哲学家希波克拉底在其《论环境》的著作中提出“人的性格和智慧是由气候决定的”观点，成为环境决定论的最初萌芽，到18世纪地理环境决定论思潮开始盛行，近代环境决定论体系的构建者，德国的拉采尔在其所著的《人类地理学》中认为人和动植物一样是环境的产物，人的活动发展和抱负受到地理环境的严格限制。其后经美国的Semple E. C.、Huntington，澳大利亚的Taylor，法国的Demolins等相继发展、推进了环境决定论（Semple，1937；Roberts，1948；James，1982）。与环境决定论相反，“人类中心论”则认为人是宇宙的中心，在整个生态系统中处于至高无上的地位。法国哲学家笛卡儿提出了“借助实践哲学使自己成为自然的主人和统治者”的重要观点，而康德对人类中心主义进行了较完整的理论构建，提出了“人是目的”著名命题（任启平，2005）。在强调人类选择力、创造力和肯定地理环境限制作用的基础上，法国的维达尔·白兰士根据拉采尔所著《地学》第二卷的论述形成了或然论，认为：自然为人类的居住地规定了界限，并提供了可能性，但是人们对这些条件的反应或适应则按照他自己的传统生活方式而有所不同。白兰士的学生白吕纳进一步提出“人类与自然环境有连带关系，其关系并非自然环境单方面的作用，人类对自然环境也有选择的自由和活动的余地”（Brunhes，1935）。从20世纪中叶开始，人类普遍关心环境质量，对人类活动引起的生物多样性减少和生态系统的破坏已有了初步的认识，生态学的观点再度受到地理学者的关注（Robin，1983；徐建华，1995）。美国地理学者巴罗斯在其《人类生态学》一文中提出生态论观点，将人类活动、生物作用、自然营力在一定的生态系统中加以整合，既避免了决定论和或然论各持一端之嫌，又打破了自然和人文的二元论观点（王爱民和缪磊磊，2000）。在近代科学实证主义思潮影响下，德国学者施吕特尔在拉采尔文化景观概念基础上，创立了文化景观论（James，1982），景观论者认为，人是地表景观形成的主要力量，强调通过景观识辨、景观分类、景观过程、景观评估、景观设计和景观制图来建立系统的景观研究体系，以此来考证地表各种可见和可感事物的人地关系（王爱民和缪磊磊，2000）。随着心理学和行为科学的发展逐渐成熟，在地理学中兴起了一场行为革命（Gary and Cort，1989）。行为地理学认为通过研究人类的环境知觉和空间行为，可透彻地了解和检验人-地之间的关系（王爱民和缪磊磊，2000）。从20世纪初以来，文化对环境的影响日渐引起学者们的关注，出现了如文化决定论、汤因比的“挑战与适应”模式、怀特的“能量-文化”进化观、文化生态学中的人与环境的适应模式、文化变革论等关于人地关系的各种各样的文化观（王爱民和缪磊磊，2000），认为人地关系中人对地的影响和利用程度取决于文化发展的程度。

在中国，探究人地之间相互关系的历史十分悠久。早在公元前500多年，中国杰出的哲学家老子（公元前580～前500年）就提出“人法地，地法天，天法道，道法自然”的观点，先秦著作《礼记·王制》中的“广谷大川异制，民生其间者异俗”和《管子》中的“沃土之民不材，瘠土之民向义”等论断，都带有环境决定论的思想萌芽，承认人类对自然环境的依赖和自然环境对人类具有制约作用。与此相反，孟子（公元前372～前289年）在《孟子·公孙丑（下）》中提出了“天时不如地利，地利不如人和”的人定胜天思想，另一位有名的哲学家荀子（公元前313～前238年）主张人类应“制天命而用之”，提出“天有其时，地有其财，人有其治，夫是之谓能参”的精辟言论，他认为只有通过人的作用，才能掌握规律，强调依靠人的实践来证实自然规律，对自然控制人类命运这一观念提出抗争。此外，因地制宜和人地协调的思想在我国古代亦有萌芽。管仲《地员》篇认为：“地者，政之本也，辩于土而民可富。”认为土地是国家政治的根本，认清了土地，合理利用了土地可以致富。北魏的贾思勰提出：“顺天时、量地利，则用力少而成功多，任情返道，劳而无获”（《齐民要术·种谷》）。这已具有因地制宜的思想，强调人类在尊重自然规律的前提下对自然环境的主动适应。在人地协调发展思想方面，《孟子·梁惠王》篇中“数罟不入洿池，鱼鳖不可胜食也，斧斤以时入山林，树木不可胜用也”，指出不用细密的渔网在池塘里捕捞，鱼鳖则会吃不完，而树木按季节时令有规律地砍伐，则可用之不竭。商鞅曾提出“为国任地”的观点，认为“民过地，则国功寡而兵力少。地过民，则山泽财物不为用”（《商君书·算地》）。主张人口与耕地比例要保持平衡。以上观点充分显示了我国古代思想家对于人地之间及人类主观能动性和客观自然规律之间关系的辩证思考，但从中可以看出，我国古代地理学对人地关系的描述多为现象列罗或堆积，缺乏系统性、具体性和因果关系的分析，科学化的人地关系研究起步较晚（王爱民和刘加林，2001）。20世纪初期，中国地学会的创立（1909年）和地理学有关杂志的出刊，推动了我国人地关系研究的科学化进程，在“西学东渐”风气影响下，国外人地关系理论和研究方法开始引入，地理学开始从方志性的描述地理学向重因果关系、逻辑推理、观测实验和野外考察的科学地理学转型，初步构建了人地关系研究的科学体系。20世纪50～70年代，受苏联教育和学术模式的影响，我国地理学研究中出现自然地理与经济地理相互分割的现象，人地关系研究近乎停滞。直到80年代以来，在李旭旦、吴传钧等学者的大力呼吁和倡导下，人地关系研究才开始走向复兴和发展的道路，在人地系统研究的理论、方法、实践应用方面取得丰富的进展（方创琳，2004）。

综观中西方人地关系思想的发展历程，或侧重于自然地理环境的作用，或侧重于人类活动的能动性，或着重说明人地协调，都试图从不同角度解释人地关系的实质和机制，每一种人地关系思想均存在历史合理性，同时也存在理论上的局限性，人地关系的整体性、综合性，决定了唯有综合各种观点才能掌握其全貌和本质（王爱民和缪磊磊，2000）。尽管人地关系始终是地理学研究的主题，但作为一种认识论，它经历了片面、不完善到逐步正确的过程。古代对人地关系的种种判断与哲学思辨并未上升到系统的理论高度，人地关系研究的科学化进程是近代才开始出现的。在现代文明时代，人类对自然界改造的规模与深度都是原始时代无法比拟的，但同时也产生了资源紧缺匮乏、全球环境变化和经济发展不均衡等尖锐问题和剧烈矛盾，在这种背景下，以可持续发展为代表的现代人地关系思想彻底确立了在地理学研究的主导地位。以人地关系协调统一、天地人共同发展为思想核心的可持续发展论是中国古代哲学所推崇的“天人合一”思想在当代条件下的发展与升华，它给人地关系这一传统的课题注入了新的观念（郝成元等，2004）。

（二）人地系统的科学内涵

对人地关系的认识一直是地理学的研究核心，也是地理学理论研究的一项长期任务，始终贯彻在地理学的各个发展阶段（吴传钧，1991），它是近代地理学产生的起源点和发展的基础（郑度，2002）。但早期关于人地关系研究的文献中，地理学家并没有将人类发展和自然环境的各个要素当成系统来综合研究，当然更没有研究这个系统中“人和地”之间要素作用及如何调控系统运行的问题。20世纪七八十年代以来，全世界经济工业化和社会城市化急剧发展以及强大技术手段的运用，强烈地改变着各地区的经济结构和生态环境结构，资源被加速消耗，由全球气候变化逐步引发土地利用、土地覆盖、水环境、水资源等一系列生态环境的变化，而生态环境危机又正在反过来影响乃至阻碍人类社会经济的发展（陆大道，2002）。在此背景下，地理学人地关系研究开始进入一个新的阶段。1979年在广州召开的全国第四次地理学代表大会上，吴传钧先生在题为《地理学的昨天、今天与明天》的学术报告中提出了“人地关系的地域系统是地理学研究核心”的著名论断。从1983年起，钱学森先生不断倡议要为中长期计划的需要而运用系统科学的理论综合研究人类社会与自然界组成的开放的、复杂的巨系统，同时强调系统论及其在各门科学中的应用。80年代中后期以来，黄秉维多次提出要在中国开展陆地系统科学研究，并强调地球系统科学研究工作的重心是要揭示“人与自然的相互作用及所应采取的对策”。吴传钧先生进一步将系统论思想引入到地理学研究中，并于90年代初提出：人地系统是由地理环境和人类活动两个子系统交错构成的复杂的、开放的巨系统，内部具有一定的结构和功能机制，在这个巨系统中，人类社会和地理环境两个子系统之间的物质循环和能量转化相结合，就形成了发展变化的机制。人地关系地域系统是以地球表层一定地域为基础的人地关系系统，也就是人与地在特定的地域中相互联系、相互作用而形成的一种动态结构（吴传钧，1991）。这种人地关系的理论思想在引导我国地理学的理论和实践，在一系列学科发展和国家重大战略研究中发挥了重要的导向作用（陆大道和郭来喜，1998）。

从近年来全球变化及区域响应的研究和大量的区域可持续发展研究的成果。可以初步总结出“人地系统”的基本特性（陆大道，2002）：①“人地关系地域系统”就其与外界的关系来说，是半开放的系统。也就是说，任何一个“人地关系地域系统”的内部关联构成了各个区域的不同特征。但同时，又都是与外部进行物质、能量、信息交流的，这构成了区域之间的联系和整体性。②这个系统就其稳定程度而言，是非稳定系统。就是说，该系统内，一个或一组要素的变化就可能导致整个系统的变化，甚至导致系统运行方向和本质的改变。③这个系统就其变化的机制来说，是或然性系统，而非决定性系统。在“人地关系地域系统”内，要素相互作用的变化及要素变化对于系统状态的影响，不像宇宙飞船对接那样，可以精确到百万分之一秒，“人地关系地域系统”绝不是这样的系统。

人地关系有着丰富的内涵和意义，涉及人地关系综合研究的学科，不限于地理学（吴传钧，1991），环境科学、人类生态学、地球系统科学等学科也都强调对人地相互作用问题进行多学科的综合研究，并出现了“社会-生态系统”、“人-环境耦合系统”等类似的概念。例如，马世骏先生提出了“社会-经济-自然复合生态系统”的概念（马世骏和王如松，1984），认为社会、经济、自然是三个性质不同的系统，但其各自的生存发展都受到其他系统结构、功能的制约，必须当成一个复合系统来考虑，称其为社会-经济-自然复合生态系统。此外，英国学者 Durr（1983）提出了“人地系统”（man-land system）的概念，把其定义为由人口和土地共同组成的系统；Glaser 等（2008）认为，社会生态系统（social-ecological system）是由生物-地理-自然单元与其相联系的社会参与者、相关制度构成，它是一个复杂并具有适应性的系统，以隐含在特定生态系统及其问题的空间或功能界线为系统边界。与其他学科相比，地理学在研究“人地系统”及“人地相互作用”问题上具有鲜明的特色和优势。吴传钧先生曾指出地理学不能研究人地关系的所有方面和内容，从地理学入手研究人地关系，是明确以地域为基础的，与其他学科相比，以地域为单元，着重研究人地关系地域系统的唯有地理学。由于地理学的区域性和综合性，地理学对人地相互作用的正效应和负效应都很重视，在研究人地关系问题时尤其注重研究人类生存环境在时间序列中所表现出来的空间结构、空间分异、空间耦合、空间运动、空间相互作用和空间优化等问题，统称为空间组织问题（地理科学发展战略研究组，1996）。

（三）人地系统研究内容与方法论

人地关系研究涉及领域广泛，科学界关注的全球环境变化与可持续发展两个热点问题都与人地关系息息相关，作为一个跨学科的大课题，其研究内容和方向也是多方面的（吴传钧，1991；郑度，2002）。针对当前世界面临人口快速增长、资源供应失调、环境质量恶化和城市化进程失控等日益严重的全球性问题，吴传钧先生（1991）认为，研究人地关系地域系统的总目标是为探求系统内各要素的相互作用及系统的整体行为与调控机制，从空间结构、时间过程、组织序变、整体效应和协同互补等方面去认识和寻求全球的、全国的或区域的人地关系系统的整体优化、综合平衡及有效调控的机理。其中心目标是协调人地关系，重点研究人地系统的优化，并落实到地区综合发展上。优化目标是多方面的，包括资源的合理有效利用、生产力和城镇系统的合理布局，以及所有经济活动都要谋求经济效益、社会效益和环境效益三个方面的结合，等等。任何区域开发、区域规划和区域管理必须以改善人地相互作用结构、开发人地相互作用潜力和加快人地相互作用在地域系统中的良性循环为目标，为有效进行区域开发和区域管理提供理论依据。

根据这一研究目标，吴传钧先生认为，从地理学视角研究人地系统应包括以下七个方面内容：①人地关系地域系统的形成过程、结构特点和发展趋向的理论研究。②人地系统中各子系统相互作用强度的分析、潜力估算、后效评价和风险分析。③人与地两大系统间相互作用和物质、能量传递与转换的机制、功能、结构和整体调控的途径与对策。④地域的人口承载力分析，关键是预测粮食增产的幅度。⑤一定地域人地系统的动态仿真模型。根据系统内各要素相互作用结构和潜力，预测特定的地域系统的演变趋势。⑥人地相关系统的地域分异规律和地域类型分析。⑦不同层次、不同尺度的各种类型地区人地关系协调发展的优化调控模型，即区域开发的多目标、多属性优化模型（吴传钧，1991）。在人地关系地域系统的理论研究方面，陆大道院士（2002）进一步强调，要以系统的观点开展综合自然和人文两方面因素而形成的地域分异研究，深入揭示“人地关系地域系统”的特性，同时要充分吸收系统科学、生态学、经济学等学科的方法，并在此基础上发展研究“人地关系地域系统”的综合集成方法。

几十年来，我国地理学各分支学科的理论和实践都有了很大的发展，关于人地系统研究的思路与途径也逐渐清晰。鉴于人地系统的动态、开放和复杂性，钱学森先生曾提出要以“从定性到定量的综合集成研究方法”研究人地关系的巨系统及其结构和功能，并强调这是地学重要的基础研究（钱学森等，1990）。吴传钧先生非常赞同钱学森的观点，进一步将系统论思想引入地理学研究中，认为分析人地关系地域系统，单纯的定性研究是远远不够的，还要与定量分析相结合，人地关系地域系统内部是否协调，人类对其施行调控的可能幅度等，都应该使其数量化，并提出地理学家在研究人地关系地域系统时的基本方法是分类、区划、定量分析、建立模式和评价等（吴传钧，1981，1991，2008）。陆大道院士认为研究人地系统要树立综合和系统的观念、地域和层次的观念，研究主题要突出人地相互作用机制和演化趋势，人地关系地域系统研究的基本途径包括模型建立与模拟、参数研究、综合集成研究等方面（陆大道，2002）。

近年来人地系统的研究方法趋于多元化，系统动力学方法、协同学理论、分形和混沌理论、RS与GIS技术、能值理论等新方法和新技术不断得到应用，人地系统研究方法日益向模型化、定量化、综合集成方向发展。史培军（1997）提出从人地系统动力学入手，深入开展可持续发展理论与方法研究的基本内容，以期表述人类活动对地球系统的影响——地球系统演变之“人类驱动力”的机制。艾南山等（1999）提出了利用人地协同论，将人地关系模型化，以便进行定量分析研究和做出预测。刘继生和陈涛（1997）、刘继生和陈彦光（2002）分析了人地非线性相关作用的混沌特征，进而讨论了人地关系的分形（多分维）性质，认为人地关系研究不必具备精细的时空数据，但要借助有效的模拟计算方法，以地理信息系统（GIS）为技术支持，建立以细胞自动机（CA）为核心的综合集成模型，将成为人地关系复杂性研究的主要方向（刘继生和陈涛，1997；刘继生和陈彦光，2002）。郭晓佳等（2009）将能值分析理论应用到人地系统的物质代谢和生态效率的定量分析研究中，综合分析复合型生态经济能流、物质流、货币流和人口流，对人地系统的自然、经济和社会三个子系统进行统一定量分析，从而揭示出各子系统及整体系统的演变趋势及特征。

国外学者在研究人地相互作用的复杂过程中，在数据和方法的集成方面也采用了很多定量模型。例如，An等（2005）构建了基于Agent的空间模型用来模拟四川卧龙自然保护区不断增长的农村人口对森林和大熊猫生存环境的影响，认为该模型在刻画复杂的人地相互作用、整合不同尺度和不同学科的数据与方法方面具有重要应用价值。从国外人地相互作用的定量模型发展来看，国外地理学者通常利用GIS来协助数据管理和模拟空间明确的变量，GIS已经被地理学者广泛应用于人地相互作用研究中，而环境学方面的学者则更多采用多变量空间模型（Seto and Kaufmann，2003）、马尔科夫链分析（Brown et al.，2000）、元胞自动机模型（Malanson，2002）等定量方法，其中元胞自动机模型在模拟许多生态过程方面已显示出强大的功能（An et al.，2005）。

二、人地系统研究新特点与脆弱性应用

（一）脆弱性研究与人地系统研究的多学科交叉和融合

人地系统是一个涉及自然科学、人文社会科学及工程学等众多学科的跨学科研究主题，基于单一学科视角的研究尽管在刻画人地系统中某一子系统或要素的过程或机制方面具有不可替代的作用，但缺乏对人地系统整体分析与综合的把握，由此，促进不同学科知识之间的交叉与融合，形成系统的、整体的研究视角是开展人地系统研究的关键。近年来，人地系统研究中的多学科介入与联合催生了人类生态学、政治生态学、环境（生态）经济学等一系列新的学科与研究视角，一些国际性合作计划与科研机构，如政府间气候变化专门委员会（IPCC）、美国国家科学基金会的人-自然耦合系统动力学研究计划（DCNHSP）、瑞典皇家学会的北界国际生态经济研究所（BIIEE）、恢复力联盟（RA）等（表1-5），也越来越重视人地系统研究中的多学科融合与集成，人地系统研究逐渐从多学科的介入、联合和渗透向更高层次的交叉

表1-5　研究人-自然耦合系统的代表性科研计划

科研计划或研究机构名称	人-自然耦合系统动力学研究计划（DCNHSP）	北界国际生态经济学研究所（BIIEE）	恢复力联盟（RA）	政府间气候变化专门委员会（IPCC）	千年生态系统评估（MEA）
关注焦点	人类与自然系统在不同时间、空间及组织尺度上的复杂相互作用	生态经济学	通过对复杂适应系统（社会生态系统）动力学的研究以揭示可持续性的根本	评价科学、技术、社会经济信息以理解气候变化及其影响和相应的适应、减缓策略	评价生态系统由于人类福利的原因而发生变化的条件与结果以及人类对生态系统变化的响应
资助来源	美国国家科学基金	Kjell 和 Märta Beijer 基金会	私人基金会的多种资金	世界气象组织和联合国环境计划	多种来源
成立时间	2000	1991	1999	1988	2001
网站主页	http：//www. nsf. gov/geo/ere/ereweb/fund-biocomplex. cfm	http：//www. beijer. kva. se/	http：//www. resalliance. org	http：//www. ipcc. ch/	http：//www. MAweb. org

资料来源：Liu 等，2007a

与融合发展。但由于人文科学与自然科学的长期分割，人地系统研究中的多学科集成仍面临文化、体制、管理与平台建设等诸多障碍，尤其在不同学科之间的交流方面，缺乏通用的概念和分析框架，真正的人地系统综合性研究成果仍然乏善可陈。

脆弱性研究作为当前全球环境变化与可持续性科学研究领域的前沿科学问题，已得到众多学科领域的广泛关注，特别是在耦合系统脆弱性研究方面，吸引了不同领域学者的积极参与，在地理学与其他自然、人文学科之间建立起了密切的联系，成为相关学科研究人地相互作用关系的一种重要的、共同的切入点。目前，脆弱性丰富的科学内涵已经在不同学科领域之间初步达成共识，其面向耦合系统的脆弱性分析框架在揭示人地相互作用过程与机制方面所具有的独特学术价值也得到学界的广泛肯定，这为关注人地系统研究的不同学科之间的交流与沟通提供了通用的科学术语和分析框架。此外，众多关注脆弱性研究的国际性科研计划也为人地系统研究的多学科交叉与融合搭建了有力的平台。由此，加强脆弱性分析在人地系统研究中的应用，对于促进人地系统研究的多学科交叉与融合具有重要推动作用。

（二）脆弱性研究与人地相互作用的尺度嵌套

历史时期，人地相互作用大多发生在地方尺度，尽管也存在一些大尺度的人口迁移、商贸或战争活动（Liu et al.，2007a）。但在工业革命以后，尤其在当前经济全球化、全球环境变化背景下，人地系统内部各要素之间联系更加紧密，相互作用的速率、强度和尺度都发生了明显的改变（Young et al.，2006），人地相互作用的空间尺度由地方小尺度、局部地区中观尺度，发展到全球宏观尺度，人地相互作用的地方小尺度过程嵌套在全球宏观尺度过程中，并都过累积效应影响全球过程，而全球过程的反馈又会影响到地方过程，人地相互作用呈现出新的特点，迫切需要一种新的研究范式来刻画人地系统在不同时间、空间与组织尺度之间的耦合作用过程。

跨尺度人地相互作用研究范式的构建与当前全球变化研究领域的脆弱性研究有着密切的内在联系，需要引起地理学者的广泛关注。在当前世界各国经济及环境密切联系的时代，各种尺度上暴露单元的脆弱性是一种相互嵌套的现象，某一尺度上暴露单元脆弱性的缓解可能会导致更大尺度上或其他地区脆弱性的增强，或者暴露单元当前脆弱性的降低可能会通过某些反馈回路造成未来脆弱性的提高。面向耦合系统的脆弱性分析框架有利于分析不同尺度扰动因素作用下耦合系统的脆弱性及其跨尺度传递转移过程，进而有助于探讨人地系统优化调控的时空协调问题。尽管脆弱性研究在这方面也面临诸多挑战，但这种分析问题的角度和思路对于探讨人地相互作用的尺度嵌套问题具有重要的借鉴价值。

（三）脆弱性研究与人地系统要素和过程的综合集成

在人地系统中，一个要素或一组要素发生变化可能引起其他要素乃至整个系统的变化（陆大道，2002），要素和过程的综合集成研究是揭示人地相互作用过程与机制的重要途径。近年来，随着自然与人文数据的采集与分析处理能力的加强，人地系统研究正在逐步从单一要素和过程的研究向多要素、复杂过程的综合集成方向发展（宋长青和冷疏影，2005b）。尤其在影响全球环境变化的自然与人文因素耦合作用研究领域，侧重于研究影响全球环境变化的不同因素与过程的四个国际性科学研究计划（WCRP、IGBP、IHDP和DIVERSITAS）已经联合组成了地球系统科学联盟（ESSP），以一个多要素、多过程综合集成研究的平台替代了先前研究全球变化各个方面的一系列核心计划，强调从系统、综合的思想出发，通过关键过程和要素的综合集成来推动人地耦合系统研究。

随着脆弱性研究由最初只单独关注自然环境系统脆弱性逐渐延伸到探讨人文系统、人-环境耦合系统的脆弱性研究，自然、经济、社会、文化和制度等系统脆弱性的影响因素以及暴露、敏感性、恢复力和适应性等脆弱性因素的相互作用过程已经被纳入耦合系统脆弱性分析框架中，使脆弱性分析在自然与人文要素及过程的综合集成研究方面具有突出的研究优势，为人地系统要素和过程的综合集成研究提供了一种科学的参考范式，在揭示人地相互作用过程、机制等方面研究中将发挥着日益突出的作用。

（四）脆弱性研究与人地系统研究的实践指导

实现人地系统的优化调控与可持续发展是开展人地系统研究的重要实践目的，当代可持续性科学的出现越来越强调对人地相互作用过程与机制的深入理解，许多可持续发展政策和管理实践的实施效果都取决于对人地系统综合性与复杂性的认识程度。例如，在林业资源管理中，如果不考虑跨边界效应，河流上游的木材砍伐通常会造成下游地区严重的土壤侵蚀与洪水灾害；在气候变化和极端灾害事件的应对方面，如果对扰动事件的不确定性估计不充分通常会削弱人类的应对能力与效率（Liu et al.，2007a，2007b）。为了更好地发挥人地系统研究的实践指导作用，不仅需要提高对人地相互作用特性的研究水平，还要将人地系统的科学认识纳入到可持续发展决策与管理实践中，在科学研究和政策管理之间搭建良好的沟通交流渠道与平台。与以往探讨人地相互作用关系的研究范式相比，脆弱性研究集成了风险、敏感性、适应性、恢复力等众多人地相互作用的研究视角，与相关扰动因素相结合开展研究，研究成果的针对性和前瞻性更强，并且越来越强调利益相关者在脆弱性分析与评价过程中的参与问题，为科研人员与决策制定者之间的沟通交流提供了良好的平台，有利于将人地系统研究成果纳入到可持续发展决策与管理实践中。

参考文献

艾南山，李后强，徐建华．1999. 从人文作用的定量模型到人地协同论．四川师范大学学报（自然科学版），19（1）：31-37.

蔡运龙，陆大道，周一星，等．2004. 地理科学的中国进展与国际趋势．地理学报，59（6）：803-810.

陈宜瑜．2004. 对开展全球变化区域适应研究的几点看法．地球科学进展，19（4）：495-499.

地理科学发展战略研究组．1996. 中国地理学近期发展战略研究．北京：科学出版社．

方创琳．2004. 中国人地关系研究的新进展与展望．地理学报，59（0）：21-32.

方修琦，殷培红．2007. 弹性、脆弱性和适应——IHDP 三个核心概念综述．地理科学进展，26（5）：11-22.

方一平，秦大河，丁永建．2009. 气候变化脆弱性及其国际研究进展．冰川冻土，31（3）：540-545.

葛怡．2006. 洪水灾害的社会脆弱性评估研究——以湖南省长沙地区为例．北京：北京师范大学博士学位论文．

郭晓佳，陈兴鹏，张子龙，等．2009. 宁夏人地系统的物质代谢和生态效率研究——基于能值分析理论．生态环境学报，18（3）：967-973.

郝成元，吴绍洪，杨勤业．2004. 人地关系的科学演进．软科学，18（4）：1-3.

冷疏影，宋长青，吕克解，等．2001. 区域环境变化研究的重要科学问题——国家自然科学基金“21 世纪核心科学问题”论坛．自然科学进展，11（2）：222-224.

李鹤．2009. 东北地区矿业城市人地系统脆弱性评价与调控研究．长春：中国科学院东北地理与农业生态研究所博士学位论文．

李鹤，张平宇．2008. 东北地区矿业城市经济系统脆弱性分析．煤炭学报，33（1）：116-120.

李鹤，张平宇．2009. 东北地区矿业城市社会就业脆弱性分析．地理研究，28（3）：751-760.

李鹤，张平宇，程叶青．2008. 脆弱性的概念及其评价方法．地理科学进展，27（2）：18-25.

李旭旦．1986. 人文地理学论丛．北京：人民教育出版社．

刘继生，陈涛．1997. 人地非线性相关作用的探讨．地理科学，17（3）：224-230.

刘继生，陈彦光．2002. 基于 GIS 的细胞自动机模型与人地关系的复杂性探讨．地理研究，21（2）：155-162.

刘小茜，王仰麟，彭建 .2009. 人地耦合系统脆弱性研究进展．地球科学进展，24（8）：917-927.

刘燕华 .1995. 中国脆弱环境类型划分与指标（生态环境整治与恢复技术研究第二集）. 北京：科学技术出版社 .

刘燕华，李秀彬 .2001. 脆弱性生态环境与可持续发展．北京：商务印书馆 .

刘燕华，葛全胜，张雪芹 .2004. 关于中国全球环境变化人文因素研究发展方向的思考． 地球科学进展，19（6）：889-895.

陆大道 .2002. 关于地理学的“人-地系统”理论研究．地理研究，21（2）：135-145.

陆大道，郭来喜 .1998. 地理学的研究核心——人地关系地域系统：论吴传钧院士的地理学思想与学术贡献．地理学报，53（2）：97-105.

马世骏，王如松 .1984. 社会-经济-自然复合生态系统．生态学报，4（1）：1-7.

钱学森，于景元，戴汝为 .1990. 一个科学的新领域——开放的复杂巨系统及其方法论． 自然杂志，13（1）：3-10.

任启平 .2005. 人地关系地域系统结构研究——以吉林省为例．长春：东北师范大学博士学位论文 .

Roberts M G，杨国安 .2003. 可持续发展研究方法国际进展——脆弱性分析方法与可持续生计方法比较．地理科学进展，22（1）：12-21.

史培军 .1991. 灾害研究的理论与实践．南京大学学报（自然科学版），11：37-42.

史培军 .1996. 再论灾害研究的理论与实践．自然灾害学报，5（4）：6-14.

史培军 .1997. 人地系统动力学研究的现状与展望．地学前缘，4（1-2）：201-204.

史培军 .2002. 三论灾害研究的理论与实践．自然灾害学报，11（3）：1-9.

史培军，王静爱，陈婧，等 .2006. 当代地理学之人地相互作用研究的趋向——全球变化人类行为计划（IHDP）第六届开放会议透视．地理学报，61（2）：115-126.

宋长青，冷疏影 .2005a. 当代地理学特征、发展趋势及中国地理学研究进展．地球科学进展，20（6）：595-599.

宋长青，冷疏影 .2005b. 21 世纪中国地理学综合研究的主要领域．地理学报，60（4）：546-552.

宋长青，冷疏影，吕克解 .2000. 地理学在全球变化研究中的学科地位及重要作用．地球科学进展，15（3）：318-320.

王爱民，刘加林 .2001. 我国人地关系研究进展评述．热带地理，21（4）：364-373.

王爱民，缪磊磊 .2000. 地理学人地关系研究的理论评述．地球科学进展，15（4）：415-420.

王黎明，关庆锋，冯仁国，等 .2003. 全球变化视角下人地系统研究面临的几个问题探讨．地理科学，23（4）：391-397.

王天送，孙成权 .2007. 总结全球变化研究进展 评述地球系统科学趋势——地球系统科学联盟科学大会（ESSP OSC）在北京举行．地球科学进展，22（2）：217-218.

吴传钧 .1981. 地理学的特殊研究领域和今后任务．经济地理，（1）：5-21.

吴传钧 .1991. 论地理学的研究核心．经济地理，11（3）：1-5.

吴传钧 .2008. 人地关系地域系统的理论研究及调控．云南师范大学学报（哲学社会科学版)，40 (2)：1-3.
徐建华 . 1995. 人类活动对自然环境演变及其定量评估模型 . 兰州大学学报（社会科学版)，23 (3)：18-23.
杨吾扬，江美球 . 1982. 地理学与人地关系 . 地理学报，47 (2)：206-214.
叶笃正 . 1992. 中国的全球变化预研究 . 北京：气象出版社 .
张平宇 . 2007. 全球环境变化研究与人文地理学的参与问题 . 世界地理研究，16 (4)：76-81.
张志强，孙成权 . 1999. 全球变化研究十年新进展 . 科学通报，44 (5)：464-477.
章元 . 2006. 贫困的脆弱性研究综述 . 经济学动态，(1)：100-106.
赵国杰，张炜熙 . 2006. 海岸带社会经济脆弱性研究 . 统计与决策，(5)：12-14.
赵明华，韩荣青 . 2004. 地理学人地关系与人地系统研究现状评述 . 地域研究与开发，23 (5)：6-10.
赵跃龙 . 1999. 中国脆弱生态环境类型分布及其综合整治 . 北京：中国环境科学出版社 .
郑度 . 2002. 21 世纪人地关系研究前瞻 . 地理研究，21 (1)：9-13.
Brunhes J. 1935. 人地学原理 . 任美锷，李旭旦译 . 南京：钟山书局 .
James P E. 1982. 地理学思想史 . 李旭旦译 . 北京：商务印书馆 .
Kochunov B. 1993. 脆弱生态的概念及分类 . 李国栋译 . 地理译报，(1)：18-23.
Semple E C. 1937. 地理环境之影响 . 陈建民译 . 上海：商务印书馆 .
Adger W N. 1999. Social vulnerability to climate change and extremes in coastal Vietnam. World Development，27：249-269.
Adger W N. 2006. Vulnerability. Global Environmental Change，16 (3)：268-281.
Adger W N，Brooks N，Bentham G，et al. 2004. New indicators of vulnerability and adaptative capacity，No. 7. Tyndall Centre Technical Report.
Adrianto L，Matsuda Y. 2002. Developing economic vulnerability indices of environmental disasters in small island regions. Environmental Impact Assessment Review，22 (4)：393-414.
An L，Linderman M，Qi J G，et al. 2005. Exploring complexity in a human-environment system：an agent-based spatial model for multidisciplinary and multiscale integration. Annals of the Association of American Geographers，95 (1)：54-79.
Antle J M，Capalbo S M，Elliot E T，et al. 2004. Adaptation，spatial heterogeneity and the vulnerability of agricultural systems to climate change and CO_2 fertilization：an integrated assessment approach. Climate Change，64：289-315.
Belliveau S，Smit B，Bradshaw B. 2006. Multiple exposures and dynamic vulnerability：evidence from the grape industry in the Okanagan Valley，Canada. Global Environmental Change，16 (4)：364-378.
Berrien M. 2000. International geosphere-biophere programme：a study of global change，some reflections. IGBP Newsletter，40：1-3.
Birkmannn J. 2006. Measuring Vulnerability to Hazards. Tokyo：United Nations University Press.

Blaikie P, Cannon T, Davis I, et al. 1994. At Risk: Natural Hazards, People's Vulnerability and Disasters. London: Routledge.

Bohle H G. 2006-11-29. Vulnerability and criticality: perspectives from social geography. IHDP Update 2/01, Article 1. URL: http: //www. ihdp. uni-bonn. de/html/publications/ update/IHD PUpdate01 _ 02. h.

Brooks N. 2003. Vulnerability, risk and adaptation: a conceptual framework. Working Paper 38, Tyndall Centre for Climate Change Research, Norwich, UK.

Brooks N, Adger W N, Kelly P M. 2005. The determinants of vulnerability and adaptive capacity at the national level and the implications for adaptation. Global Environmental Change, 15: 151-163.

Brown D G, Pijanowski B C, Duh J D. 2000. Modeling the relationships between land use and land cover on private lands in the Upper Midwest, U. S. Journal of Environment Management, 59: 247-263.

Chambers R. 1989. Vulnerability, coping and policy. Institute of Developmental Studies Bulletin, 20: 1-7.

Christensen L, Coughenour M B, Ellis J E, et al. 2004. Vulnerability of the Asian typical steppe to grazing and climate change. Climate Change, 63: 351-356

Cutter S L. 1993. Living with risk: the Geography of Technological Hazards. London: Edward Arnold.

Cutter S L. 1996. Vulnerability to environmental hazards. Progress in Human Geography, 20: 529-539.

Cutter S L. 2001. A research agenda for vulnerability science and environmental hazards. IHDP Newsletter UPDATE, 2/2001 (http: //www. ihdp. uni-bonn. de/html/publications/ update/ update01 _ 02/IH...).

Cutter S L. 2003. The vulnerability of science and the science of vulnerability. Annals of the Association of American Geographers, 93 (1): 1-12.

Cutter S L, Boruff B J, Shirley W L. 2003. Social vulnerability to environmental hazards. Social Science Quarterly, 84 (2): 242-261.

Dow K. 1992. Exploring differences in our common futures: the meaning of vulnerability to global environmental change. Geoforum, 23: 417-436.

Downing T E. 2000. Towards a vulnerability science. IHDP Newsletter Update, 3/2000. (http: //www. ihdp. uni-bonn. de/html/publications/update/update00 _ 03/I...) .

Downing T E, Patwardhan A. 2004. Assessing vulnerability for climate adaptation. *In*: Lim B, Spanger-Siegfried E. Adaptation Policy Frameworks for Climate Change: Developing Strategies, Policies, and Measures (Chapter 3) . Cambridge: Cambridge University Press.

Durr H. 1983. The synopsis of large scale maps and the study of man-land systems. Resources Management and Optimization, 2 (3): 259-269.

Eakin H, Luers A L. 2006. Assessing the vulnerability of social-environmental systems. Annu Rev Environ Resour，31：365-394.

Füssel H M. 2007. Vulnerability：a generally applicable conceptual framework for climate change research. Global Environmental Change，17 (2)：155-167.

Galea S，Ahern J，Karpati A. 2005. A model of underlying socioeconomic vulnerability in human populations：evidence from variability in population health and implications for public health. Social Science & Medicine，60 (11)：2417-2430.

Gallopín G C. 2003. A systemic synthesis of the relations between vulnerability，hazard，exposure and impact，aimed at policy identification. Handbook for Estimating the Socio-Economic and Environmental Effects of Disasters，ECLAC，Mexico，D. F.

Gallopín G C. 2006. Linkages between vulnerability，resilience，and adaptive capacity. Global Environmental Change，16 (3)：293-303.

Gary L G，Cort J W. 1989. Geography in America. Ohio：Merrill Publishing Company.

Glaser M，Gesche K，Beate R，et al. 2008. Human-nature interaction in the anthropocene，potential of social-ecological systems analysis. Preparation Paper for the DGH-Symposium.

Holling C S. 2001. Understanding the complexity of economic，ecological，and social systems. Ecosystems，4 (5)：390-405.

Janssen M A，Schoon M L，Ke W，et al. 2006a. Scholarly networks on resilience，vulnerability and adaptation within the human dimensions of global environmental change. Global Environmental Change，16 (3)：240-252.

Janssen M A，Bodin O，Anderies J M，et al. 2006b. Toward a network perspective of the study of social-ecological systems. Ecology and Society，11 (1)：15.

Kates R W，Clark W C，Corell R，et al. 2001. Environment and development：sustainability science. Science，292：641-642.

Klein R J T，Nicholls R J. 1999. Assessment of coastal vulnerability to climate change. Ambio，28：182-187.

Liu J G，Dietz T，Carpenter S R，et al. 2007a. Coupled human and natural systems. Ambio，36 (8)：639-649.

Liu J G，Dietz T，Carpenter S R，et al. 2007b. Complexity of coupled human and natural systems. Science，317 (5844)：1513-1516.

Luers A L，Lobell D B，Sklar L S，et al. 2003. A method for quantifying vulnerability，applied to the agricultural system of the Yaqui Valley，Mexico. Global Environmental Change，13 (4)：255-267.

Malanson G P. 2002. Extinction-debt trajectories and spatial patterns of habitat destruction. Annals of the Association of American Geographers，92：177-188.

McCarthy J J，Canziani O F，Leary N A，et al. 2001. Climate Change 2001：Impacts，Adaptation and Vulnerability，Third Assessment Report of the IPCC. Cambridge：University Press.

Metzger M J，Leemans R，Schroter D. 2005. A multidisciplinary multi-scale framework for assessing vulnerabilities to global change. International Journal of Applied Earth Observation and Geoinformation，7：253-267.

Metzger M J，Rounsevell M D A，Acosta-Michlik L，et al. 2006. The vulnerability of ecosystem services to land use change. Agriculture，Ecosystems and Environment，114（1）：69-85.

Mitchell J，Devine N，Jagger K. 1989. A contextual model of natural hazards. Geographical Review，79：391-409.

Moran E，Ojima D，Buchman N，et al. 2005. Global land project：science plan and implementation strategy. IGBP Report No. 53/IHDP Report No. 19（http：//www. igbp. net）.

Moss R H，Brenkert A L，Malone E L. 2001. Vulnerability to climate change：a quantitative approach. Technical Report PNNL-SA-33642，Pacific Northwest National Laboratories，Richland，WA.

Newell B，Crumley C L，Hassan N，et al. 2005. A conceptual template for integrative human - environment research. Global Environmental Change（Part A），15（4）：299-307.

O'Brien K，Eriksen S，Schjolden A，et al. 2004a. What's in a word? Conflicting interpretations of vulnerability in climate change research. CICERO Working Paper（http：//www. cicero. uio. no）.

O'Brien K，Leichenkob R，Kelkar U，et al. 2004b. Mapping vulnerability to multiple stressors：climate change and globalization in India. Global Environmental Change，14（4）：303-313.

Patrik H. 1979. Collins Dictionary of English Language. Landon：Williams Collins Sons.

Pelling M. 1999. The political ecology of flood hazard in urban Guyana. Geoforum，30：249-261.

Research and assessment systems for sustainability program. 2001. Vulnerability and Resilience for Coupled Human-Environment Systems：Report of the Research and Assessment Systems for Sustainability Program 2001 Summer Study，Airlie House，Warrenton，Virginia.

Roberts P. 1948. Determinism in geography. Annals of The Association of American Geography，38（1）：40-45.

Robin A. 1983. The Ethics of Environmental Concern. England Oxford：Basic Blackwell Pub.

Sanchez-Rodriguez R. 2002. Cities and global environmental change：challenges and opportunities for a human dimension perspective. IHDP Update 3/02：1-3.

Schneiderbauer S，Ehrlich D. 2004. Risk，Hazard and People's Vulnerability to Natural Hazards：a Review of Definitions，Concepts and Data. Brussels：European Commission-Joint Research Centre（EC-JRC）.

Schroter D，Metzger M J，Cramer W，et al. 2004. Vulnerability assessment-analysing the human-environment system in the face of global environmental change. The ESS Bulletin，2（2）：11-17.

Schroter D，Polsky C，Patt A G. 2005. Assessing vulnerabilities to the effects of global change：an eight step approach. Mitigation and Adaptation Strategies for Global Change，10：573—596.

Sen A K. 1981. Poverty and Famines：an Essay on Entitlement and Deprivation. Oxford：Clarendon.

Sen A K. 1984. Resources，Values and Development. Oxford：Blackwel.

Seto K C，Kaufmann R K. 2003. Modeling the drivers of urban land use change in the Pearl River Delta，China：integrating remote sensing with socioeconomic data. Land Economics，79（1）：106-121.

Timmerman P. 1981. Vulnerability，resilience and the collapse of society：a review of models and possible climatic applications. Toronto，Canada：Institute for Environmental Studies，University of Toronto.

Turner II B L，Kasperson R E，Matson P A，et al. 2003. A framework for vulnerability analysis in sustainability science. PNAS，100（14）：8074-8079.

UNISDR. 2004. Living with risk，a global review of disaster reduction initiatives. UN Publications，Geneva.

United Nations. 2004. Living with risk：a global review of disaster reduction initiatives. United Nations International Strategy for Disaster Reduction，Geneva，Switzerland.

Vasquez-Leon M，West C T，Finan T J. 2003. A comparative assessment of climate vulnerability：agriculture and ranching on both sides of the US-Mexico border. Global Environmental Change，13：159-173.

Vogel C. 1998. Vulnerability and global environmental change. World Commission of Environment and Development，LUCC Newsletter 3.

Walker B，Holling C S，Carpenter S R，et al. 2004. Resilience，adaptability and transformability in social-ecological systems. Ecology and Society，9（2）：5-12.

Wisner B. 2002. Who? what? where? when? in an emergency：notes on possible indicators of vulnerability and resilience：by phase of the disaster management cycle and social actor. *in*：Plate E. Environment and Human Security. Contributions to a Workshop in Bonn，Germany.

Yohe G，Tol R S J. 2002. Indicators for social and economic coping capacity-moving toward a working definition of adaptive capacity. Global Environmental Change，12（1）：25-40.

Young O R，Berkhout F，Gallopin G C，et al. 2006. The globalization of socio-ecological systems：an agenda for scientific research. Global Environmental Change，16（3）：304-316.

Zapata R，Caballeros R. 2000. Un tema del desarrollo：vulnerabilidad frente a los desastres. CEPAL，Naciones Unidas，Mexico，DF.

第二章　矿业城市人地系统脆弱性分析

矿业城市作为人地相互作用剧烈的一类特殊的人地系统，除了具有区域性、综合性、动态性、开放性和复杂性等人地系统所具有的一般特征以外，还具有物质能量的高集中性、过渡性和脆弱性等特征。矿业城市人地系统脆弱性指矿业城市对内外扰动因素的敏感性，是缺乏应对能力的一种属性，表现在面临的扰动因素多、扰动强度大，人地系统敏感性较高，自身缺乏应对扰动影响的能力，并且外部援助机制和途径不健全，系统在扰动影响下的敏感性程度及其应对扰动影响的能力是构成矿业城市人地系统脆弱性的两个关键要素。矿业城市都面临着不同程度的矿业衰退、下岗失业、生态环境破坏的问题，这成为矿业城市人地系统面临的主要的、共性的扰动因素。矿业城市产业结构单一，城市经济固有的敏感性高，矿业衰退引发城市经济下滑，再加上矿业恢复能力疲弱，替代产业发展滞后，导致了城市经济系统的脆弱性；下岗失业严重削弱了城市居民生计能力，再就业技能缺乏，城市应对下岗失业扰动的能力弱，城市贫困发生率高，社会矛盾激化，造成城市社会系统的脆弱性；长期的矿产开采加工加重了城市生态环境固有的敏感性，引发地质灾害、环境污染和生态退化过程，严重破坏城市生态系统的自然调节机能，再加上城市生态环境治理和修复能力弱，导致了城市生态环境系统的脆弱性。三个子系统脆弱性过程的耦合作用，构成矿业城市人地系统脆弱性。

第一节　矿业城市人地系统的构成与特性

一、矿业城市人地系统的内涵与构成

矿业城市是我国城镇体系中数量众多、可持续发展问题突出的一类城市，它是为适应工业化发展对能源、原材料与日俱增的需求而产生的，是社会发展过程中专业化分工日益深化的结果。关于“矿业城市”的概念尚无统一的界定，并且还存在“资源型城市”、“能源城市”、“工矿城市”、“煤炭（石油、金属等）城市”等名词与之相混淆。从矿业城市形成发展的原因及其所承担的城市职能来看，矿业城市是指因矿产资源开发而形成或发展起来，矿产资源的开采和初加工在城市发展中发挥着重要作用，其主要功能或重要功能是向社会提供矿产品及其初加工产品的一类专业性职能城市。矿业城市作为“城市”而言，具有城市的一般职能，即有一定数量人群聚居而从事生产、经营和生活的地域，具有为人们提供并可能满足各项社会经济活动和需求服务的基本职能，具有对一定区域的社会经济发展的集聚、带动、辐射作用的一般城市特征（李建华，2007），同时，由于城市对资源的依赖性强而受到资源的耗竭性与不可再生性以及生态环境脆弱性的制约，表现出独特的城市发展规律，是一种特殊的城市类型。

矿业城市人地系统是以矿业城市所在区域为基础的人地关系系统，是由矿业城市特有的社会经济活动与地理环境相互作用、相互影响构成的一种动态结构，包括社会、经济和生态环境三个子系统。三个子系统均有各自的特性，在矿业城市人地系统中承担着不同的角色。组成社会系统最基本、最重要的要素是人口，其他社会要素如政治、制度、文化和风俗习惯等都是人类生产和生活的衍生物。社会主体在长期的生产生活过程中形成的制度安排，包括由社会强制执行的社会行为规范和非强制性的习俗、道德、伦理和宗教等行为规范，对矿业城市人地系统的发展起着指导、控制、调节和制约作用，并为矿业城市经济系统提供劳动力和智力资源，通过制定合理的资源开发与利用政策、确定合理的生产技术方式，在社会制度的作用下，最大限度地实现区域社会利益的最大化。

经济活动是人类以外部自然界为对象，为了满足人类的各种需求所采取的行为的总和。经济系统是由参与经济活动的资本、技术、劳动力、资源等要素在地域空间上的相互作用所形成的，其本身并不能为人地系统的发展提供动力和能量，而是一种转换器，影响着矿业城市人地系统中各种要素流动的速率、规模以及要素相互组合与配置的效率。经济系统是矿业城市人地系统发展演变的重要驱动因素之一，直接影响人地相互作用的形式、规模、程度，决定着人地系统发展的方向。

自然条件和自然资源成为生态环境系统的主要组成要素。自然条件是指除自然资源以外的所有影响人地系统形成和发展的诸自然因素，如自然地理位置、地质条件、地貌条件、水文条件、气候条件、土壤生物条件和生态环境等；自然资源是在自然界中一切为人类所利用的自然物质要素，包括地壳的矿物岩石、地表形态、土壤覆盖层、地上与地下资源、海洋资源、水资源、太阳光能、热能以及生物圈的动植物等。生态环境系统是人地系统形成和发展的物质基础和空间支撑，为人类生产生活提供各种所需的能源和资源。

二、矿业城市人地系统特性

矿业城市人地系统是一类特殊的人地系统，除了具有区域性、综合性、动态性、开放性和复杂性等人地系统所具有的一般特征以外，由于矿业城市社会经济活动自身的特点，矿业城市人地系统还具有以下四个特征。

（一）物质能量的高集中性

马克思在《资本论》中早已指出，密集性是城市的本质特征之一，主要体现在人口的密集、物质与资本的密集等方面。矿产资源不是普遍资源，只有在地质构造复杂、地层发育、岩浆活动频繁，具有优越成矿条件的地方才可能发育矿产资源。矿业城市的形成，并非在每一个区域都能发生，只有在矿产资源富集的地方，并且有采矿活动，才可能逐渐形成矿业城市。也就是说，丰富的矿产资源禀赋是矿业城市形成的前提和基础。矿业城市是依托区域丰富的矿物资源形成或发展起来的，矿业城市人地系统单位面积上所含的物质能量是任何其他类型人地系统所无法比拟的，大量的矿产资源和矿物能源在城市内部高度聚集、高速转化，导致矿业城市人地系统内部的物质流和能量流得到空前的强化。就我国而言，矿业城市为国家提供了93.6%的煤炭、90%以上的石油、80%以上的铁矿石、70%以上的天然气。大庆原油产量占全国的44.5%，鞍山钢产量占全国的1/7，金川提供了90%以上的镍和铂，攀枝花钒钛产品分别占全国的78%和60%（朱训，2002），是我国矿物能源和矿物原材料的主要供应基地，这些充分显示出矿业城市人地系统具有物质能量的高度集聚的特征。

（二）过渡性

矿业城市的发展，即遵循城市发展的一般规律，也要遵循其特定的内在规律。丰富的矿产资源是矿业城市人地系统得以存在和发展的重要物质基础，矿产资源的可耗竭性，决定了矿业城市人地系统的发展无法逃脱矿产资源生命周期规律的约束，导致城市发展具有阶段性特征，即矿业城市发展一般要经历形成期、成长期、成熟期、衰退期或转型期。许多矿业城市或者因种种客观条件或主观因素的限制而不能得到持续发展，会随着矿业开发活动的衰退而走向衰亡，例如，美国加利福尼亚州伯帝镇金矿开采殆尽之后被废弃，甘肃省玉门市原油储量剧减，城市进行了整体搬迁；或者因非矿产业逐步发展壮大，最后演变成为综合性城市，例如：德国的鲁尔工业区从煤炭钢铁城市向休闲创意产业集聚区发展，美国的休斯敦从石油城市发展成石油、航天、医疗中心。从国外矿业城市发展的历程来看，矿业城市人地系统是一种阶段性或过渡性的人地系统，最终都会通过对系统内部结构和运行机制的调整逐渐转变为一般性的人地系统。

（三）脆弱性

矿业城市人地系统是一类人地相互作用非常剧烈的人地系统，其系统内部独特的结构和功能容易受系统内外多重扰动因素的影响，并且系统对扰动影响的应对能力较差，系统结构和功能的破坏具有一定的不可逆性，例如，矿产资源开采加工对城市地貌景观形态和结构破坏的修复性较差，矿业城市原有的经济结构随着矿产资源的逐渐耗竭必然会被新的经济结构所替代，由此可见，矿业城市人地系统具有典型的脆弱性特征。矿业城市人地系统的脆弱性除了来自于系统自身内部结构的先天的不稳定性和敏感性外，还来自于外界的压力和干扰。分布在生态环境脆弱区的矿业城市，自然环境系统存在先天的不稳定性和敏感性，成为矿业城市可持续发展的制约因素。但大多数情况表明，矿业城市经济社会系统的脆弱性往往是矛盾的主要方面。过度开发矿产资源导致资源枯竭、生态破坏乃至自然灾害（如地面塌陷、地表水和地下水循环系统扰动、水环境污染、泥石流和尾矿山污染等），造成矿业城市自然环境系统的脆弱性；长期以来过度依赖资源开发而形成的单一的产业结构，限制了矿业城市建立广泛的区域经济联系，缺乏培育城市产业竞争优势的外部条件，导致城市经济系统的脆弱性；在经济全球化背景下，技术进步和产业结构升级，使资源开采业面临更大的外部竞争压力，威胁矿业城市经济系统的稳定性和可持续性；矿业城市产业文化以及与城市经济结构密切相关的单一的社区就业结构和劳动技能的缺乏，加重了城市失业和再就业的难度，导致城市贫困和弱势群体，造成城市社会系统的脆弱性。三个子系统脆弱性之间相互作用、相互影响、相互制约，构成了矿业城市人地系统的整体脆弱性。

（四）非平衡性

非平衡性是指矿业城市人地系统各要素分布、需求、供给和消耗的不均匀，人地系统结构的非均衡，各子系统之间的层次性以及输入和输出的不平衡等。首先，矿业城市人地系统中的物质、能量、信息、资金、技术和人才等要素在各个子系统之间、各个行业之间、各地域之间和各个时段之间的分布、需求、供给和消耗等存在着不平衡性。矿业城市依赖矿产资源的开发而兴起，对资源产业具有高度的依赖性，同时作为国家重要能源供应基地，为了满足国家对矿产资源和矿物能源的需求，把大量的资金、技术、人才投入到资源产业之中，而对其他产业的投入相对不足。其次，矿业城市人地系统是由一系列子系统按照一定的层次和结构耦合成的功能整体，具有明显的非平衡性和层次性，即各个子系统以及每个子系统的组成要素之间的发展是不平衡的，对矿业城市人地系统产生的作用和影响也存在着显著差异。再次，矿业城市人地系统的输入和输出一般是非平衡的。作为国家矿物能源和矿物原材料的主要供应基地，矿业城市为国家提供了大量的煤炭、石油和铁矿石等矿产资源和矿物能源。在输出大量矿产资源的同时，矿业城市每年还向国家上缴大量的利税，为国民经济的发展作出了巨大的贡献。由于体制性、机制性等因素的制约，国家对矿业城市的投入和补偿却远远低于对矿业城市的索取。此外，矿业城市人地系统中的环境因子也具有时间周期变化性等非平衡性。

第二节　矿业城市人地系统脆弱性概念模型与分析框架

一、矿业城市人地系统脆弱性及其特点

（一）矿业城市人地系统脆弱性的概念及其构成要素

脆弱性是源于系统内部的、固有的一种属性，该属性在系统与扰动因素的相互作用过程中得以体现。系统的脆弱性在系统暴露于扰动影响之前就已经存在，并不是由于扰动的影响而导致系统产生脆弱性。例如，一个免疫能力低的人，无论其是否遭受病菌的扰动，都具有较高的脆弱性；一种软件的脆弱性在遭受计算机黑客攻击前就已经存在，并不是由于黑客的攻击而导致软件具有脆弱性。对扰动因素的暴露过程是系统脆弱性得以表现的前提，同时也是系统本身的脆弱性被放大或缩小的驱动因素，系统的脆弱性总是针对特定的扰动因素而言的，但系统并不是对所有扰动的暴露都会表现出脆弱性，其表现出脆弱性的必要条件是系统在该扰动的作用下具有敏感性，如果系统对这种扰动不敏感，则该系统对这种扰动是不脆弱的。例如：破旧的房屋对地震的扰动非常敏感，但对旱灾的扰动则不敏感。由此可见，并不是针对所有扰动的暴露过程都是系统脆弱性的构成要素，关键还要看其能否引发系统的敏感性响应。因此，矿业城市人地系统脆弱性指矿业城市对内外扰动因素的敏感性以及缺乏应对能力的一种属性，系统在扰动影响下的敏感性程度及其应对扰动影响的能力是构成矿业城市人地系统脆弱性的两个关键要素。即

$$V=f(S, R)$$

式中：V 为矿业城市人地系统的脆弱性；S 为矿业城市人地系统对外界扰动的敏感性响应程度，其大小与系统面对扰动的属性及系统的内部条件有关；R 为矿业城市人地系统对扰动影响的应对能力，包括恢复力和适应能力两方面，与系统内部条件以及应对扰动影响所能够利用的系统内外应对资源的丰富程度有关。

(二)矿业城市人地系统脆弱性特点

1. 区域性

矿业城市数量众多,各矿业城市所依托的主体矿产资源类型、所处的发展阶段不同,社会经济发展程度、生态环境条件各异,同时长期积累的社会、经济、生态环境压力程度差别较明显,因此,不同矿业城市人地系统脆弱性具有一定的区域差异性。

2. 动态性

矿业城市人地系统内部结构和功能及其所面临的扰动特征都是不断发展变化的,由此导致系统面对扰动的敏感性响应程度及其应对能力的强弱总是处在动态演化的状态,应从变化动态角度把握住外部环境胁迫和系统本身未来可能变化的趋势。

3. 复杂性

矿业城市人地系统是一个复杂的巨系统,它是由若干子系统构成的,各子系统又由不同要素构成,各要素或子系统之间相互作用、相互影响,同时该系统还面临多重的、相互作用的扰动因素,扰动因素和系统之间存在复杂的反馈机制,该系统脆弱性的发生和演化包含复杂的相互作用机制和过程。

4. 可调控性

矿业城市人地系统脆弱性与其内部结构和功能及其面临的扰动因素密切相关,可以通过对其内部结构和功能的调整,规避某些扰动因素的影响,缓解系统面对扰动的敏感性响应程度,增强系统应对扰动影响的能力,从而实现矿业城市人地系统脆弱性的优化调控,这也是进行脆弱性研究的出发点和重要目标。

二、矿业城市人地系统脆弱性概念模型

基于前面对矿业城市人地系统及其脆弱性的概念及构成要素的认识,我们认为矿业城市人地系统脆弱性包括社会、经济和生态环境三个子系统的脆弱性,三个子系统的脆弱性之间在一定时空尺度内的相互作用、相互影响构成了人地系统脆弱性。同时,每个子系统的脆弱性又包括敏感性和应对能力两个脆弱性构成要素。人地系统脆弱性研究的最终目的是调控人地系统的脆弱性,实现人地系统的可持续发展,具体来说就是实现系统的综合效益最高、导致危机的风险最小、系统存活演化的机会最大(马世骏和王如松,1984)。下式给出了人地系统脆弱性的概念模型:

$$V_{HE}=V_E\cap V_P\cap V_N$$
$$=f\ (V_E,\ V_P,\ V_N,\ S,\ T)$$

脆弱性调控目标：

$$\text{Max}\{B(E,P,N),1/D(E,P,N),O(E,P,N)\}$$

式中：V_{HE}为人地系统脆弱性；V_E 为经济子系统脆弱性，$V_E=f\ (S_E,\ R_E)$；S_E 为经济子系统在扰动作用下的敏感性程度；R_E为经济子系统应对扰动影响的能力；V_P 为社会子系统脆弱性，$V_P=f\ (S_P,\ R_P)$，S_P 为社会子系统在扰动作用下的敏感性程度，R_P 为社会子系统应对扰动影响的能力；V_N 为生态子环境系统脆弱性，$V_N=f\ (S_N,\ R_N)$；S_N 为生态环境子系统在扰动作用下的敏感性程度；R_N 为生态环境子系统应对扰动影响的能力；S 为空间尺度；T 为时间尺度；B 为人地系统的综合效益；D 为人地系统的危机风险；O 为人地系统存活演化的机会；E 为经济子系统；P 为社会子系统；N 为生态环境子系统。

该概念模型表明，矿业城市人地系统脆弱性是一个具有多维度、时空动态性和可调控性的概念。社会、经济和生态环境三个子系统的脆弱性相互作用，构成了人地系统脆弱性的三维特征。三个子系统的在面临扰动影响时所表现出的敏感性和应对能力是反映各子系统脆弱性的重要变量。由于不同矿业城市人地系统结构和功能存在着空间差异以及发展阶段的不同，同时，处于不同时空尺度上的人地系统面临的扰动强度也不相同，不同人地系统及其内部子系统的脆弱性都存在着时空差异。矿业城市人地系统脆弱性的调控强调整体性，大系统的优化以各子系统的优化为基础，要重视各子系统之间及各子系统内部构成要素之间的协调和均衡。

三、矿业城市人地系统脆弱性分析框架

（一）矿业城市人地系统敏感性分析

敏感性是脆弱性的重要构成要素之一。它是指系统对扰动因素的响应程度，是系统在遭受扰动之前其内部所固有的属性。系统的敏感性决定了施加在矿业城市人地系统上的扰动能否使矿业城市人地系统内部结构和功能受到损害，是矿业城市人地系统脆弱性得以显现的前提条件。矿业城市人地系统的敏感性程度会随所受扰动强度和类型的变化而有所差异，同时其敏感性程度还与系统内部结构密切相关。矿业城市产业综合发展程度、产业关联度、就业结构、就业技能的单一性及专用性、矿产资源开发利用结构等情况，直接影响矿业城市社会、经济发展对扰动的响应程度。而矿产资源储量及其分

布、地表景观破碎状况、土地利用结构、生态环境本底条件、气候状况、矿山及污染企业空间分布状况等则是矿业城市生态环境子系统敏感性的重要影响因素。

扰动指施加在系统上并对系统产生不利影响的内部或外部作用。矿业城市人地系统面临多重的、多尺度的扰动，并且扰动之间存在着复杂的相互作用。这既有由于矿业城市内部人类活动与地理环境相互作用而产生的扰动，例如，城市内部剧烈的人地相互作用所导致的资源枯竭、生态环境恶化、地质灾害、矿业企业破产关闭、矿难事件等扰动，又有源于矿业城市外部更大尺度上的扰动，例如，国内或国际资源市场供需关系的变化、国家或区域政策的变动、城市外部经济要素供给条件的改变等。各种扰动的特征（强度、频率和范围）各不相同，矿业城市人地系统面对不同扰动的敏感性不同，即使面临同一种扰动系统内部各子系统的敏感性也不相同。因此，矿业城市人地系统敏感性分析既要识别矿业城市人地系统中各子系统面临的主要扰动及其特征，又要结合各子系统内部结构和组分来进行综合分析。

（二）矿业城市人地系统应对能力分析

矿业城市人地系统的应对能力是指矿业城市从扰动所产生的影响中恢复或适应扰动所产生的影响的能力，包括恢复力和适应能力两个部分。矿业城市人地系统的应对能力对扰动产生的影响起到消除或缓解的作用，是矿业城市人地系统脆弱性的重要体现和表征指标之一。矿业城市人地系统中各子系统应对能力的分析首先应明确“应对什么”的问题，即明确所要应对的扰动影响，然后进一步考虑相应的应对策略及其影响因素。一般来说，矿业城市人地系统中各子系统的应对能力受矿业城市自身条件的影响，主要指矿业城市人地系统应对扰动影响所能够利用的城市内部各种现实或潜在的应对资源，此外，矿业城市人地系统的应对能力还与矿业城市所在区域及更大尺度上所能提供的援助有关，如援助政策、项目支持、资金投入和补偿机制等。

（三）矿业城市人地系统脆弱性耦合分析

矿业城市人地系统包括经济、社会和生态环境三个子系统，不同子系统的脆弱性之间存在着复杂的相互作用。每一个子系统都会受到来自于其他子系统的潜在影响，同时每个子系统的应对能力大小又与其他子系统密不可分的，各子系统应对策略的选择又可能会对其他子系统构成新的扰动。三个子系统脆弱性之间的相互作用构成了矿业城市人地系统的整体脆弱性（图 2-1）。

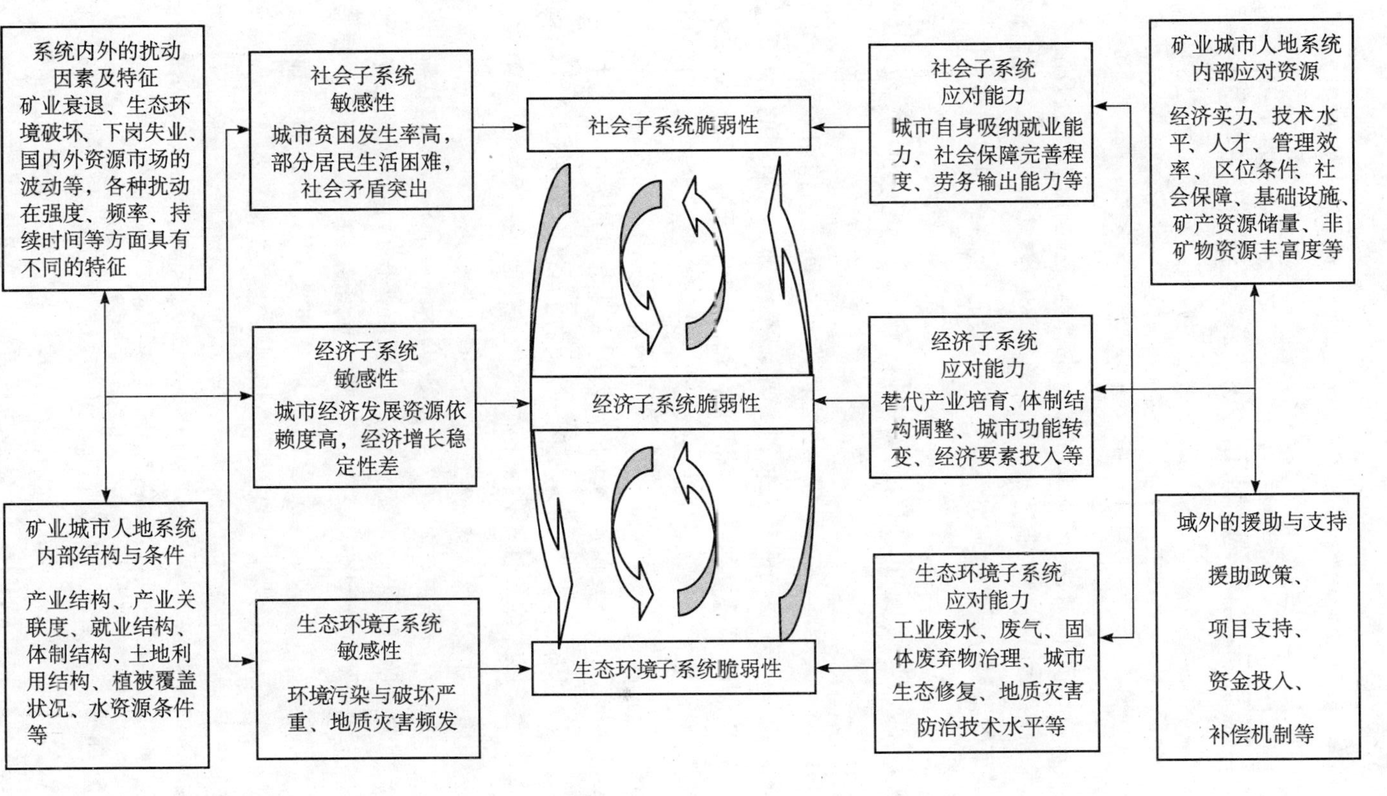

图2-1 矿业城市人地系统脆弱性分析框架

第三节　矿业城市人地系统脆弱性特征

矿业城市人地系统脆弱性指矿业城市对内外扰动因素的敏感性以及缺乏应对能力的一种属性。本节根据矿业城市人地系统的内涵及其分析框架，结合东北地区矿业城市的案例分析，甄别出该地区矿业城市人地系统的脆弱性特征。

一、矿业城市人地系统面临的扰动因素众多、扰动强度大

在人地系统中，人类活动与资源环境之间通过互动反馈作用紧密地交织在一起，二者之间既存在能动的相互促进作用，又包含相互抑制的反作用过程。矿业城市是典型的人类活动与自然环境相互作用非常剧烈的人地系统。东北地区矿业城市人地关系表现出强烈的冲突，其社会经济发展与资源环境的保护及改善之间通常缺乏有机的协调，容易诱发系统内部的各种扰动。

该地区矿业城市资源开发的历史较长，目前大多数矿业城市都已进入中、老年发展阶段，矿产资源的长时间大规模开发利用对区域资源环境的结构、功能和性质都产生了巨大的负面影响：诱发多种次生地质灾害、破坏地貌景观的完整性、固体废弃物堆积大量占用土地、地下水均衡系统受破坏、水和空气污染严重、矿产资源储量减少等。大多数矿业城市的资源环境状况退化较为严重，长期的矿产品开采和加工造成矿业城市普遍存在景观型破坏、资源环境质量型破坏以及生物型破坏。例如，阜新海州露天矿，东西长 4 千米、南北宽 2 千米、深逾 350 米，多次引发滑坡、矿震等灾害，而距离矿坑 500 米就是电厂，一旦引起严重滑坡，后果不堪设想。抚顺西露天矿开采形成了面积 10.9 平方千米、深约 400 米的大坑和周边地表变形区。采矿剥离物形成了三个占地 20.2 平方千米的排土场。特别是 2005 年 8 月 13 日的洪灾造成抚顺西露天矿北侧面大面积滑坡和两处地裂缝，其中一处长 2000 余米、深 5 米、宽为 16 厘米、垂直沉降 12 厘米。又如，抚顺市地下矿开采形成了 18.4 平方千米的采煤沉陷区，煤炭开采破坏土地面积占城市建成区的 40%左右。大庆市地下水年超采近 1 亿立方米，该市西部已形成逾 5500 多平方千米的区域水位沉降漏斗，部分油田区块采用三次采油技术，注入了油田化学品，对深层地下水造成污染（国务院振兴东北办工业组，2006）。

矿产品开采和加工对城市资源环境的破坏反过来又对城市社会经济发展、城市居民的生活构成强烈的扰动。东北地区多数矿山已经开采了几十年甚至上百年，长期以来在矿产资源开发方面普遍存在"有水快流"的思想，一味追求高产量指标，缺乏对矿产资源开发利用的合理规划。自1990年以来，东北地区矿业城市资源萎缩和枯竭的问题日益严峻，其中煤炭类矿城尤为严重。目前，辽宁的本溪和北票煤矿已整体破产，抚顺、阜新、南票的部分矿山已经关闭，吉林的辽源、通化、舒兰和珲春四个矿务局中的20个煤矿中有14个已经关闭。东北地区尚在开采的许多煤矿大多富矿少、贫矿多、矿质差、生产经营困难（汪安佑，2008）。石油类矿城中，大庆市石油可采储量只剩余30%，开采成本大幅上升，其石油产量从1999年开始以每年150万～200万吨的速度递减。可采矿产资源储量的减少，对矿业城市以矿产资源为依托的经济发展模式产生强烈的扰动，城市经济发展停滞不前，下岗失业、城市贫困问题较严重。同时，长期的矿产资源开采加工造成的城市自然景观破坏以及大气环境、水环境污染，不仅给矿业城市的可持续发展带来负面影响，而且对城市居民的生活构成威胁。仅东北三省原国有重点煤矿采煤沉陷区总面积达990平方千米，受影响居民超过90万人（国务院振兴东北办工业组，2006)，区内很多房屋和公共设施被破坏，给居民生活带来严重威胁。此外，矿业城市所特有的生产安全和矿难风险，也是诱发矿业城市人地系统脆弱性发生突变的重要扰动因素。

除了上述源于矿业城市人地系统内部的扰动因素以外，国内外资源市场价格变动、国家政策调整以及城市外部经济要素供给条件改变等城市外部的扰动因素也会对矿业城市人地系统构成强烈的扰动。矿业城市人地系统脆弱性是系统在扰动作用下所表现出来的一种属性，矿业城市人地系统面临的扰动因素具有数量多、发生频率高、扰动强度大的特点，是矿业城市人地系统脆弱性的重要体现。

二、矿业城市人地系统敏感性较高

敏感性是指单位扰动施加在系统上所产生的影响，是系统脆弱性的重要表现之一。系统的敏感性程度会随所受扰动强度和类型的变化而有所差异，同时其敏感性程度还与系统内部结构密切相关。一般来说，系统的结构越复杂越协调，则系统的功能越易正常发挥，系统的稳定性也越强。反之，系统的结构越简单且越不协调，则系统的功能越易遭到破坏，系统的稳定性也越差。东北地区矿业城市人地系统敏感性较高，主要表现在以下三个方面。

（一）产业结构单一，城市经济发展波动大

矿产资源是矿业城市得以产生和发展的最重要的物质基础，矿产资源开采业及相关产业在东北地区矿业城市经济发展中起着重要作用，但同时也导致区域经济对矿产资源的过度依赖。东北地区矿业城市产业结构中采矿业及关联的原材料工业多占据着主导地位，资源型产业长期独立支撑着城市的发展（图 2-2），经济结构单一且内部关联度较高，资源型产业的衰退往往会触发其他相关产业的"链式"反应，进而影响城市经济的整体发展状况，经济增长的稳定性差（图 2-3）。

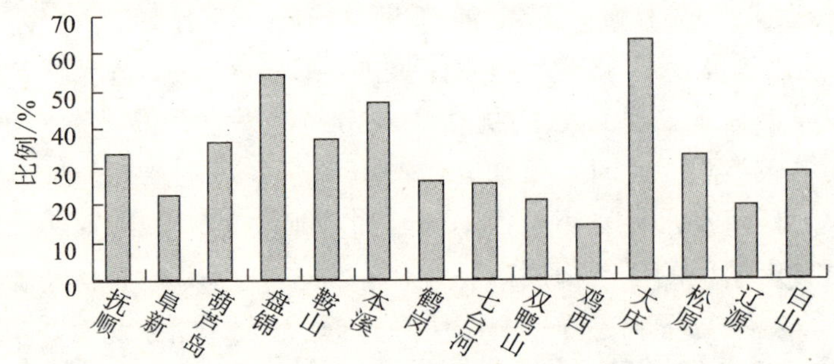

图 2-2　2006 年东北地区部分矿业城市重工业增加值占 GDP 比例

资料来源：各市 2006 年统计公报

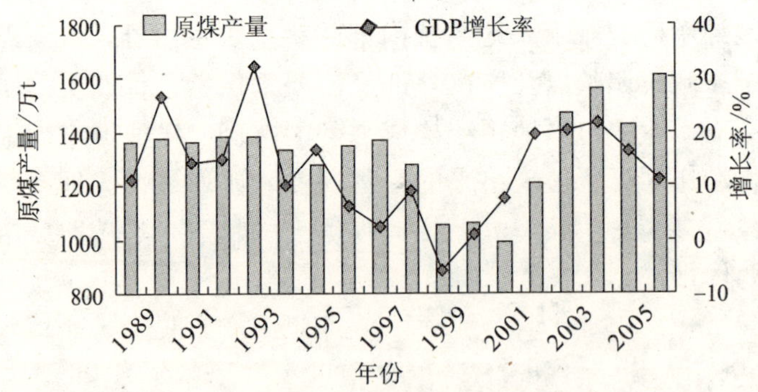

图 2-3　阜新市原煤产量与 GDP 增长率（1989～2006）

资料来源：阜新市统计年鉴

（二）下岗失业问题突出，城市贫困发生率高，社会不稳定因素多

东北地区矿业城市下岗失业问题突出，根据 2005 年 7 月中华人民共和国人口和计划生育委员会组织的一次抽样调查，辽宁省抚顺、本溪和阜新的失业率分别高达 31.12%、21.30%和 24.68%。"零就业"家庭问题尤为突出，

抚顺、本溪和阜新的零就业家庭分别占城镇失业家庭的比例分别为 35.33%、37.04%和 25.55%。白山市一度也有下岗失业人员达 5.66 万，占吉林省下岗失业人员的 8.1%，其中林、矿企业下岗失业人员 3.8 万人，占全市下岗失业人员的 67.1%（国务院振兴东北办工业组，2006）。严重的下岗失业问题导致资源型城市贫困大面积、不断发生（图 2-4），并且呈现出贫困集聚和代际传递等特点（丁四保，2005），激化了社会矛盾，由此导致自杀、离婚和学生辍学等社会问题时有发生，群体性上访事件大幅增加，以侵害财产为主的刑事犯罪不断攀升，社会不稳定因素较多。

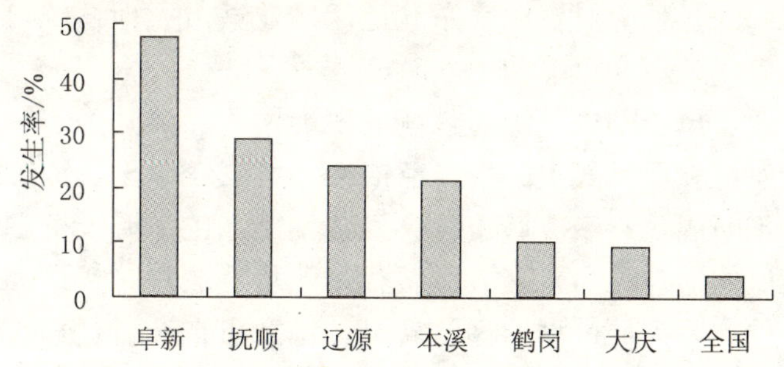

图 2-4 东北地区部分矿业城市及全国平均贫困发生率（2005）（郑文升等，2008）

（三）环境污染与生态破坏严重，地质灾害频发

东北地区矿业城市资源开发体现的是重生产轻生活、重产业轻城市、重经济轻生态的发展轨迹。生态经济和循环经济的理念没有贯穿于资源开发与利用之中，因此，长期积累形成的环境问题比较突出（陆大道，2005）。以大庆市和阜新市为例，据对 1986 年和 2001 年的卫片解译对比，大庆市不计盐沼的湿地总面积由 63.27 万公顷减少到 45.13 万公顷，净减少 28.7%，而同期盐沼面积增加到 19.00 万公顷，净增加 44.1%（王继富等，2005），湿地面积萎缩、湿地景观破碎化的趋势明显。阜新市海州矿自大规模开采至今，已先后发生各类工程滑坡 84 次，仅 1994 年 7 月 13 日的滑坡，滑坡体堆积量为 9.08 万立方米，冲毁铁路运输线 1800 米，全矿停产近 30 个小时，严重影响了矿山正常生产。地面塌陷灾害主要分布在各井田地表沉降区范围内，局部地段塌陷严重，地面塌陷灾害每年均有发生。1995 年 10 月 1 日，高德矿五七井发生地面塌陷，塌坑直径 40 米，最大塌陷深度 30 米①。东北地区矿业城市存在严重的水环境、空气环境污染及局部甚至大范围的生态失衡（张国宝，2008），由采矿活动导致的采空区塌陷、崩塌、矿震、滑坡等地质灾害发生频

① 阜新市环境保护检测站．阜新市生态环境现状调查报告，2007。

率较高，城市生态环境子系统普遍具有较高的敏感性。

三、矿业城市人地系统自身应对扰动影响的能力较差

目前，人类活动引起的环境变化，在某些方面已经接近或超过了由自然因素引起的环境变化的强度和速度，在“人类-环境系统”的演变过程中发挥着越来越重要的作用（陈静生等，2007）。矿业城市人地系统是以人类为中心，该系统面对扰动影响的应对能力在很大程度上取决于人类所做出的决策及其所能够利用的各种应对资源，东北地区矿业城市人地系统自身缺乏应对扰动影响的能力，表现在以下四个方面：

第一，矿业城市长期以资源为依托的发展模式导致其经济结构具有较强的刚性，城市经济发展模式上的“路径依赖”特征较明显，传统的资源依赖型发展模式被不断固化，造成城市社会经济发展在主体矿产资源条件发生改变时表现出较低的适应能力，接续和替代产业培育缓慢，接续和替代产业发展困难重重。例如，为促进城市经济转型，阜新市自 20 世纪 80 年代开始就先后进行了建设“建材城”、“化工城”、“建设棉纺工业”等三次经济转型的探索，但成效不显著，1995 年阜新市提出“农业强市”的目标，目前现代农业发展虽初具规模，但对城市经济发展的带动作用仍较弱。

第二，大部分矿业城市经济发展相对落后，城市发展缺乏应对扰动影响的资金、技术和人力等资源。除了石油类矿业城市以外，东北地区大多数矿业城市经济总量低于省内其他类城市，几乎所有的矿业城市财政收支都存在巨大的差额（表 2-1），矿业城市经济发展相对落后，高素质人力资源缺乏，造成矿业城市在生态环境治理、基础设施改善、技术改造升级、发展接续替代产业等方面面临很大的资金、技术和人力资源限制。

第三，矿业城市社会保障所需地方和企业配套资金严重匮乏，社会保障制度不完善，职工平均工资水平较低（表 2-1），使民众的危机应对能力较差。

表 2-1　东北地区地级矿业城市主要经济发展指标

省份	城市	人均 GDP/元	人均地方财政收入/元	地方财政收支差/亿元	职工平均工资/元	登记失业率/%
黑龙江	鸡西	10 028	2 731	−20.95	9 945	3.27
	鹤岗	9 496	3 306	−13.70	10 687	4.24
	双鸭山	9 047	2 202	−17.37	11 189	4.55
	大庆	47 667	17 254	−16.06	22 618	5.29
	七台河	11 019	4 086	−8.97	10 278	4.84
	全省平均	13 897	7 582	−31.39	12 557	4.06

续表

省份	城市	人均 GDP/元	人均地方财政收入/元	地方财政收支差/亿元	职工平均工资/元	登记失业率/%
吉林	辽源	8 071	2 516	−14.53	9 760	11.06
	白山	9 760	3 236	−16.58	9 267	8.60
	松原	10 165	2 885	−15.29	12 697	7.02
	全省平均	10 932	6 246	−37.94	12 431	4.87
辽宁	抚顺	16 637	7 830	−21.82	13 915	5.97
	阜新	6 590	3 242	−17.59	11 293	5.94
	本溪	18 752	10 811	−15.90	14 634	7.19
	葫芦岛	10 777	5 366	−14.73	11 590	6.57
	盘锦	29 591	14 824	−6.38	12 129	3.25
	全省平均	16 297	12 693	−28.70	14 921	6.31
全国		10 561			16 024	

资料来源：根据《中国区域经济统计年鉴 2005》整理计算得出

第四，矿业城市实行条块分割管理，国有经济比重高，使矿业城市地方政府的宏观调控能力和效率得不到充分发挥。由于不少矿业城市是先有矿、后建城，企业级别高、规模大，政企不分、企业办社会等问题突出。中央或原中央所属企业与地方政府由于体制原因，常常发生矛盾，城市经济长期受资源型企业的主导，地方政府谋划城市发展能力和效率明显不足。

四、矿业城市可持续发展的外部援助机制和途径不健全

东北地区矿业城市大多是在计划经济时期由国家直接投资兴建起来的，在长期的计划经济时期，政府对矿产资源的配置最初为直接调配，资源被国家无偿调拨。后又发展到利用“价格杠杆”配置，刻意压低资源品价格，从资源型城市低价输出，同时制成品被高价输入，造成资源型城市“双重失血”，矿业企业与矿业城市缺少应对危机、化解矛盾的必要积累，单纯依靠自身力量应对城市内外扰动的能力有限，因此矿业城市所在区域及更大尺度上所能提供的应对资源对增强矿业城市人地系统的应对能力具有重要意义。

东北地区矿业城市缺乏利用外部资源应对扰动影响的途径和机会，一方面，矿业城市的功能单一。其生产功能远强于其他功能，其发展的活力主要决定于资源的开发规模和资源企业的市场竞争能力（金凤君和陆大道，2004），且空间布局上多以“嵌入”式为主，与区域的融合力比较弱，在利用先进地区的辐射带动作用及集聚区域优势方面处于劣势地位，缺乏培育城市替代产业竞争优势的外部条件。另一方面，矿业城市可持续发展的外部援助机制尚不健全。从矿产品定价制度来看，长期以来我国资源产品的价格不够合理，矿业企业成本不完全，未能涵盖矿业权有偿取得成本、环

境治理成本、安全投入成本和衰退期转产成本等，使企业内部成本外部化、私人成本社会化；从社会保障方面的政策看，近年来，各级政府采取了一些措施，例如，东北地区采煤沉陷区治理、对试点城市阜新的具体项目支持等，取得了一定成效，但是这些支持措施多是用于治标，尚未形成从根本上解决资源型城市可持续发展的政策保障体系（国务院振兴东北办工业组，2006）。从财税政策上看，现有的财政转移支付制度也缺乏补偿资源型城市历史欠账的稳定渠道保证，造成资源型城市长期缺乏合理补偿，尽管近年来国家提出建立资源开发补偿和衰退产业援助等长效机制，确保资源型城市能得到合理补偿与援助，但相关政策措施尚处于试点阶段，尚未形成稳定的制度性支持。

第四节　矿业城市人地系统脆弱性过程

东北地区矿业城市类型多样，不同矿业城市由于其所处的发展阶段、矿产资源类型的不同，矿业城市人地系统面临的扰动也多种多样，需要从众多的扰动中甄别出矿业城市人地系统面临的主要的、共性的扰动，并深入分析脆弱性产生的关键因果关系过程，为东北地区矿业城市人地系统脆弱性的横向对比评价提供依据。

一、矿业城市人地系统脆弱性的系统分解

以往的脆弱性研究，关注的扰动类型多种多样，如气候变化（Kelly and Adger，2000）、自然灾害（Cutter et al.，2003）、气候变化与经济全球化（O'Brien et al.，2004）、土地利用（Metzger et al.，2006）和粮食安全（Pyle and Gabbar，1993）等，研究对象涉及人群、动植物群落、特定区域（岛国、城市）、产业、区域经济等多种有形或无形的客体。从扰动与承受对象的对应关系来看，以往的脆弱性研究可以分为两类：①“一对一”的对应关系，探讨承受对象在单一扰动作用下所表现出的脆弱性（Metzger et al.，2006）；②“多对一”的对应关系，关注承受对象在多重扰动作用下的脆弱性（Leichenkob and O'Brien，2000；O'Brien et al.，2004）。

矿业城市人地系统面临多重的、多尺度的扰动，既有由于矿业城市内部

人类活动与地理环境相互作用而产生的扰动，如资源枯竭、生态环境恶化、地质灾害、矿业企业破产关闭、矿难事件和下岗失业等扰动，又有源于矿业城市外部更大尺度上的扰动，如全球环境变化、国内或国际资源市场供需关系的变化、国家或区域政策的变动、城市外部经济要素供给条件的改变等。这些扰动具有不同的强度、频率、持续时间等特征，对矿业城市人地系统的影响程度不同。另外，矿业城市人地系统包含经济、社会和生态环境三个子系统，各子系统面临的主要扰动并不统一。因此，矿业城市人地系统脆弱性面临的扰动与承受对象之间是多重的对应关系。

理想的脆弱性评价应对矿业城市人地系统的各种脆弱性过程进行全面、综合的考虑，但由于现实世界数据的获得以及其他方面的限制，理想状态的脆弱性评价通常是无法实现的（Turner et al.，2003），并且还存在由于考虑的因素过于全面、抓不住重点，而使研究不够深入的问题（Schroter et al.，2005）。矿业城市人地系统是一个复杂的巨系统，对该系统的脆弱性评价与分析，需要在基于对研究区全面分析的基础上，甄别出研究区面临的主要扰动及其承受对象，深入分析系统在扰动作用下脆弱性产生的主要因果关系过程。本节采用分析与综合相统一的辩证思维方法，首先将矿业城市人地系统脆弱性分解为经济、社会和生态环境三个子系统的脆弱性（图 2-5），根据东北地区矿业城市在社会、经济、生态环境方面面临的共性突出问题，分别对各子系统面临的主要扰动因素及关键脆弱性过程进行分析，然后综合考虑各子系统脆弱性之间的相互作用，以反映矿业城市人地系统的整体脆弱性。

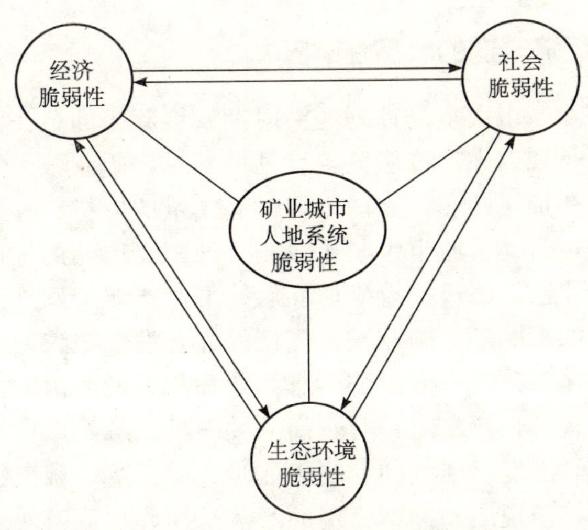

图 2-5 矿业城市人地系统脆弱性的系统分解

二、经济系统脆弱性过程

矿业城市具有先天的禀赋优势——丰富的矿产资源，从区域比较优势出发，大力发展矿业产业是区域产业分工和专门化的现实选择，同时也是城市经济快速发展、推动城市工业化进程的有效途径。矿产资源是矿业城市经济形成和发展的重要物质基础与条件，依托区域丰富的矿产资源，矿业城市在城市发展初期实现了经济的快速增长，但长期以矿产资源为依托的经济发展模式也造成了矿业城市经济发展对资源具有高度依赖性，单一的资源型经济结构对矿业的兴衰特别敏感，并且缺乏应对矿业衰退的能力和选择，经济系统脆弱性特征明显。可以说，丰富的矿产资源既为矿业城市经济的快速发展提供了有利的条件，同时又为矿业城市经济的可持续发展埋下了陷阱，矿业城市经济脆弱性的产生与区域矿业经济的繁荣和衰退密不可分。

从国外矿业城市发展的历程来看，矿业经济是资源丰富地区工业化进程中出现的一个阶段性状态或发展模式。矿产资源本身的属性，特别是矿产资源的可耗竭性，决定了矿业产业是不可持续的产业，矿业产业无法逃脱矿产资源生命周期规律的约束，必然随着资源的减少和枯竭而趋于衰败。天然的矿产资源优势并不能带来城市经济长期的、稳固的发展优势和竞争优势，相反，随着矿产资源优势的逐渐丧失，矿业经济的衰退成为矿业城市经济发展必然要面临的一个共同的扰动。矿业城市经济发展在矿业经济衰退扰动下的脆弱性包括以下两个关键过程（图 2-6）。

（一）矿业经济衰退的敏感性响应

东北地区矿业城市大多是计划经济时期发展起来的，在优先发展重工业战略的引导下，长期以来，按照国家计划的安排，矿业城市集中主要力量发展矿产品开采与初加工产业，为国家提供了大量的原材料和能源产品，同时矿业部门的繁荣也带动了城市中与矿业相关的配套产业的发展，不少矿业城市还大力延长产业链，积极扶持矿业品后续加工产业的发展。但在这种长期的区域分工定位的影响下，矿业城市经济的综合发展被忽略，城市产业结构以第二产业为主体，第二产业内部，采掘业和相关的能源、原材料工业常占据主导地位，并且各行业之间具有较高的关联度，从而形成了单一的资源型产业结构，城市经济发展维系和受制于区域资源禀赋，城市经济发展长期靠资源型产业支撑，呈现出一种不稳定的经济结构，一旦矿业经济出现波动或衰退，容易产生“牵一发而动全身”的效果，造成整个城市经济发展的波动或衰退。例如，“九五”时期，由于受国民经济结构调整及亚洲金融危机的影

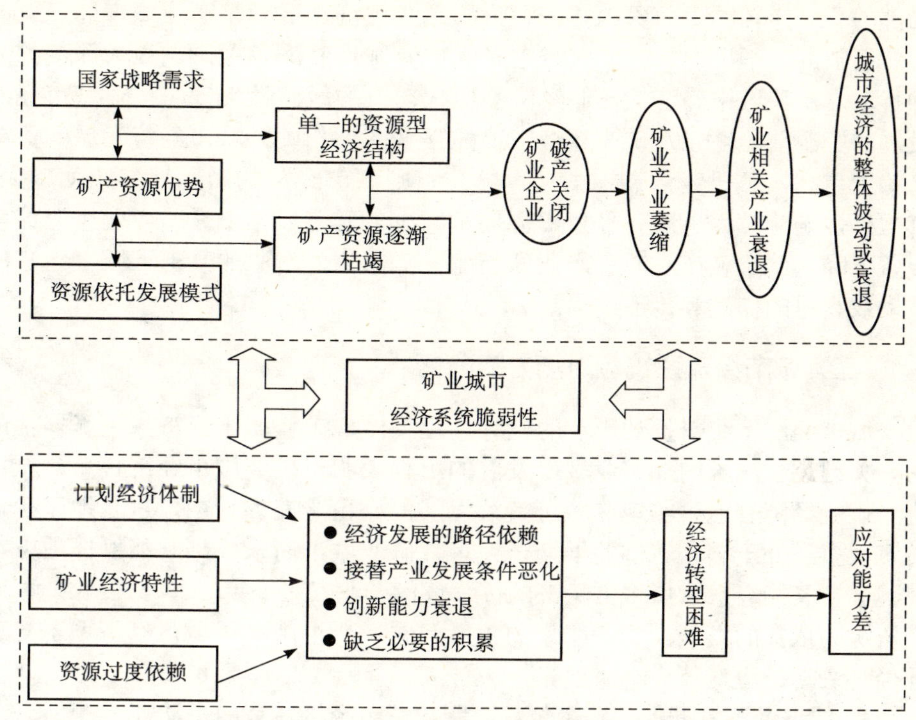

图 2-6 矿业城市经济子系统脆弱性关键过程

响，国内煤炭需要量急剧下降，这对煤炭类矿业城市经济发展产生了重要影响，北票市、双鸭山市、阜新市等典型煤炭城市经济增长速度明显下降，其中北票市经济出现了负增长态势（图 2-7）。

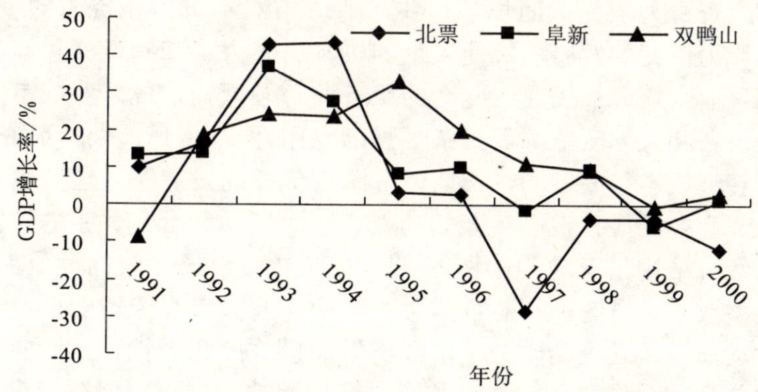

图 2-7 1991～2000 年北票、阜新、双鸭山 GDP 增长率

资料来源：辽宁省统计年鉴 1991～2001

一般来说，矿产品市场低迷、矿业生产安全事故和资源枯竭等原因都可导致矿业生产的波动或衰退，但前两者导致的矿业经济衰退通常是短期的、

局部的、可逆转的，而资源枯竭导致的矿业经济衰退则是矿业城市经济发展必然面临的、不可逆转的，同时也是对矿业城市经济发展影响最为深刻的一种扰动。矿业城市经济在矿业经济衰退扰动下的敏感性程度与矿业城市经济发展的资源依赖度以及矿业经济衰退的强度密切相关，城市经济发展的资源依赖度越高，矿业经济衰退的速度越快，则城市经济的敏感性响应就越大。其敏感性响应过程一般要经过资源储量减少、开采成本上升—矿业企业经济效益下降、倒闭破产—矿业产业的萎缩—矿业相关产业的衰退—城市经济的波动或衰退的扩散和传递过程。

（二）城市经济系统应对能力的弱化

城市经济系统对扰动影响的应对过程是体现矿业城市经济系统脆弱性的另一关键过程。国内外矿业城市发展的历程表明，矿业城市经济转型是城市应对矿业经济衰退、实现区域可持续发展的必由之路。目前，东北地区矿业城市大多还处于探索转型的早期，大多数矿业城市尚未找到既能发挥地方比较优势，又能有效发展地方经济的接续替代产业（张平宇，2008）。长期以矿产资源为依托的发展模式所积累的大量问题，严重削弱了城市经济系统对矿业经济衰退的应对能力。

1. 城市经济发展的“路径依赖”制约城市经济转型的主动性

“路径依赖”是指具有正反馈机制的体系一旦在外部偶然事件的影响下被系统所采纳，便会沿着一定的路径发展演进，而很难为其他潜在的甚至更优的体系所取代（刘元春，1999）。东北地区矿业城市受计划经济体制的影响历史较长，为了满足国家经济发展对矿产品和能源的需求，矿业城市经济发展主要以矿产资源为依托，助长了这些矿业城市对不可再生资源的过分依赖。长期以资源为依托的发展模式使大量的资本、人力、基础设施和设备等要素沉淀在采掘业、资源加工业、配套的服务业等领域，造成矿业城市的城区设施、工业设备和人才队伍等都具备很强的专用性，一旦资源枯竭而需要退出转产时，转型成本很高。同时长期以资源为依托的发展模式还产生了对矿业城市功能、产业功能、核心企业的功能、区际贸易和合作关系的“锁定”效应，城市经济结构具有较强的刚性，经济发展对市场导向的反应能力较差。巨大的转型成本和既有的利益合作关系，使矿业城市在未遭受矿业经济全面衰退的扰动前，缺乏主动改变城市经济发展模式的积极性，而倾向于维护既有的利益关系和合作关系，城市经济发展长期被锁定在“资源优势—资源开发—经济发展”的既定轨道上，导致城市经济发展的“路径依赖”，极大地阻碍了矿业城市经济转型的进程。

2. 矿业发展的“挤出效应”致使接续替代产业培育困难

丰富的矿产资源优势在促进矿业经济繁荣的同时，还对矿业城市其他产业部门的发展以及城市经济要素重新配置产生巨大影响。受国家需求导向的引导，矿业城市长期把矿业产业作为主要、重点或支柱产业发展，忽视其他产业的发展，使人力、资本、技术等经济要素持续向矿业产业部门流入，并形成矿业经济特有的发展环境（如城市生态环境破坏严重）和区际贸易格局。对于非矿业部门的发展而言，城市本来就较为稀少的经济要素就更为稀缺，造成矿业城市接续替代产业的发展条件和发展环境恶化，非资源型产业进入困难。矿业产业发展对非矿业产业的这种“挤出效应”，导致矿业城市接续替代产业培育十分困难。

3. 矿业经济的生产特点造成城市经济创新能力不强

资源型产业是一个以矿产资源开采和初加工为主要特征的产业类型，该产业具有附加值低、边际收益递减的特点。矿业城市主导产业多属资本或资源密集型产业，长期以来，矿业产品的属性、形态、层次变动不大，技术、管理的投入相对较少，城市经济发展对人力资本、管理、技术水平的提升长期忽略，大量具有较高知识水平和技能的劳动力流出，知识、技术、管理创新缺乏机会，导致区域创新能力和创新活动的衰退。而矿业城市经济转型实质上就是矿业城市经济发展自我创新的过程，资源型经济发展长期忽视管理、技术、人力资本等要素的积累，极大地削弱了矿业城市应对矿业经济衰退的能力。

4. 体制问题导致城市应对资本积累不足

东北地区矿业城市多是在计划经济时期由国家直接投资兴建起来的，国有经济比重偏高，非国有经济发展空间相对狭小，使城市经济结构的自我调整能力相对较小。在长期的计划经济时期，不合理的资源品定价制度导致矿业城市在区际贸易中的“双重失血”，并且长期的统收统支政策使资源型企业创造的利润大量上缴国家，造成矿业城市缺乏应对矿业经济衰退的必要资本积累，在技术创新、产品开发、替代产业的培育方面面临极大的资金约束。在经济体制转轨过程中，大多数原中央所属资源型企业在背负沉重历史负担、经济效益欠佳的情况下下放地方，又进一步加大了矿业城市经济转型的负担。

三、社会系统脆弱性过程

就业是民生之本，是社会稳定之源。城市劳动力得不到充分就业，必然带来居民生活困难、社会不稳定等诸多问题。20 世纪 90 年代中期以来，伴随着国家经济结构、所有制结构调整步伐的加快，城市就业困难逐渐成为我国城市发展普遍面临的问题，其中矿业城市就业问题尤为突出，成为体现矿业城市社会系统脆弱性的关键过程。根据对 2000 年人口普查数据的分析，发现全国有 93 个地级城市的城镇失业率超过了 10%，其中属于矿业城市的就有 22 个，城镇失业率超过了 20%的城市有 6 个，分别是东北三省的阜新、抚顺、本溪、辽源、鸡西和鹤岗（李天国等，2005）。东北地区矿业城市发展长期以矿产资源开采和加工为依托，造就了矿业城市单一的就业结构，自 20 世纪 90 年代开始，在矿业经济衰退、产业结构调整和国企改革等多重扰动因素的作用下，矿业城市单一的就业结构受到了严重的冲击，城市下岗失业成为矿业城市社会发展面临的共性问题，部分城市居民可持续生计受到了极大的威胁。这部分人由于生活困难而对社会的满意程度下降，对生活状况的不满往往会导致他们选择非制度渠道并以较为激烈的方式来宣泄，如静坐、示威、犯罪、离婚和扰乱公共秩序等，成为诱发矿业城市社会矛盾激化的重要因素，对矿业城市社会稳定发展构成了强烈的扰动。

矿业城市社会系统在城市下岗失业问题的扰动下表现出明显的脆弱性。一方面，城市居民没有土地，多数城市居民都是通过参加工作获得工资性收入维持和改善生活，城市居民的生活状态、生活方式、社会情绪对下岗失业问题的扰动比较敏感。而矿业城市单一的就业结构对扰动影响的缓冲能力差，使其在遭受就业冲击时所受的影响更为明显，导致该地区矿业城市社会就业问题较严重，进而导致矿业城市社会系统的一系列敏感性响应，如社会矛盾激化、社会不稳定因素增多、城市贫困现象等。另一方面，矿业城市普遍缺乏应对下岗失业问题的能力和途径，矿业城市下岗失业人员再就业能力差，城市自身吸纳就业能力不足，进一步加剧了矿业城市社会系统在下岗失业问题扰动下的脆弱性。东北地区矿业城市社会系统在下岗失业问题扰动下的脆弱性包括以下过程（图 2-8）。

（一）城市就业风险的形成与响应

1. 充分就业和计划分配的劳动用工制度导致城市社会就业存在较高的隐性失业风险

隐性失业是指边际劳动生产率等于或接近零时的就业，也就是说，如果从总就业中减少一部分劳动者而不会使总产量减少，那么减少的劳动者就是隐性失业的人数（刘力刚和罗元文，2006）。隐性失业是当前我国普遍存在的一种就业现象，东北地区矿业城市隐性失业现象尤为突出。该地区矿业城市大多经历了长期计划经济体制的影响，计划经济体制时期实行充分就业和计划分配的劳动用工制度，使矿业城市普遍存在人员效率低下的问题，尤其是矿业企业、国有和集体企业等计划安排就业的重点，从业人员数量远远超过企业经济规模所需的实际劳动力数量，企业冗员过多成为矿业城市普遍存在的问题。随着计划经济体制向市场经济体制的转轨，矿业城市经济结构、所有制结构调整步伐加快，矿业城市隐性失业问题充分暴露出来，国有资源开

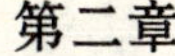

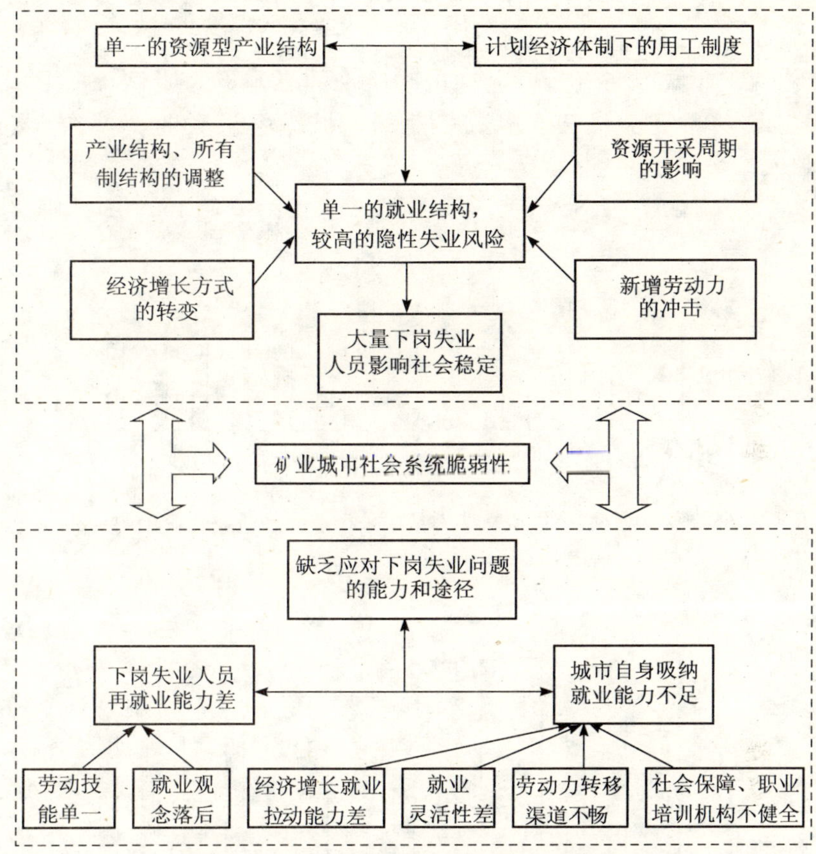

图 2-8 矿业城市社会系统脆弱性关键过程

采企业面临着巨大的劳动力转移压力（表 2-2）。

表 2-2 部分国有资源开采企业的离岗、退休人员与在职人员对比（2001 年）

企业名称	离退休职工人数/万人	在岗职工人数/万人	两者之比
双鸭山矿业集团有限公司	2.78	6.14	0.45
鸡西矿业集团	4.85	10.73	0.45
龙煤矿业集团鹤岗分公司	4.6	9.5	0.48
吉林辽源矿业（集团）有限责任公司	1.69	3.79	0.45
抚顺矿业集团有限责任公司	5.01	4.21	1.19
北票矿业集团	1.3	3.3	0.39

资料来源：王青云，2003

2. 单一的就业结构在多种扰动因素的作用下产生大量的下岗失业人员

系统的复杂性与系统的稳定性之间存在密切的作用关系，一般来说，一个系统的复杂性高时，该系统对系统内外的扰动就会有较大的缓冲能力。矿业城市长期在畸形的产业结构和计划经济体制的影响下，其社会就业具有明显的单一性，表现在就业偏重于第二产业，尤其集中于采掘业及其关联的制造业（图 2-9），国有企业和城镇集体单位就业比重偏大（图 2-10）。单一的就业结构使矿业城市在遭受就业冲击时所受的影响更为明显，据中国城市统计年鉴，2006 年东北三省多数矿业城市城镇登记失业率都在 5%以上（图 2-11）。

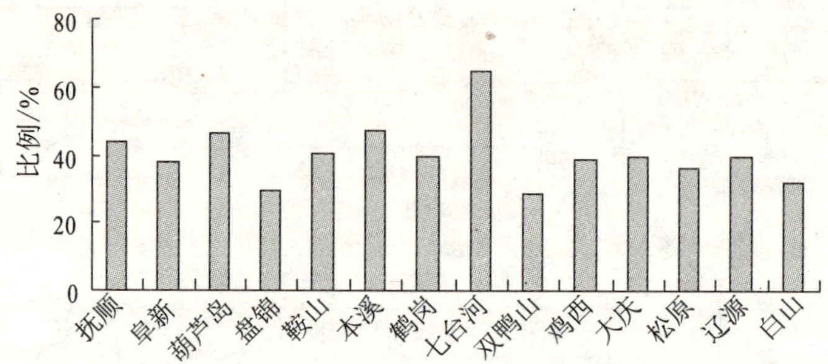

图 2-9　14 座地级矿业城市单位从业人员中采掘业和制造业就业比例（2006 年）

资料来源：2007 年中国城市统计年鉴

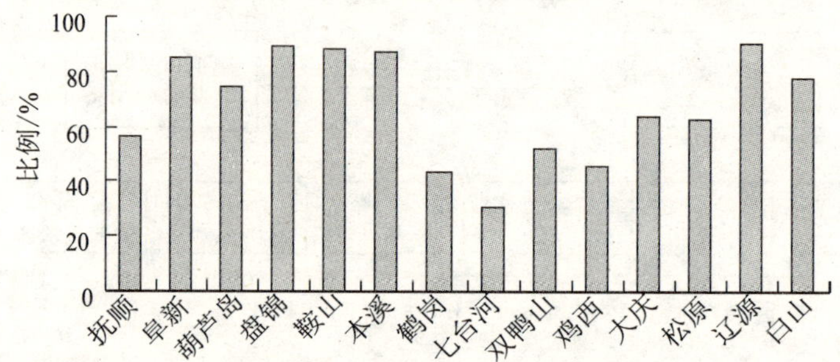

图 2-10　14 座地级矿业城市在岗职工中国有单位和集体单位从业人员比例（2006 年）

资料来源：2007 年吉林省、黑龙江省、辽宁省统计年鉴

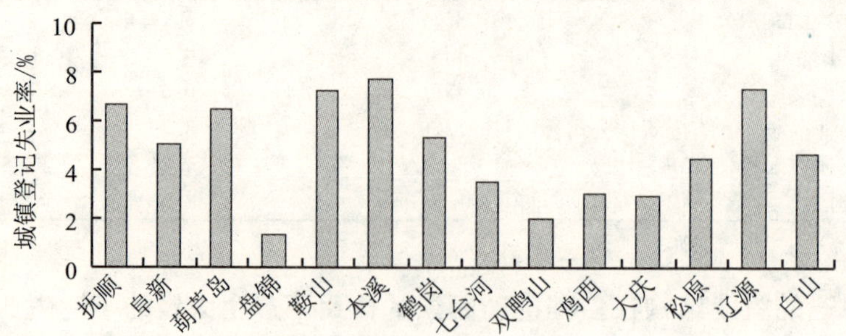

图 2-11　东北地区矿业城市城镇登记失业率（2006 年）

资料来源：2007 年中国城市统计年鉴

东北地区矿业城市社会就业面临多重扰动，首先，该地区矿业城市人口规模普遍较大，2006 年 33 座矿业城市中，城市总人口在 50 万人以上的矿业城市共有 24 个，城市总人口在 100 万以上的有 15 个。人口基数大，导致每年新增的适龄劳动人口较大。根据 2000 年人口普查数据，矿业城市人口在 16～24 岁年龄组的劳动力参与率大约比非矿业城市高出 10 个百分点（蔡昉和吴要武，2005），这意味着矿业城市中较多的年轻人没有受到良好的教育就过早进入劳动市场，既增加了矿业城市劳动力供给量，同时又严重影响了劳动力素质，使得矿业城市社会就业存在数量型过剩与质量型短缺并存的局面；其次，近年来，东北地区矿业城市经济转型过程中对城市经济结构和所有制结构进行了大力的调整，而劳动力在产业间和不同所有制企业间的转移则相对滞后，短期内加剧了矿业城市失业问题，造成矿业城市国有单位、采掘业、加工业等部门分流出大量下岗失业人员，城市下岗失业具有显著的结构性特征；再次，矿业城市经济增长方式在由粗放型向集约型转变的过程中，劳动力要素的作用发生了很大的改变，劳动力要素质的提高取代了量的扩张。伴随着城市劳动生产率上升，经济增长的就业弹性系数逐渐下降，导致东北地区许多矿业城市近年来释放出大量过剩的劳动力资源；最后，资源开采的周期性波动对矿业城市社会就业构成的扰动，扩张时期就业量大，收缩时期就业量少，造成矿业城市的周期性失业；此外，大型企业的破产关闭以及矿业城市外部技术、资本和劳动力等生产要素的输入也会对矿业城市社会就业状况构成扰动。

（二）下岗失业问题的低效应对

1. 城市自身吸纳就业能力不足

首先，东北地区矿业城市资源开采历史长，目前大部分矿业城市都已进入中老年发展阶段，城市经济增长缓慢，并且城市经济中资本密集型产业比重高，城市经济发展带动就业的能力不足。例如，2000～2006 年东北地区 14 座地级矿业城市就业弹性系数均小于 1，其中辽源市、白山市就业弹性系数为负值。目前矿业城市就业呈现增长的行业主要集中在一些具有非正规就业特征的行业中，以交通仓储、邮电通信业、批发零售业、餐饮业和社会服务业等行业部门为主（蔡昉和吴要武，2005），而这些行业在东北地区多数矿业城市中发展较为缓慢，带动城市就业的能力有限。其次，东北地区矿业城市规模以上国有企业及非国有企业吸纳了城市第二产业的绝大部分就业人口，而吸纳就业能力强、经营方式灵活的中小规模企业及民营企业发育不良。例如，盘锦市 2006 年个体和私营从业人员比例仅为 18%，城市社会就业灵活性较差。此外，长期以资源为依托的发展方式造成矿业城市非资源型产业发展滞后、区际经济联系单一，造成下岗失业人员在产业间、区域间的转移渠道不畅，就业空间狭窄。最后，东北地区矿业城市现有社会保障制度、职业培训机构的不健全以及相对较差的区位优势，也在一定程度上加剧了矿业城市下岗失业人员再就业的难度。

2. 下岗失业人员再就业能力差

东北地区矿业城市形成初期，其劳动力资源大多是在计划经济体制下，有计划地从全国各地和附近农村调集和招募来的，除了一部分企业经营管理人员和技术人员具有比较高的素质外，绝大多数的普通职工素质普遍较差，因此，矿业城市单位从业人员文化程度普遍较低。据2004年东北三省经济普查资料，本区14个地级矿业城市中初中及以下学历从业人员约占总从业人员的38.5%。而矿业城市下岗失业人员大多来自对工人文化程度要求不高的原国有经济部门的采掘业与制造业等行业，下岗职工具有劳动技能单一、文化程度不高的特点，极大地限制了劳动力在产业部门间的流动，并且年龄较大的（40～50岁）下岗失业人员占有相当大的比例，这部分人受计划经济体制下实行充分就业和计划分配的劳动用工制度的影响，适应新工作岗位和主动创业的能力较差，就业观念比较落后，在劳动力市场中的竞争能力差，再就业极为困难。以阜新市为例，2001年阜新市下岗职工中初中及以下文化程度占下岗职工总数的71%，分别高于辽宁省（62.6%）和全国（53.7%）平均水平的8.4个和17.3个百分点，而且下岗失业者大部分是从传统产业分流出来的年龄偏大的职工。2001年阜新市下岗职工中40岁以上的大龄下岗职工占下岗职工总数的47%，他们改行比较困难，再就业有着相当大的阻力，再就业意愿也不是很高（李雨潼，2007）。

四、生态环境系统脆弱性过程

矿产资源的开发是人类社会经济系统与自然环境系统相互作用最强烈的活动之一。矿产资源是在地质历史中经过漫长的地球化学过程聚集在一定地点形成的。人类社会的开采活动实际上是将长时间蓄积起来的矿物资源在短时间内取出并转化为另外的形态，消耗掉或进行再分配以满足需求（王广成和闫旭骞，2006）。这种开采活动不仅对直接开采的地点造成巨大的破坏，而且对矿产资源所在区域乃至更大尺度上的区域产生重大环境影响。东北地区矿业城市相对于我国其他地区的矿业城市而言，多数矿业城市具有较为明显的生态环境优势，但长期的资源开采、加工及大量人工技术物质的使用等使原有生态系统的地貌景观结构和形态、动植物种类和数量、大气和水环境的理化特征等都发生了明显变化，逐渐演变成一个需要人工管理的物质输送系统。系统自然调节机能受到破坏，自我调节能力变弱，城市生态系统应对扰动影响的能力主要取决于矿业城市社会经济系统的调控能力和水平。而东北地区矿业城市经济发展水平较低，长期忽视或弱化城市生态环境的保护与治理，生态调控能力和水平普遍较差，造成矿业城市生态系统在各种高强度的物质流和能量流的运行中表现出一系列负面的生态环境响应，生态环境系统具有明显的脆弱性特征，包括若干生态脆弱性关键过程（图 2-12）。

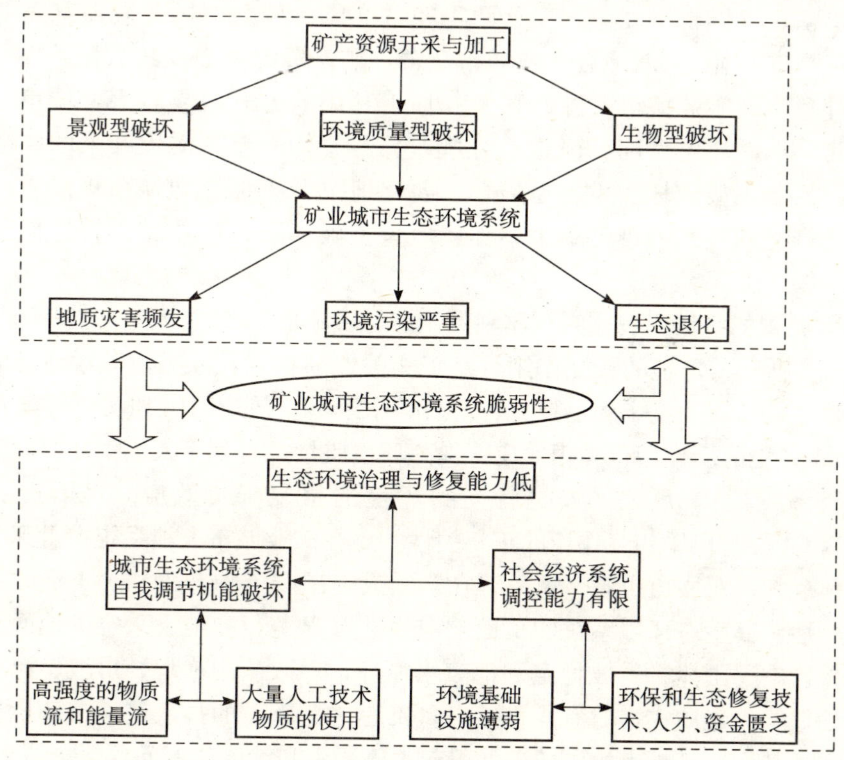

图 2-12　矿业城市生态环境系统脆弱性关键过程

（一）矿业开采扰动下的生态环境敏感性响应

1. 长期的矿产开采加工活动对矿业城市生态环境构成了强烈的扰动

矿业城市长期的矿产资源开采与加工活动极大地改变了矿业城市生态环境系统。长期的矿产资源开采与加工活动对城市生态环境系统的破坏有三个主要方面：一是景观型破坏，包括露天开采遗留下来的巨大矿坑，地下开采造成的地面沉降、塌陷，矿产资源开采加工和消费过程中产生的固体废弃物（尾矿、矸石等）对土地的压占等，不仅导致大量土地废弃，而且威胁周边企业和居民的安全，同时也对地表水与地下水循环系统构成严重破坏。二是环境质量型破坏，主要指矿产资源开采和加工、消费过程中排放的大量废弃物对城市大气、水质、土地质量的破坏。矿产资源的开采、加工、消费过程中的各个环节都伴随着大量的废弃物产生，东北地区矿业城市生态环境的污染普遍较严重。三是生物型破坏，主要指矿产资源的开采与加工活动对当地生物群落的严重破坏甚至摧毁。例如，大庆由于开采石油造成森林覆盖率大幅下降，草原退化、盐碱化和沙化的面积已占总面积的84%，严重破坏了生态平衡，气候十年九旱，春秋两季经常遭风沙侵袭（国务院振兴东北办工业组，2006）。东北地区矿业城市众多，矿产资源类型及其赋存条件的差异，导致不同矿业城市资源开采及其加工利用的方式差异较大，城市生态环境污染和破坏的强度和侧重点有所差异。总体来看，露天开采的矿业城市引起的景观型破坏和生物型破坏，要比地下开采的矿业城市更严重，而且生态恢复和重建的难度更大，环境质量型破坏则是矿业城市普遍面临的突出问题。

2. 强烈的扰动引发一系列不利的生态环境响应

人类活动与环境的相互作用具有正相关性的特点，人类活动对环境的作用越强烈，环境的反作用也越显著，人类作用呈正效应时（如实行环境保护措施），环境的反作用也呈正效应（提高环境质量，有利于人类生存、健康和社会经济发展），反之，人类将受到环境的报复（负效应）（陈静生等，2007），人类与环境相互作用的正相关性特点在矿业城市人地系统中得到了充分的体现。矿业城市生态环境系统在遭受人类矿产资源开采和加工活动的强烈扰动后，其生态环境系统的负面响应也非常显著，如地下采空、地面及边坡开挖影响了山体、斜坡稳定和地表水循环，导致矿山崩塌、滑坡、泥石流和地面塌陷等地质灾害时有发生，大量工业“三废”的排放使城市环境质量受到严重的污染，地表植被的破坏引起水土流失和沙漠化等问题。总体来看，矿业城市面临的环境污染、地质灾害和生态退化等问题较严重，对城市社会经济发展构成了严重的阻碍。

（二）生态环境影响的自然调节与人文应对

1. 生态环境破坏严重，生态系统的自然调节机能严重衰退

自然状态下的生态系统本身具有一定的自我调节能力，而城市生态系统是通过人工劳动和智慧创造出来的，大量的人工设施叠加在自然生态系统上，极大地改变了自然生态系统的结构、组成以及能量流动和物质循环过程。矿业城市作为一类人地相互作用最为剧烈的城市生态系统，其城市生态系统内部非食物的能量流和物质流得到空前的强化，加重了矿业城市生态系统运行的负担，同时也严重破坏了自然生态系统的自然调节机能。由于矿业城市生态系统缺乏分解者或者分解功能微乎其微，城市生态系统中的大量废弃物不可能由分解者就地分解，几乎全部都需输送到化粪池、污水或垃圾处理厂由人工设施进行处理，使得原有的自然调节机能很大程度上被破坏，系统本身自我建造、自我修补和自我调节的能力减小，城市生态系统的稳定性主要取决于社会经济系统的调控能力和调控水平。

2. 城市生态环境治理和修复的能力不足

东北地区矿业城市在建设初期，受“先生产、后生活”观念的影响，当时的建设标准非常低，城市基础设施建设严重滞后，城市环境基础设施的建设更是先天不足。同时由于经济发展过程中长期缺乏生态环境保护的理念，未形成反映资源开采生态环境成本的价格机制，矿业企业的环境治理成本长期外部化，加之地方财政实力有限，造成矿业城市在环境保护和治理方面的投入长期不足（图 2-13），无力承担生态环境破坏的高昂修复成本，导致在环境基础设施建设方面的欠账越来越多。另外，矿业城市生态环境治理和修复，特别是矿山地质灾害防治具有很强的专业性和技术性，而东北地区矿业城市在这方面的技术储备和人才支持目前仍严重不足。环境基础设施薄弱，并缺乏矿业城市环境治理和生态保护方面的技术和人才，导致矿业城市生态环境治理和修复的能力较低。

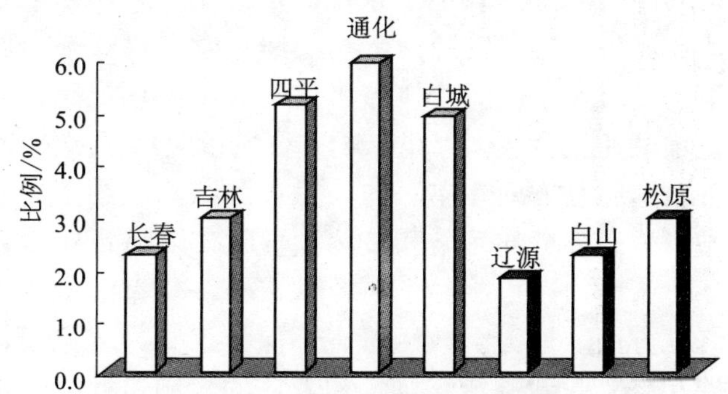

图 2-13　吉林省部分城市环境污染治理投资占 GDP 比例（2006 年）

资料来源：2007 年中国城市统计年鉴

五、矿业城市各子系统脆弱性的相互作用

在人地系统中，人口与社会经济要素为一端，资源与自然环境为另一端，双方之间及各自内部存在着多种直接反馈作用，并密切交织在一起（吴传钧，1991）。矿业城市人地系统包括生态环境、经济、社会三个子系统，不同子系统的脆弱性之间存在着复杂的相互作用，每一个子系统都会受到来自于其他子系统的扰动影响，同时每个子系统应对扰动影响的能力大小又与其他子系统密不可分，三个子系统脆弱性之间的相互作用构成了矿业城市人地系统的整体脆弱性。

东北地区矿业城市以中老年矿业城市为主体，该地区矿业城市可持续发展都不同程度地面临着矿业衰退、下岗失业问题和生态环境破坏的问题，对矿业城市人地系统构成了强烈的扰动。矿业城市人地系统在上述问题的扰动下，城市经济、社会、生态环境子系统暴露出较高的敏感性，加之城市应对能力较差，诱发矿业城市人地系统的一系列脆弱性响应，如城市经济发展停滞不前或整体衰退，矿业城市部分居民可持续生计受到严重威胁，社会矛盾激化，地质灾害、环境污染和生态退化严重等。从各子系统脆弱性之间的相互作用关系来看（图2-14），一方面，每一个子系统都会受到来自于其他子系统的扰动影响。例如，生态环境子系统会受到矿产资源开采与加工活动（经济子系统）、居民生活（社会子系统）的扰动，造成生态环境的破坏；社会子系统会受到资源枯竭（生态环境子系统）、城市经济波动或衰退（经济子系统）的影响，导致城市的下岗失业问题；经济子系统则会受到资源逐渐枯竭（生态环境子系统）、社会不稳定因素（社会子系统）的扰动。另一方面，各子系统应对扰动的能力均受到其他子系统的强力制约。例如，在应对下岗失业问题方面，矿业城市长期以资源为依托的经济发展模式导致城市过剩的劳动力转移渠道不畅、就业空间狭小，城市生态环境破坏严重，造成城市招商引资环境差、新增就业机会少，严重影响矿业城市应对下岗失业问题的能力；在应对矿业经济衰退问题方面，单一的人力资源结构制约了矿业城市经济多元化的发展，城市生态环境的污染和破坏则导致矿业城市接续替代产业的发展条件和发展环境不佳，严重制约了矿业城市经济转型的推进；在城市生态环境的治理和修复方面，地方财政困难、环保技术和人才匮乏，造成矿业城市生态环境治理和修复受到资金、技术和人才的限制，社会经济系统生态环境治理和修复的能力有限。三个子系统脆弱性之间相互扰动、相互制约、紧密联系和互为因果的作用关系构成了矿业城市人地系统的整体脆弱性。

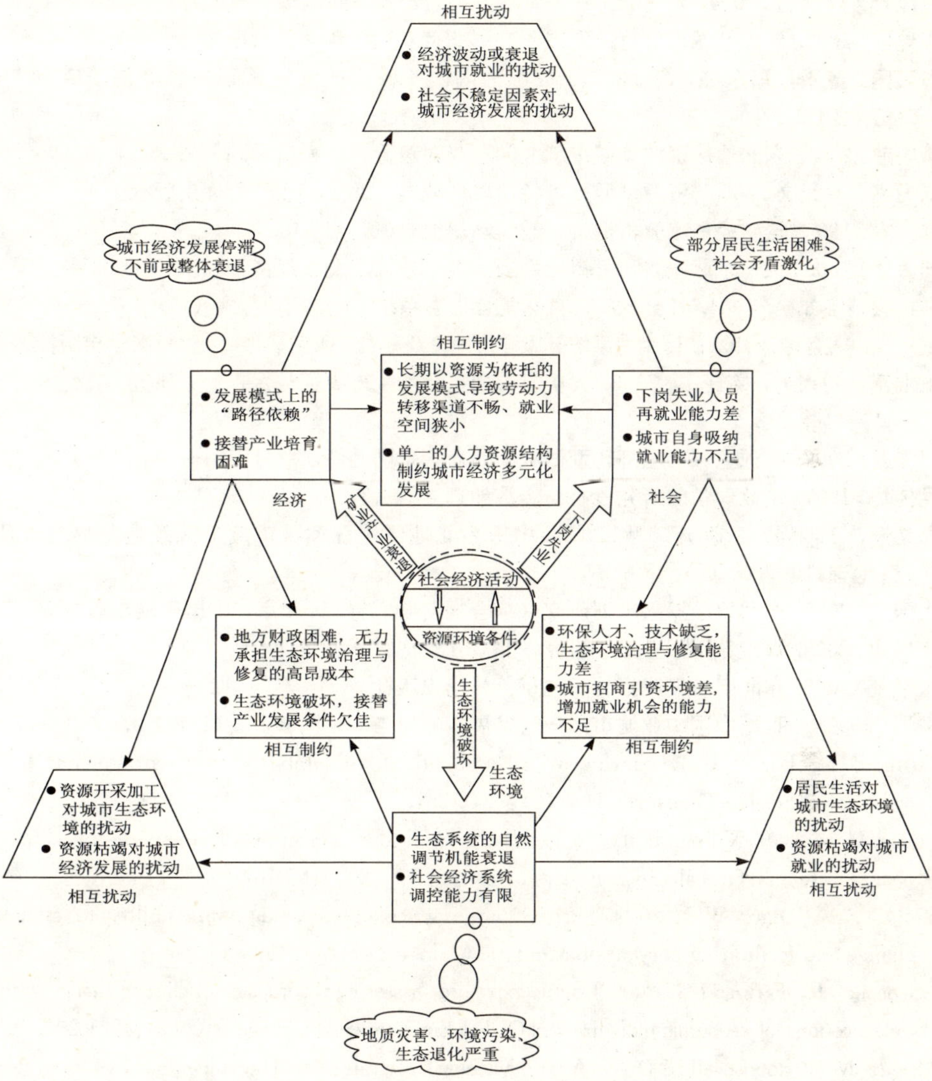

图 2-14　东北地区矿业城市各子系统脆弱性相互作用关系

参考文献

蔡昉，吴要武．2005. 中国人口与劳动就业问题报告 No. 6——资源型城市的社会就业与社会保障问题．北京：社会科学文献出版社．

陈静生，蔡运龙，王学军．2007. 人类-环境系统及其可持续性．北京：商务印书馆．

丁四保．2005. 东北地区资源型城市贫困问题的调查与分析．开放导报，(6)：28-32.

国务院振兴东北办工业组．2006. 东北地区资源型城市可持续发展战略与规划研究．

金凤君，陆大道.2004. 东北老工业基地振兴与资源型城市发展. 科技导报，(10)：4-6.
李建华.2007. 资源型城市可持续发展研究. 北京：社会科学文献出版社.
李天国，戴平，郑东亮，等.2005. 资源枯竭矿业城市就业问题研究. 经济研究参考，(48)：2-12.
李雨潼.2007. 东北地区资源型城市就业问题与对策分析. 人口学刊，(2)：54-58.
刘力刚，罗元文.2006. 资源型城市可持续发展战略. 北京：经济管理出版社.
刘元春.1999. 论路径依赖分析框架. 教学与研究，(1)：43-48.
陆大道.2005. 关于东北振兴与可持续发展的若干建议. 北方经济，(4)：5-11.
马世骏，王如松.1984. 社会-经济-自然复合生态系统. 生态学报，4 (1)：1-7.
王广成，闫旭骞.2006. 矿区生态系统健康评价理论及其实证研究. 北京：经济科学出版社.
王继富，刘兴士，陈建军.2005. 大庆市湿地退化的生态表征与保护对策研究. 湿地科学，3 (2)：143-148.
王青云.2003. 资源型城市经济转型研究. 北京：中国经济出版社.
吴传钧.1991. 论地理学的研究核心. 经济地理，11 (3)：1-5.
郑文升，丁四保，王晓芳，等.2008. 中国东北地区资源型城市棚户区改造与反贫困研究. 地理科学，28 (2)：156-161.
张国宝.2008. 东北地区振兴规划研究（综合规划研究卷）. 北京：中国标准出版社.
张凤武.2008. 煤炭城市产业接续研究. 北京：经济科学出版社.
张平宇.2008. 东北区域发展报告. 北京：科学出版社.
朱训.2002. 21世纪中国矿业城市形势与发展战略思考. 中国矿业，(1)：1-9.
Cutter S L，Boruff B J，Shirley W L. 2003. Social vulnerability to environmental hazards. Social Science Quarterly，84 (2)：242-261.
Füssel H M. 2007. Vulnerability：a generally applicable conceptual framework for climate change research. Global Environmental Change，17 (2)：155-167.
Kelly P M，Adger W N. 2000. Theory and practice in assessing vulnerability to climate change and facilitating adaptation. Climatic Change，47 (4)：325-352.
Leichenkob R，O'Brien K L. 2000. Double exposure：assessing the impacts of climate change within the context of economic globalization. Global Environmental Change，10 (3)：221-232.
Metzger M J，Rounsevell M D A，Acosta-Michlik L，et al. 2006. The vulnerability of ecosystem services to land use change. Agriculture，Ecosystems and Environment，114 (1)：69-85.
O'Brien K，Leichenkob R，Kelkar U，et al. 2004. Mapping vulnerability to multiple stressors：climate change and globalization in India. Global Environmental Change，14 (4)：303-313.
Pyle A S，Gabbar O A. 1993. Household vulnerability to famine：survival and recovery strategies among Berti and Zaghawa migrants in northern Dafur，Sudan，1982～1989. GeoJournal，30 (2)：141-146.
Schroter D，Polsky C，Patt A G. 2005. Assessing vulnerabilities to the effects of global change：an eight step approach. Mitigation and Adaptation Strategies for Global Change，10：573-596.
Turner II B L，Kasperson R E，Matson P A，et al. 2003. A framework for vulnerability analysis in sustainability science. PNAS，100 (14)：8074-8079.

第三章　矿业城市人地系统脆弱性评价方法

耦合系统脆弱性分析与评价是目前脆弱性研究领域关注的热点问题，但尚未形成完整的理论和方法论体系，矿业城市人地系统脆弱性研究涉及环境科学、经济地理学、生态学等多学科理论和研究方法，需要有坚实的理论和方法论基础作为支撑。本章探讨了脆弱性评价的特点、内容、类型、原则，从不同层次系统地总结了矿业城市人地系统脆弱性分析与评价的相关理论和方法，明确了矿业城市人地系统脆弱性评价流程与评价思路，集成多种评价方法的优点和长处，构建了矿业城市人地系统脆弱性评价模型，确立了评价指标遴选的方法、原则与评价指标体系层次结构，并对矿业城市人地系统脆弱性评价标准的划分问题进行了探讨，为开展矿业城市人地系统脆弱性分析与评价提供理论和方法论支撑。

第一节　脆弱性评价概述

一、脆弱性评价的特点、内容与类型

（一）脆弱性评价的特点与内容

脆弱性评价是对某一自然、人文系统自身的结构、功能进行探讨，预测和评价外部胁迫（自然的或人为的）对系统可能造成的影响，以及评价系统

自身对外部胁迫的抵抗力以及从不利影响中恢复的能力，其目的是维护系统的可持续发展，减轻外部胁迫对系统的不利影响和为退化系统的综合整治提供决策依据（刘燕华和李秀彬，2001）。

从国内外脆弱性评价研究的已有成果来看，脆弱性评价主要关注以下问题：①研究对象面临的主要扰动是什么？②脆弱性较高（低）的单元具有什么典型特征？③研究区域（内）的脆弱性时间、空间格局？④决定脆弱性格局的因素？⑤如何降低评价单元的脆弱性？（李鹤等，2008）这种关注问题的角度使脆弱性研究能够为决策者提供更多有用的信息。

脆弱性评价与其他类型的评价（如环境质量评价、环境影响评价等）既有相似之处，也有自己的特点。首先在评价内容方面，环境影响评价主要是对建设项目引起的环境变化（包括对自然环境和社会环境的影响）所进行的预测和评价，脆弱性评价也着重探讨扰动因素对自然或人文系统带来的影响，在这方面二者具有相似之处。但应该注意的是，脆弱性评价还对自然或人文系统扰动影响的应对能力进行评价，相比较而言，脆弱性评价涉及的范围相对较广（刘燕华和李秀彬，2001），使以往灾害、全球环境变化研究领域从只关注扰动事件及其影响的评价延伸到受扰动的系统及其应对能力的评价；其次在评价思路方面，传统影响评价首先界定关键的结果和应对战略，然后用这些信息分别对一个区域面临的压力或冲击的影响进行分析（Roberts 和杨国安，2003），而脆弱性评价则首先考虑评价对象面临的主要扰动因素，进而分析评价对象在扰动作用下的恢复力与适应能力，这种评价思路使脆弱性评价在变量的选取方面针对性更强，评价结果更具前瞻性与战略性，具有重要的实践指导意义；此外，脆弱性评价在研究和应用中衍生出大量的专业术语，如扰动、暴露、敏感性、恢复力、适应能力等，用来描述评价对象的性质和状态，分析评价对象面临的多重的、不断变化的扰动，并提供相应的恢复与适应策略，与其他类型评价相比，特点很突出。

（二）脆弱性评价的类型划分

脆弱性评价工作涉及面很广，按照不同的划分依据可将脆弱性评价划分为多种类型。如按照评价对象属性的不同，可将脆弱性评价划分为以下几种类型：①单个环境要素的脆弱性评价。水资源脆弱性评价（Thirumalaivasan et al.，2003）、森林生态系统脆弱性评价（李克让和陈育峰，1996）等。②某产业部门的脆弱性评价。种植业脆弱性评价（Belliveau et al.，2006）、畜牧业脆弱性评价（郝璐等，2003；Tyler et al.，2007）等。③生态环境脆弱性评价。土地利用变化导致的生态环境脆弱性评价（Metzger et al.，2006）等。④社会经济脆弱性评价。小岛屿地区经济脆弱性评价（Briguglio，

1995）、环境灾害的社会脆弱性评价（Cutter et al.，2003）等。⑤耦合系统脆弱性评价。人-环境耦合系统的脆弱性评价（Schroter et al.，2004）、社会-环境系统的脆弱性评价（Eakin and Luers，2006）等。⑥区域脆弱性评价。美国国家环保局开展的区域脆弱性研究计划（The U. S. EPA's Regional Vulnerability Assessment Program）等。

按脆弱性评价所针对的扰动数目来看，可划分为以下几种类型：①针对单一扰动的脆弱性评价。例如，针对土地利用、气候变化、灾害的脆弱性评价（Adger and Kelly，1999；Cutter et al.，2003；Metzger et al.，2006）等。②针对多重扰动的脆弱性评价。针对全球气候变化和经济全球化的脆弱性评价（O'Brien et al.，2004；Belliveau et al.，2006）等。

按照评价的时空维度，可将脆弱性评价划分为：①横向的脆弱性对比评价。着重探讨不同地区在扰动因素作用下的脆弱性空间差异。②纵向的脆弱性演变过程或发展趋势的评价。回顾或预测研究区域在扰动作用下的脆弱性演变过程和规律及其影响因素。

二、脆弱性评价的原则

脆弱性评价的原则主要有针对性原则、目的性原则、系统性原则、主导性原则。

（一）针对性原则

脆弱性是系统相对于扰动的一个属性（Füssel，2007）。系统面对不同扰动的脆弱性不同，即使面对同一种扰动，不同系统或系统内部各子系统的脆弱性也会有所差异（Turner et al.，2003）。因此，脆弱性评价要回答的一个首要问题是“针对何种扰动的脆弱性”，即首先要辨识出系统面临的扰动因素，进而才能进一步考虑系统在扰动作用下的脆弱性响应。

（二）目的性原则

脆弱性评价的目的是设计评价思路和评价方法的重要出发点。总的来说，脆弱性评价的目的就是了解不同系统的现状、发展趋势以及对外界胁迫的可能响应，防止系统退化和朝着不利于人类持续利用的方向发展，以充分发挥系统对自然和人类社会的功能（刘燕华和李秀彬，2001）。但由于不同研究的对象和侧重点不同，其评价的具体目的也会有所差别，因此在评价之前要结合评价系统的结构、功能及其面临的主要问题，确定脆弱性评价的具体目标，然后根据评价的目的确定评价的内容和任务，进而设计相应的评价方法。

（三）系统性原则

系统往往是由若干子系统构成的，各子系统又由不同要素构成，各要素或子系统之间相互作用、相互影响，共同决定系统的结构和功能。同时，影响系统的扰动因子也是多方面的。因此，脆弱性评价不仅要弄清系统内部各要素或子系统之间的相互联系，考察其稳定性和变化趋势，而且也要把握住各要素之间的综合效应；不仅要弄清各扰动因子对系统的影响，而且要对它们的综合作用进行考察。因此进行脆弱性评价时，应从系统的整体观出发，对评价对象在扰动因素影响下的敏感性程度及其应对能力等进行评价。

（四）主导性原则

在脆弱性评价中，导致系统脆弱的因素是多方面的。然而，在众多的影响要素中，必有一种或几种居于主导地位。该主导因子的变化直接影响系统的结构和功能。因此，抓住影响系统脆弱性的主要问题，可为脆弱系统的整治提供更直接的手段。此外，从构成系统的各环境因素而言，其中必有一因素或几种对外界的变化极其敏感，找出系统内部对外界环境变化最敏感的因素无疑具有十分重要的意义（刘燕华和李秀彬，2001）。

第二节　矿业城市人地系统脆弱性评价的方法论体系

脆弱性定量评价是脆弱性研究的重要方面，同时也是脆弱性研究面临的一个挑战。近几年，脆弱性评价研究开始在全球变化领域受到关注，由于对“脆弱性”这一概念尚存在不同理解以及脆弱系统的复杂性，使脆弱性评价研究面临很多困难。目前脆弱性评价方法尚未成熟（Rygel et al.，2006），由于缺乏有效的脆弱性评价方法，极大地限制了脆弱性研究在实践中的应用，特别是限制了研究成果在决策制定中应用（Luers et al.，2003）。目前，脆弱性评价研究在自然灾害脆弱性、全球变化脆弱性、生态环境脆弱性等研究领域成果相对较多，一些定量或半定量的脆弱性评价方法已经被提出并得到应用，本节在借鉴相关研究领域理论和方法论的基础上，对矿业城市人地系统脆弱性评价的理论和方法论进行了总结，依据各种理论和方法的适用层次，将矿业城市人地系统脆弱性评价相关的理论和方法划分为哲学层面上的辩证思维方法、科学层面上的理论指导、学科层面上的相关理论、技术层面上的脆弱性评价方法四个层次。

一、哲学层面上的辩证思维方法

根据科学方法论原理，无论在自然科学还是社会科学研究中，都存在支配、指导各项研究活动能够深入有效进行的科学方法论及客观规律，而任何方法论的哲学依据，归根到底来自唯物辩证法（许国志等，2000）。唯物辩证法是我们认识物质世界运动规律的科学方法论，它强调任何事物都处在普遍联系和相互作用之中，既对立又统一，由此推动事物运动和变化。在脆弱性评价研究中，辩证的思维方法可以使评价客体杂乱的材料有序化，使评价客体各组成部分之间形成某种合理的联系，为具体脆弱性评价方法的建立提供科学的思维方法。

（一）归纳和演绎的统一

归纳是从个别事实中概括出一般概念、结论的思维方法，是从个别到一般的思维运动；演绎是从一般原理、概念推出个别结论的思维方法，是从一般到个别的思维运动。归纳与演绎是人类认识事物、进行科学研究的两种基本认知方法，也是指导脆弱性评价过程的重要思维方法。脆弱性评价首先要进行个案归纳，通过各种文献数据库，查阅与脆弱性评价有关的指标和方法设计案例，或者通过问卷调查、访谈等方式，搜集该领域专家或其他实践经验丰富的相关人员的指标和方法设计知识，运用归纳法对通过感性认识所获得的知识素材进行归纳总结，以便找出一般性结论及各知识素材间的相互关系。然后运用演绎法对归纳出来的一般性结论进行演绎，使其构成一个完整体系，结合具体的评价目的和评价对象，进行脆弱性评价。Cutter 等（2003）归纳了不同研究案例中对社会脆弱性主要影响因素的阐述，结合美国各地区环境灾害的社会脆弱性实际情况，选取了 42 项指标建立了评价指标体系，对美国各地区环境灾害的社会脆弱性进行了评价。

（二）分析与综合的统一

分析是把认识对象分解为不同组成部分，进行分别的研究；综合是把分析的各个部分连成一个整体进行全面研究。二者是相互联系、相互促进的，分析一般表现为综合的基础，而综合则是分析的完成。分析与综合的统一是脆弱性评价过程中一种常见的辩证思维方法，脆弱性评价要明确评价系统脆弱性主要由哪些成分构成，这些成分是按照何种方式相互关联起来形成系统的整体脆弱性，首先要分别对系统脆弱性的不同组成部分进行分析与评价，然后通过直接综合或统计综合的方式，把对系统不同组分脆弱性的认识提升为系统整体脆弱性的认识。Cutter 等（2000）认为，地方脆弱性包括自然脆弱性和社会脆弱性两方面，在分别对美国南卡罗来纳州南部乔治敦郡的自然脆弱性与该区域社会脆弱性进行评价的基础上，对二者进行了综合分析，得到了该区域灾害脆弱性空间差异状况。郝璐等（2003）认为环境灾害的脆弱性包括孕灾环境的敏感性和承载体对灾害的适应性两方面，并分别分析了内蒙古牧区雪灾孕灾环境敏感性以及区域畜牧业承载体对雪灾的适应性，然后将二者进行综合，得出了内蒙古牧区草地畜牧业雪灾脆弱性的空间差异。

（三）共性与个性的结合

共性与个性问题是理解对立统一规律诸问题的钥匙，贯穿于对立统一规律诸问题的一切方面，是把握矛盾诸问题的一条主线。只有掌握共性与个性的原理，才能依据矛盾普遍性的原理对具体矛盾进行具体分析，正确认识矛盾和解决矛盾。在建立脆弱性评价指标体系时，同样一套指标体系，往往会应用到多个评价对象上，这就要求这套指标体系要具有可比性，而不同的评价对象都有其区别于其他对象的地方，如果片面追求指标的可比性，有时会出现忽略某些评价对象的极其重要的独特性，致使评价和比较成为扼杀个性和特点的工具，这就要求在设计脆弱性评价指标时，在一定程度上满足评价可比性要求后，对于那些不具有可比性，但具有重要作用的独特因素，给予特别考虑，兼顾评价对象的共性与特性。Brooks（2003）在分析社会脆弱性的影响因素时，将社会脆弱性的影响因素划分为对不同灾害类型社会脆弱性均有影响的普遍性决定因素以及针对某种类型灾害社会脆弱性的特殊影响因素两大类。

二、科学层面上的理论指导

科学理论是系统化了的科学知识体系，它用概念、判断、推理的形式完整地反映客观对象的本质及其规律，不仅可加深人们对客观世界的认识，而且使人们改造世界的实践活动能得到有效的指导。人们运用科学理论去认识、解释、预见、解决实践所面临的各种问题，在这个过程中，科学理论一方面起着理论指导作用，另一方面则通过人们的学习、掌握而转化为知识、方法技术和技能，因此科学理论也是人们进行实践的科学方法论（王金山，1998）。就脆弱性评价而言，科学层次上的理论指导在脆弱性评价实践中起着提供科学理论和工具的作用，对脆弱性评价的科学性、合理性、可靠性起着重要的基础性作用。

（一）系统理论

系统理论不仅具有整体性、综合性、普遍性等一般科学方法论所具有的特征，而且还具有定量化、精确化、最优化，以及解决复杂系统的有效性等与现代科学技术相适应的科学方法论的特征。系统理论作为脆弱性评价科学层次上的理论指导，其主要作用是指导评价主体，能自觉地把评价对象作为一个系统来对待，运用系统思维和方法认识、分析、把握评价系统的行为，以便提高评价的科学性、合理性和优化性。实践表明，评价系统越复杂，系统理论和方法的优越性就越显著。Turner 等（2003）建立的人-环境耦合系统脆弱性评价的分析框架就强调了人与环境相互作用的整体性、动态性、层次性；张炜熙和李尊实（2006）运用系统动力学的理论分析海岸带系统的发展过程，并通过对河北省海岸带的应用考察，论述其产生脆弱性的成因，并建立相应的指标体系。

（二）不确定性理论

不确定性理论属于非精确数学，到目前为止，人们已经发现了四种不确定性信息：除概率统计方法研究的随机信息之外，人们又先后发现了模糊信息、灰色信息和未确知信息，并且已有了各自的描述方法（郭庆军和赛云秀，2006）。在脆弱性评价实践中，涉及的系统越来越庞大、越来越复杂，不确定性的表现也越来越突出，经常会遇到许多难以确定的评价因素，产生对评价对象问题认识的模糊性，例如，脆弱性程度的划分、脆弱性导致系统发生改变的临界值等，其原因主要是在评价系统中含有不确定的因素及系统信息的不完备性。Cutter 等（2003）指出脆弱性评价不仅包括多变量分析，同时还要考虑人文与自然子系统存在的高度不确定性。近年来，对不确定环境下的脆弱性评价模型的研究已得到了学者们的关注，模糊数学及概率论等方法被应用到脆弱性评价研究中，例如，国内外很多学者将模糊综合评价的方法应用到地下水脆弱性评价中（陈守煜等，2002；Dixon，2005；Martino et al.，2005；肖长来等，2007），Luers 等（2003）认为，系统的脆弱性是由系统内某些变量面对扰动的敏感性与这些变量临近伤害阈值的程度构成的函数，脆弱性的度量可用二者比值的期望来表示，建立和完善在不确定理论指导下的脆弱性评价模型具有重要的理论价值和广阔的应用前景。

（三）分形理论

分形理论是 20 世纪 70 年代中期以来发展起来的一种横跨自然科学、社会科学和思维科学的新理论，它主要研究和揭示复杂的自然现象和社会现象中隐藏的规律性、层次性和标度不变性（徐建华，2002）。作为一种方法论和认识论，其启示是多方面的：一是分形整体与局部形态的相似，启发人们通过认识部分来认识整体，从有限中认识无限；二是分形揭示了介于整体与部分、有序与无序、复杂与简单之间的新形态、新秩序；三是分形从一特定层面揭示了世界普遍联系和统一的图景。分形理论为描述系统的稳定性提供了一种很好的方法，目前在脆弱性评价研究中，分形理论已得到初步的应用，例如，冉圣宏和毛显强（2000）尝试利用分形理论对脆弱生态区的稳定性进行了定量分析，并据此指出了脆弱生态区农业可持续发展的限制性因素。冯振环（2003）利用分形理论对我国西部地区经济发展的不稳定性进行了分析。

（四）复杂性科学理论和方法

复杂性科学研究已引起了国内外科学界的高度重视，它的出现促进了科学研究的纵深发展，使人类对客观事物的认识由线性上升到非线性，由简单均衡上升到非均衡，由简单还原论上升到复杂整体论（宋学峰，2005）。针对复杂性科学及复杂系统的特点，钱学森（2005）提出现在能用的、唯一能有效处理开放的复杂巨系统的方法，就是定性定量相结合的综合集成方法。就其实质而言，是将专家群体（各类有关的专家）、数据和各种信息与计算机技术有机结合起来，把各种学科的科学理论和人的经验知识结合起来。无论是人文系统脆弱性评价、自然系统脆弱性评价，还是人-环境耦合系统（社会生态系统、人地系统）脆弱性评价，评价的客体都是具有动态开放性的多结构、多层次、多形态的高度复杂的系统（Holling，2001），因此复杂巨系统研究的理论和方法对开展脆弱性评价研究具有科学指导意义，目前，脆弱性评价研究中已出现一些定性与定量相结合的评价方法，例如，层次分析法（Thirumalaivasan et al.，2003）、模糊综合评价法（Martino et al.，2005）、模糊物元法（陈鸿起等，2007）等，但总体还不太成熟，应把复杂性科学理论及方法作为脆弱性评价研究的重要指导思想，加强定性与定量综合集成方法在脆弱性评价研究中的应用。

三、学科层面上的相关理论

（一）人地关系理论

对人地关系的认识素来是地理学的研究核心，也是地理学理论研究的一项长期任务（吴传钧，1991）。但于长期以来，我国地理学研究缺乏有效的综合，在研究自然系统时较少考虑人类因素的作用，在研究地区人文发展时没有将自然要素与社会经济要素的相互作用作为研究目标（陆大道，2002），几十年来，虽然我国地理学各分支学科的理论和实践有了很大的发展，但在“人地关系地域系统”理论研究方面仍十分薄弱，理论研究深度不够。方创琳（2004）将1990年以来我国人地关系研究在理论方面的进展进行了归纳总结，其中人地系统优化论、人地危机冲突论、人地协调共生论等理论从不同侧面反映了人地系统的发展演化、危机与冲突及其协调共生的调控途径，为开展矿业城市人地系统脆弱性的优化调控研究提供了重要的理论依据。

1. 人地系统优化论

蔡运龙教授（1995）认为，人地系统优化的新思路为实现持续发展，将人类需求控制在系统承载力之内，使自然资源的再生产社会化，以市场机制协调资源供需矛盾。方创琳（2003）把人地系统优化的对象结构确定为由人口（P）、资源（R）、生态（E）、环境（E）、经济（E）和社会（S）等六大要素相互作用、相互联动、相互协调组成的PREEES系统和六大要素共同得以发展而形成的发展系统（即$D_PD_RD_ED_ED_ED_S$系统）这两大系统之间的高度耦合，由此即可把传统的PRED系统改进为$P_DR_DE_DE_DE_DS_D$系统，把以人为本视为人地系统优化调控的切入点，把人的意识建设视为人地系统优化调控的重中之重，把和谐发展至上确定为人地系统优化调控的目标点，把模拟人地“最佳距离”视为区域人地系统优化调控的动态机制，把区域定位与空间共生作为人地系统空间结构优化调控的重点。

2. 人地危机冲突论

人地关系的危机是指人与自然及地理环境之间，在“双向异化”过程中所表现出来的一种不相容的对立与冲突。人类活动与地球环境是构成人地复合系统的对立因子，它们的相互依存性和制约性决定了系统的运行过程和演进方向，任何一方的不正常“扰动”和非弹性“越轨”都会影响人地复合结构的进化和功能的良好发挥，最终影响系统组织和自身发展，甚至导致衰退，这是人地关系危机的根本原因（李铁锋，1996）。长期以来，人类活动的方式、速率、规模与强度和自然系统的运行规律及演化趋势严重背离，超越了地球环境的“生态阈值”，使人类的社会意识、文化价值观念、发展战略和经济活动与地球环境的可利用方向、承载能力之间出现巨大差异和全面失衡（张复明，1993）。当代人地关系问题实际上是历史积淀的现实转嫁、惯性推动和现阶段进一步扩展、加剧的结果，各种人地冲突产生的人类生存危机呈现出危机综合化、危机全球化和危机深层化（王爱民和缪磊磊，2000）。

3. 人地协调共生论

方创琳（2000）认为，人地关系地域系统作为远离平衡态的开放系统，形成耗散结构的过程依靠因开放而不断向其内部输入低熵能量物质和信息，产生负熵流而得以维持。并根据热力学第二定律，将人地系统的熵变类型分为协调共生型、人地冲突型、警戒协调型和不确定混沌型。潘玉君和李天瑞（1995）认为，21世纪社会经济发展同人口增长、资源消耗、环境退化之间矛盾的根源在于人地冲突，而解决的基本出路是人地关系地域系统的协调共生。在英国学者 R. J. Benett 和 R. J. Chorley 合著的《环境系统》著作中，将人地系统的相互关系分为调节和共生。调节是指短时间和小范围内对小规模的能流和物流进行的人为控制，而人类对长时间、大范围和大规模的能流和物流没有能力调节，而只有通过共生来实现人类与自然界的和平共处，即协调共生（方创琳，2004）。

（二）脆弱性相关理论

1. 适应性循环理论

系统的适应性及恢复力在脆弱性研究中具有重要意义。脆弱性较低的系统能够吸收较大的冲击力而不改变其基本运行方式，一个恢复力较差的系统面对超出其应对极限的扰动时将会变得日益脆弱，导致超越极限、引发突变的系统响应发生。当恢复力极大削弱或完全丧失时，系统就处于高度的危险状态中，有可能变到一个本质上与现有状态不同的状态。但如果系统的适应能力较强，系统在大规模变化发生时就有能力进行应对和适应，或者有能力进行重组，而不必牺牲系统所能提供的服务。以 Holling 为首的著名国际性学术组织“恢复力联盟”（Resilience Alliance）运用适应性循环理论对社会-生态系统的动态机制进行描述和分析。

Holling（2001）把适应性循环划分为相互联系并按顺序发生的四个阶段——开发、保护、释放、重组（图 3-1），并认为系统的潜能、控制力、恢复力是决定每一个尺度上的适应性循环和系统未来状态的三个重要属性。其中系统的潜能是指系统应对变化时可利用的内部资源，被认为是系统的“财富”，包括诸如生态、经济、社会和文化的积累资本及无法表示的创新和变化等。在生态系统中，所谓的“财富”积累相当于营养、生物量的积累，在经济或社会系统中，则相当于技术的提高、人类关系网的构建以及在此过程中逐步增进的信任与融合，系统的潜能决定了系统未来发展的选择余地。系统的控制力指系统内部控制变量和过程之间的联系度，反映系统对扰动是否敏感，决定系统对其状态的控制程度。恢复力是指系统对意外的、不可预测的冲击的脆弱性，是与系统脆弱性相对的一个概念。这三个重要变量随着系统适应性循环发展演化的不同阶段而相应变化：①从开发到保护阶段。这一阶段系统的潜能经历一个缓慢积累的过程，同时系统内部各变量和过程之间的联系逐渐紧密，甚至会发展到由于内部联系过于紧密而使系统的刚性逐渐增加，从而导致系统的恢复力降低，系统的脆弱性逐渐升高，运行状态很容易受到外界扰动的影响而发生变化。②从保护到释放阶段。随着系统内部联系度的不断提高，系统的恢复力被极大地削弱，在外界扰动的触发下，系统前期积累的潜能迅速释放，系统原来紧密地组织结构开始受到破坏。③从释放到重组阶段。这一阶段是一个快速的重组、更新过程，具有高度的不可预测性和不确定性。该阶段，在系统潜能较高而控制力被破坏并逐渐降低的情况下，前期累积的各种资源和外来的因素被重新分配，形成各种新的组合，为新系统的形成及先前积累的各种创新性因素的利用提供了机会。④从重组到开发阶段。这是一个充满机遇和挑战的阶段，上面形成的各种新的组合形式在现实的检验下，许多创新会被淘汰，但也有些创新将会保留，并进入到新一轮的适应性循环过程。

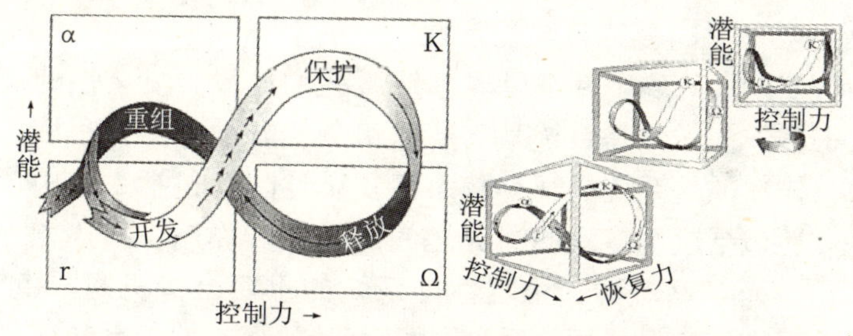

图 3-1　适应性循环的二维、三维显示（Holling，2001）

整个适应性循环在资源长期缓慢的积累过程（开发到保护）与短期的系统更新过程（释放到重组）之间交替进行，并且不同尺度的适应性循环间存在相互联系。Holling（2001）用“Panarchy”来描述复杂的适应性系统发展演化的本质，这一概念将时空等级与适应性循环的概念结合到一起，代表一系列相互嵌套的适应性循环。“Panarchy”是一个等级结构（图 3-2），它联结了系统中不同等级间（向上或向下）的相互作用，在快速运行的小尺度系统中进行创新、实验和检测，在慢速运行的大尺度系统中对过去的成功经验进行记忆和保护（孙晶等，2007）。在这个结构里，自然系统、人文系统、人-自然系统、社会生态系统在开发、保护、释放、重组的一个永不停止的适应性循环中相互联系，这些转换的循环发生过程相互嵌套，空间尺度上可以从一片树叶到整个生物圈，也可以从一个家庭到整个社会政治区，时间尺度上可以从一天到一个地质年代，也可以从几年到几个世纪。

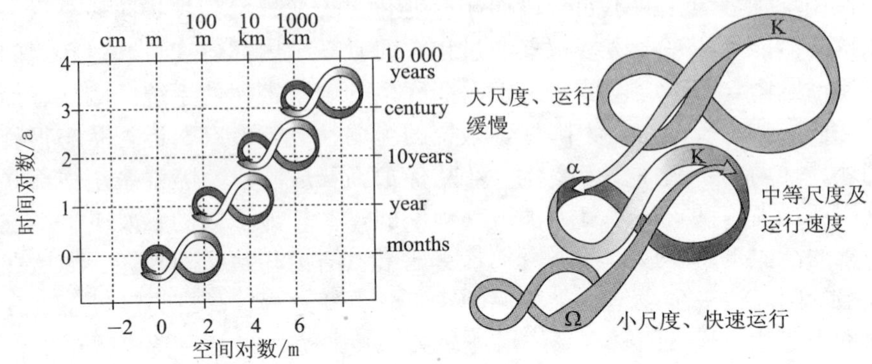

图 3-2 Panarchy 模型（Holling，2001）

适应性循环理论通过四个典型的变化阶段为系统的运动提供了明显指示，对不同尺度适应性循环间的联系进行了阐述，该理论对于分析系统脆弱性及其构成要素的发展演变过程、脆弱性的跨尺度传递、适应性与脆弱性之间的相互作用关系具有重要的借鉴意义。

2. 系统的多样性、复杂性与稳定性

多样性、复杂性、稳定性都是对系统属性的度量。复杂性的概念范畴要比多样性大得多，多样性是系统某一层次组分相异的多样化程度，它是一个静态的概念，描述的是系统的现存状态。复杂性除了包括系统中各个尺度的多样性以外，还包括这些多样的组分之间的联结和作用，描述相互关系和相互作用过程，因而是动态的。稳定性是系统的重要维持机制，稳定性越强，系统受到扰动后恢复和保持原来功能的能力也越强。关于系统多样性、复杂性与系统稳定性之间的关系一直是一个有争论的问题。

20 世纪五六十年代，生态学家普遍认为，当一个生物群落的复杂性高时，这个群落内部就存在一个较强大的反馈系统，对环境的变化和群落内部某些种群的波动，就会有较大的缓冲能力。从能量流动角度来看，复杂性高的群落，食物链和食物网更趋复杂，群落中的各个成员既可以接受多种途径的能量输入，又可以对其他成员有多种途径的能量输出，也就是说群落内部的能流途径更多，如果其中一条途径受到干扰或堵塞不通，群落就可能提供其他途径进行补偿。MacArthur（1955）根据食物网理论提出稳定性随着能量通路的增加而提高的论点。与 MacArthur 相类似，Elton（1958）提出了生态系统越简单就越不稳定的观点。刘国城（1991）认为，生态系统的物种多样性，生态系统的复杂性，并不能无条件地导致生态系统的稳定性。他从系统工程原理和系统演化的角度对这个问题进行了探讨，把系统的结构区分为串联结构和并联结构。在串联结构中，所谓的“串联”，其意义比电路中串联的意义要广一些，它是指各元器件独立承担某项功能，每个元器件是整体系统不可缺失的环节，如果这个元器件出现故障，整个系统会失稳或不能工作。这种采取串联结构的设备系统，所用元器件越多，系统可靠度越低，即复杂性与稳定性呈负相关，复杂性导致不稳定性；并联结构是指两个或两个以上的元器件在设备中担负相同的功能，可以相互补偿，其中一个出了故障，可由另一个来代替，因此它不是独立完成一项为设备所不可缺失的功能，元器件的故障也是独立的，不直接影响设备整体的运行状态。并联结构的系统越复杂，可靠度越高，稳定工作的能力越强。这样用一系列平行工作的元件组成系统，总有一些元件处于闲置状态，或者都有一部分闲置的功能，这称为“冗余储备”，提高系统冗余度，能增强系统可靠工作的稳定性。此外，Naeem（1998）及党承林（1998）依据工程学自动控制系统可靠性理论中关于系统的备用元件越多，可靠性越高的原则，指出应把物种冗余看作生态系统的一个至关重要的特征（Naeem，1998）以及冗余是以备用方式来提高系统的稳定性（党承林，1998）。

对系统的多样性、复杂性与稳定性之间关系的探讨，表明系统的结构与系统稳定性的强弱有着密切的关系，结构复杂，不同元素、不同子系统之间相互支持，“合作共事”，能使系统整体长期保持正常运转，并且对扰动影响的缓冲能力越强；结构单一，组分之间相互掣肘、冲突，必然导致系统整体运转混乱，故障不断，系统的稳定性差，因此系统的结构往往是决定系统稳定性及其存续能力强弱的关键因素之一。在城市人地系统中，城市产业结构和就业结构的多样性和复杂性通常会促进城市社会经济稳定发展，人力资源的多样性保证了城市各项事业的发展对人才的需求，城市用地的多种属性保证了城市各类活动的开展，具有多种城市功能的城市远比单一城市功能的城市具有更大的吸引力和辐射力，所有这些都是多样性导致稳定性原理在城市人地系统中的体现。

（三）矿业城市发展规律和理论

矿业城市的形成、发展既遵循一般城市形成、发展所具有的规律，同时作为一种阶段性存在的城市类型，矿业城市的形成和发展又具有自身的特点，国内学者对矿业城市发展规律、机制和特征等进行了深入研究，对于矿业城市人地系统脆弱性分析与评价具有重要的理论借鉴意义。

1. 矿业城市发育规律理论

国内外大量学者研究表明，矿业城市大都要经历起步—成长—成熟—衰退或转型振兴四个发展阶段。在此过程中（图 3-3），如果非矿业经济发育不充分或停滞不前，受资源可耗竭性的制约，矿业城市会随着矿业经济的衰竭而走向衰亡，即矿竭城衰；如果非矿业经济在资源枯竭前得到充分发展并成为支撑矿业城市发展的支柱产业，则会矿竭城荣（樊杰等，2005）。

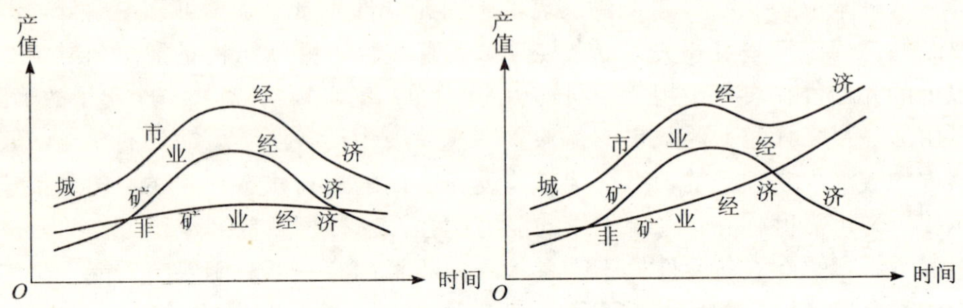

图 3-3 矿业城市发育规律示意图（樊杰等，2005）

2. 矿业城市可持续发展能力阶段理论

从资源开发利用角度看，矿业城市可持续发展能力结构包括三个层次：资源禀赋、资源产业、区域资源支撑系统，包括区域和城市的信息资源、文化资源以及基础设施、经济实力、科技实力等。矿业城市可持续发展能力演变过程可划分为四个时序阶段：Ⅰ起步阶段、Ⅱ成长阶段、Ⅲ成熟阶段、Ⅳ衰退或转型振兴阶段。在此过程中，矿业城市可持续发展能力的驱动力依次是资源禀赋、资源产业和区域资源支撑系统（樊杰等，2005）。

3. 矿业城市消亡规律

矿业城市是一个特殊的城市类型，其消亡是必然的。它一般有两种消亡方式，一种是“蚕茧式”消亡，一种是“蝌蚪式”消亡。“蚕茧式”是真正的衰亡，如前苏联的巴库的命运；“蝌蚪式”消亡是走向新生、踏上成长发展的新阶段。例如，美国丹佛州和澳大利亚墨尔本在附近金矿开完后变为旅游城市，即是典型的例子（张以诚，2001；赵纪新等，2004）。

4. 环境问题递增规律

矿业的发展不可避免地要占用土地和破坏土地。矿业生产过程中所产生的废渣、废气、废水必然会对土壤、空气和水体造成一定程度的污染，从而对矿区生态环境造成不良的影响。再加上企业本身不注意或无力进行环境保护，更无暇顾及生态建设，矿业城市生态环境治理欠账太多。随着开发强度的加大，矿区环境问题亦愈演愈烈。所在矿业城市也难免背上沉重的包袱，而且包袱越来越大。环境问题成为几乎所有矿业城市可持续发展的巨大障碍（赵纪新等，2004）。

5. 城矿发展同步规律

矿业企业与所在矿业城市之间存在着极为密切的相互依存、相互促进的关系，既有“正发展”又有“负发展”。“正发展”是指随着矿业企业逐渐步入鼎盛期，矿业城市自身也因之而不断发展壮大。不少矿业城市在发展过程中制定并形成了一些有利于城矿共同“正发展”的政策和做法。“负发展”是指受矿产资源耗竭规律的制约，矿业企业将不可避免地进入衰退期，一系列问题开始凸显，如果矿业城市未能及时采取有效措施，则城市亦将发展乏术，直至衰退、消亡。“负发展”，还有一层重要含义，即虽然出现了矿山闭坑、企业倒闭，但矿业城市在此之前已积极采取了有效措施，并成功实现了全面转型，从而使城市获得新生，而原来的作为“城市”发展过程中特殊形态的“矿业城市”也就消亡了，此时二者实现了时间意义上的真正同步。例如，美国的休斯敦、我国的徐州等矿业城市的发展经历，即是这种情况的典型（赵纪新等，2004）。

6. 矿业城市环境风险到环境灾害的演变规律

矿业城市环境风险是由两级控制机制所控制的，如果人的管理行为、人对机器的操作行为、人自身的活动行为以及人的规划决策行为等得当的话，不会发生环境风险，当然就更不能发生环境灾害了；当那些行为失误再加上环境风险因子释放（即有毒污染物释放、人类生产和生活活动失当、设备老化及车辆行驶等），则会对受体（即矿区环境、大气环境、水环境、地面环境和生态环境等）造成威胁，但是如果在这些威胁中没有人受害（即疏散人群和建立隔离保护等），那么环境灾害仍是潜在的，并不会发生，而一旦没有及时做好防护措施就有可能发生环境灾害或事故，这就是矿业城市环境风险向环境灾害的演变过程，它是有一定的规律可循的（蒙美芳和马云东，2006）。

（四）产业生命周期理论

如同生命体一样，产业也具有生命周期，关于产业生命周期理论的系统研究开始于 20 世纪 80 年代，在产品生命周期理论研究的基础上展开的，1982 年高特（Gort）和克莱珀（Klepper）在对 46 种产品最多长达 73 年的时间序列数据进行分析的基础上，按照产业中的厂商数目对产业生命周期进行划分，即引入、大量进入、稳定、大量退出和成熟等五个阶段，从而建立了产业经济学意义上第一个产业生命周期模型，即 G－K 模型。它强调了产业生命周期阶段对创新的特征、重要性和来源的重要影响，此后，一些学者又对 G－K 模型进一步加以发展（芮明杰，2005）。

一般认为，产业生命周期可以划分为形成期、成长期、成熟期和衰退期（或蜕变期）。形成期是指某个产业产生以后要素投入、产出规模和市场需求缓慢增长的时期；成长期是指某个产业的要素投入、产出规模和市场需求迅速增长的时期；成熟期是指某个产业的市场饱和，要素投入、产出规模进入缓慢增长的时期；衰退期是指某个产业的要素开始趋于退出，产出规模和市场需求下降趋势日益增强的时期。在衰退期如果出现了重大技术变革，该产业就可能结束衰退期，开始新的产业生命运动周期。一般形态的产业生命周期要依次经历这四个阶段，但各阶段的时间长短，依产业的不同性质和功能而不同，在不同的国家和地区也会有不同（芮明杰，2005）。产业生命周期的一般形态可以描述为“S”形曲线（图 3-4）。

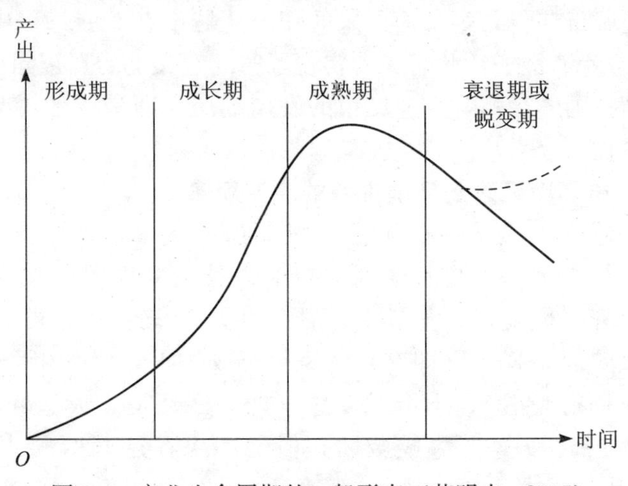

图 3-4　产业生命周期的一般形态（芮明杰，2005）
虚线表示蜕变期

产业生命周期及其各个阶段的变化，受许多因素的影响，一般来说，社会分工、技术创新、市场需求和产业性质是决定不同性质产业生命周期的共性因素。其中社会分工是产业生命周期的最根本影响，而技术创新、市场需求和产业性质是产业生命周期的主要影响因素，但不同产业的性质和功能不同，具体产业类型的生命周期还受一些特定的因素的影响，例如，资源型产业的生命周期与资源储量、替代能源等因素关系密切。关于产业生命周期各个阶段的识别，一般从三个角度进行分析：一是产出的变动，二是投入的变动，三是投入产出效果（芮明杰，2005）。

矿业城市长期以矿产资源为依托的发展模式，导致社会经济发展对矿产资源具有高度的依赖性。资源型产业的生命周期很大程度上决定了矿业城市发展的轨迹，由于不可再生资源的有限性，资源型产业的衰退是矿业城市可持续发展必然面临的一个重要的扰动因素。产业生命周期理论关于产业生命周期发展规律及其影响因素、产业生命周期的识别指标等方面的阐述，对于判断矿业城市资源型产业的发展阶段和发展趋势，识别资源型产业发展对矿业城市人地系统的扰动强度具有重要的指导意义。

（五）就业理论

1929～1933年席卷整个资本主义世界的经济危机，打破了古典经济学所颂扬的"通过市场均衡自动实现充分就业"的神话。经济的持续萧条和大规模失业使所谓"凯恩斯革命"应运而生（张圣兵，2002）。凯恩斯一反古典经济学的老调，推翻了古典学派关于市场均衡的就业理论，建立了"一个使严格意义上的非自愿失业成为可能的运行方式的理论体系"（凯恩斯，1999）。他认为失业有摩擦失业、自愿失业和非自愿失业三种不同的类型。摩擦失业，指在生产过程中局部的、暂时的失调，如生产的季节性变化、原料缺乏、机器设备发生故障以及工作转换等原因所引起的失业，它不是真正对劳动力需求不足，因而不是真正的失业。自愿失业，指由于工人受到各方面原因的影响，拒绝接受现行工资水平或劳动条件而产生的失业，这是由工人自身造成的，是工人"自愿"的。非自愿失业，指失业工人愿意接受比当前实际工资还低的工资，但是仍然找不到工作，这是真正意义上的失业。社会的总就业量决定于总需求量。非自愿失业是长期、持续性地存在着的，其原因主要是社会的有效需求不足。有效需求包括两个部分，即消费需求和投资需求。由于边际消费倾向的作用使消费需求不足，由于资本边际效率递减和流动偏好对利息率下降的限制使投资需求不足。这样有效需求就是不足的。凯恩斯认为，依靠市场价格、工资等因素不能达到充分就业的市场均衡，所以必须要通过宏观的财政政策与货币政策刺激总需求，才能达到充分就业的均衡。

凯恩斯的就业理论由于符合当时经济萧条的总格局，在较长一段时期内较好地发挥了政策引导作用。然而进入20世纪60年代中期以后，西方社会的失业问题与通货膨胀相交织甚至越来越严重。后凯恩斯主义经济学家开始从劳工市场结构不均衡的角度对凯恩斯的就业理论加以弥补和发展，其代表人物就是詹姆斯·托宾和杜生贝。詹姆斯·托宾等主要通过劳工市场的技术结构来分析失业问题，即按照劳动者的工种与技术水平状况把劳工市场细分为许多个局部市场，它们都有各自的劳动力需求和供给，很难相互替代。由于劳工市场技术结构的不相适应而造成的失业被称为结构性失业，它表现为失业和职位空缺的并存。关于解决就业问题的措施上，他们认为凯恩斯刺激需求的就业措施只能解决"就业水平"问题，而不足以解决就业的内容和结构问题，应该采取指导性的收入政策和一定的人力政策来解决结构性失业问题。由此可见詹姆斯·托宾等关于劳动市场技术结构的分析，不仅开始弥补了凯恩斯总量分析的不足，而且开始借助市场与技术相结合的手段来解决就业问题（张圣兵，2002）。

从凯恩斯就业率理论到后凯恩斯就业理论，西方的就业理论经历了从就业总量到就业结构的深化，体现了解决好就业问题的诸多要求。虽然西方就业理论产生的社会经济背景与我国存在一定的差异，但西方就业理论中有很多重要的观点值得认真思考和借鉴。伴随着资源型产业的衰退，矿业城市面临着严重而复杂的社会就业问题，社会就业存在数量型过剩与质量型短缺并存的局面，结构型失业、体制型失业和周期性失业现象严重，西方就业理论对矿业城市社会就业问题的分析具有重要的理论指导意义。

（六）城市生态系统理论

城市生态系统是以城市居民为主体，以地域空间和各种设施为环境，通过人类活动在自然生态系统基础上改造和营建的人工生态系统（王发曾，1991）。城市生态系统与自然生态系统具有一定的相似性，同样具有动态变化性、区域性、自我维持性与自我调节性。然而，城市生态系统作为人类生态系统的一种类型，在系统的组成成分、生态关系网络、生态位、系统的功能、调控机制和系统的演替等方面与自然生态系统有很大不同，在许多方面具有鲜明的特征（沈清基，1998）。

1. 人为性是城市生态系统的一个典型特征

城市生态系统是人工生态系统，人工控制和人工作用对它的存在和发展起着决定性作用，不仅使原有生态系统的结构和组分发生了人工化倾向的变化，而且城市生态系统中大量的人工技术物质完全改变了原有自然生态系统的形态和结构。在城市生态系统中，人口高度密集，人类兼具生产者与消费者两个角色，城市生态系统以人为主体的特征十分明显。自然生态系统的发展规律已受到人为影响，城市生态系统的变化规律由自然规律和人类影响叠加形成，人类社会因素的影响在城市生态系统中具有举足轻重的作用。

2. 城市生态系统的不完整性

首先，城市生态系统缺乏分解者或者分解功能微乎其微。城市生态系统中的废弃物不可能由分解者就地分解，几乎全部都需输送到化粪池、污水或垃圾处理厂，由人工设施进行处理。其次，城市生态系统“生产者”（绿色植物）不仅数量少，而且其作用也发生了变化，其主要作用变为美化景观、消除污染和净化空气。

3. 城市生态系统的脆弱性

城市生态系统与自然生态系统的营养关系形成的金字塔截然不同，前者营养关系出现倒置的情况，绿色植物的数量远远少于消费者，这导致城市生态系统的营养关系是不稳定的。同时城市生态系统在高集中性、高强度性人为因素的作用下，原有的自然调节机能在很大程度上被破坏，系统本身自我建造、自我修补和自我调节的能力减小。城市生态系统的稳定性主要取决于社会经济系统的调控能力和水平，以及人类的认识和道德责任，城市生态系统已不是一个“自给自足”的系统，需靠外力才能维持。

矿业城市生态系统作为一类特殊的生态系统、城市生态系统。该系统与一般的生态系统、城市生态系统相比，虽然有其独特之处，但在系统的特征、运行机制、演变规律等方面与上述特征有很大的相似性，生态学及城市生态学理论是开展矿业城市生态环境脆弱性分析和评价的重要理论基础。

四、技术层面上的脆弱性评价方法

目前，脆弱性评价的研究在自然灾害脆弱性、全球环境变化脆弱性、生态环境脆弱性等研究领域成果相对较多，一些定量或半定量的脆弱性评价方法已经被提出并得到应用，根据脆弱性评价的思路将脆弱性评价方法分为以下五类（李鹤等，2008）。

（一）综合指数法

该方法从脆弱性表现特征、发生原因等方面建立评价指标体系，利用统计方法或其他数学方法综合成脆弱性指数，来表示评价单元脆弱性程度的相对大小，是目前脆弱性评价中较常用的一种方法。美国国际开发署（USAID）资助的早期饥荒预警系统（FEWS）研究就利用综合指数法计算了非洲大陆不同地区对粮食安全的脆弱性；南太平洋应用地学委员会（SOPAC）利用50个指标构建了环境脆弱性指数，用来反映一国自然环境容易受到损害及发生退化的程度（Moran et al.，2005）。目前在综合指数法中较常用的数学统计方法有加权求和（平均）法、主成分分析法（PCA）（Cutter et al.，2003；黄方等，2003）、层次分析法（AHP）（Thirumalaivasan et al.，2003；贺新春等，2005）、模糊综合评价法（樊运晓等，2003；Dixon，2005；Martino et al.，2005）等四种。综合指数法由于其简单、容易操作，在脆弱性评价中广泛应用，但该方法对脆弱性的评价缺乏系统的观点，忽略脆弱性各构成要素间的相互作用机制，与脆弱性内涵之间缺乏相互对应的关系；同时在指标的选择和权重的确定上缺乏有效的方法；脆弱性形成原因及表现特征在空间上具有较强的区域差异性，在时间上具有动态变化性，因此建立跨区域、跨时段的脆弱性评价指标体系非常困难；此外，指标体系评价法所得出的评价结果的有效性很少被验证。

（二）图层叠置法

近几年来，随着GIS技术的日益普及和完善，应用GIS技术评价自然和人文系统的脆弱性已呈上升趋势，图层叠置法就是基于GIS技术发展起来的一种脆弱性评价方法，根据其评价的思路可分为两种叠置方法。

（1）脆弱性构成要素图层间的叠置（Cutter et al.，2000；郝璐等，2003；Metzger et al.，2005）。比较适用于区域在极端灾害事件扰动背景下的脆弱性评价，能够反映区域灾害脆弱性的空间差异，还能反映区域受灾害影响的风险性、敏感性及应对能力的空间差异。但在扰动的类型和数量上存在局限性，当扰动的数量超过一个时（多种自然灾害），会造成应对能力指标只能选取决定区域对不同灾害类型应对能力的共性指标，致使应对能力指标的选取上缺乏针对性，并且评价结果最终不能反映区域针对某种灾害的脆弱性程度。

（2）针对不同扰动的脆弱性图层间的叠置（O'Brien et al.，2004）。该方法为多重扰动（自然的、经济的）背景下的脆弱性评价提供了研究思路，但该方法没有考虑各种扰动的风险及其对系统整体脆弱性影响程度的差异，因此评价结果中很难反映出影响区域脆弱性的主要因素，对如何减少系统脆弱性的启示不大。

（三）脆弱性函数模型评价法

该方法基于对脆弱性内涵的理解，首先对脆弱性的各构成要素进行定量评价，然后从脆弱性构成要素之间的相互作用关系出发，建立脆弱性评价模型（史培军，2002；Luers et al.，2003）。史培军（2002）提出了广义的灾害脆弱性评价模型和狭义的灾害脆弱性评价模型，认为广义的灾害脆弱性是由区域时空脆弱性、孕灾环境脆弱性、承载体脆弱性构成，狭义的脆弱性评价模型由经济脆弱性、人文脆弱性、政治脆弱性构成，并分别给出了广义和狭义灾害脆弱性评价的函数模型。Luers等（2003）认为，系统的脆弱性是由系统内某些变量面对扰动的敏感性与这些变量临近伤害临界值的程度构成的函数，脆弱性的度量可用二者比值的期望来表示，此外，他还在考虑系统适应能力的基础上提出了最小潜在脆弱性的评价方法。Metzger等（2005）在IPCC提出的脆弱性函数构成形式的基础上，认为脆弱性是由系统在扰动作用下所遭受的潜在影响与系统适应能力二者构成的函数。与上述几种脆弱性评价方法相比，函数模型评价法在脆弱性评价的思路上与脆弱性内涵之间对应较强，能够体现脆弱性构成要素之间的相互作用关系，有利于解释脆弱性成因及特征，评价结果能够反映系统整体脆弱程度及脆弱性构成要素的情况。但目前关于脆弱性的概念、构成要素及其相互作用关系尚无统一的认识，并且脆弱性构成要素的定量表达较困难，使得该评价方法进展较为缓慢，但该方法在脆弱性评价研究中已越来越受到学者关注。

（四）模糊物元评价法

模糊物元评价法是通过计算各研究区域与一个选定参照状态（脆弱性最高或最低）的相似程度来判别各研究区域的相对脆弱程度（祝云舫和王忠郴，2006；陈鸿起等，2007；邹君等，2007）。陈鸿起等（2007）利用物元分析的基本理论和方法，结合模糊集合理论和欧式贴近度概念建立了基于欧式贴近度的模糊物元模型，利用各地区与最优参照状态的贴近度对区域水安全进行了评价。祝云舫和王忠郴（2006）运用模糊集贴近度理论分别构建了城市风险程度排序中"最优序城市"、"中序城市"、"最劣序城市"三个数学模型，利用待评价城市与"最优序城市"、"中序城市"、"最劣序城市"的贴近程度来反映城市环境风险程度。邹君等（2007）运用基于欧氏贴近度的模糊物元模型对衡阳盆地七个县（市）的农业水资源脆弱度进行评判。该方法的优点在于对脆弱性的评价角度与前几种不同，不是将众多指标合成一个综合指数，因此不必考虑变量间的相关性问题，可以充分利用原始变量的信息；其缺点在于对参照单元的界定缺乏科学合理的方法，评价结果对参照单元选取标准的变化十分敏感，并且评价结果反映出的信息量较少，只能反映各研究区域脆弱性的相对大小，难以反映脆弱性空间差异的决定因素及脆弱性特征等方面的信息。

（五）危险度分析

该方法计算研究单元各变量现状矢量值与自然状态下各变量矢量值之间的欧氏距离，认为距离越大系统越脆弱，越容易使系统的结构和功能发生彻底的改变（Smith et al.，2003）。该方法多用于生态环境脆弱性评价，能够反映系统偏离自然状态的程度，进而在一定程度上反映了研究单元的生态危险程度；由于该方法参照状态的设定中将人类活动设定为零，而其他生态变量的取值范围在自然状态下相对较稳定，因此参照状态的选取变化不大，这使评价结果对参照点的选取较稳定。该方法的不足之处在于：假设自然状态下的区域是脆弱性最小的区域，这种假设忽视了人类活动对生态环境改善的促进作用；同时自然状态的设定存在很多不确定性，该方法对这些不确定性的处理通常采用设定一些模糊值，其结果容易产生大多数研究单元较接近自然状态，少数研究单元脆弱性较高的评价结果；该方法虽然能够反映研究单元的生态危险程度，但不能反映系统脆弱性达到何种程度时系统结构和功能就会发生根本改变，没有确定的脆弱性阈值。

由于脆弱性评价研究尚处在初始阶段，学术前沿的探索性特点明显，目前，在脆弱性研究呈现多学科交融的背景下，脆弱性评价研究面临着以下几个方面问题：

第一，不同研究领域及国内外学者之间对于脆弱性这一概念、构成及其分析框架尚缺乏统一认识，这是造成脆弱性评价研究进展缓慢的重要因素，同时也导致基于不同概念、分析框架下得出的脆弱性评价结果很难进行对比。

第二，虽然系统面临多重、多尺度的扰动，这一点在脆弱性研究中已达成共识，但目前脆弱性评价多为针对单一扰动的脆弱性评价，缺乏针对多重扰动的脆弱性评价方法。

第三，人-环境耦合系统（社会生态系统）脆弱性是目前脆弱性研究领域关注的热点问题，但关于人-环境耦合系统脆弱性评价的研究尚未取得突破性进展。

第四，现有的脆弱性评价多为对比评价，评价结果反映的是不同评价单元脆弱性的相对大小，尚无衡量脆弱性的客观标准，并且对脆弱性成因和特征的探讨不够，使得评价结果对决策管理的指导意义不强。

第五，针对中小区域尺度、不同性质对象的脆弱性评价的案例研究十分缺乏。

第三节　矿业城市人地系统脆弱性评价流程与方法

一、矿业城市人地系统脆弱性评价流程与评价思路

（一）评价流程

借鉴国内外已有的脆弱性评价实践（Schroter et al.，2005），结合矿业城市人地系统脆弱性评价的主要内容与目的，建立了矿业城市人地系统脆弱性评价的程序，基本步骤包括：①研究尺度的界定；②研究区域的考察；③主要扰动及其承受对象的识别；④建立脆弱性分析因果关系模型；⑤建立脆弱性构成要素的表征指标体系；⑥建立脆弱性模型并进行评价；⑦脆弱性评价结果的分析。其流程图如图 3-5 所示。

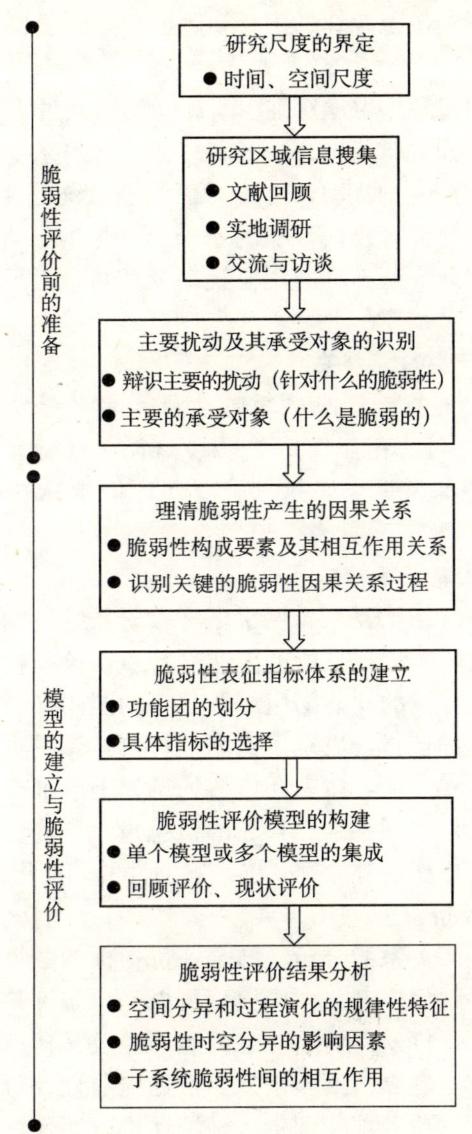

图 3-5　矿业城市人地系统脆弱性评价流程

1. 研究尺度的界定

研究尺度包括研究的时间和空间尺度，研究尺度的确定是开展脆弱性评价的首要问题，尺度的确定要依据开展脆弱性评价的目的，同时还要考虑开展研究的经费和时间的限制。

2. 研究区域信息搜集

研究区的时间、空间尺度确定以后，通过文献回顾、实地调研、与该区域的主要研究者和当地人员之间的交流和访谈等途径，对研究区域社会经济、生态环境方面的基本情况及存在的主要问题进行全面了解。

3. 主要扰动及其承受对象的识别

当前脆弱性评价过程中普遍存在由于考虑的因素过于全面，抓不住重点，而使研究不够深入的问题（Schroter et al.，2005）。系统面对不同扰动的脆弱性不同，即使面对同一种扰动，系统内部各子系统也会表现出脆弱性的差异，因此要在基于对研究区全面分析的基础上，甄别出研究区面临的主要扰动及其承受对象，对研究区面临的主要扰动及其承受对象的“聚焦”过程对脆弱性评价的开展十分重要。

4. 理清脆弱性产生的因果关系

分析评价对象面对扰动影响的敏感性及其应对能力的影响因素，并根据脆弱性构成要素之间的相互作用关系（Turner et al.，2003），理清脆弱性影响因素之间的因果关系，来指导脆弱性评价指标的选取和评价模型的构建。

5. 建立脆弱性的表征指标体系

矿业城市人地系统结构复杂、层次多样，子系统之间既有相互作用，又有相互间的输入和输出。根据系统的层次性特点，该指标体系应由一组相互关联、具有一定层次结构的功能团组成，某一功能团又由一组基本指标和综合指标组成，功能团的选择，决定了脆弱性评价体系的框架结构，是指标体系成功与否的关键所在。在具体表征指标的选择上应准确把握系统脆弱性各方面的特点，优先选用概括性强、代表的信息量大、容易获取的指标，遵循科学性、系统性、可操作性等原则，确定脆弱性的表征指标。

6. 构建脆弱性评价模型

基于对脆弱性因果关系的分析，结合评价指标的数据特点、脆弱性评价的目的，构建脆弱性评价模型。评价模型可以是单个评价模型，也可以是多个评价模型的集成。评价模型要反映系统脆弱性及其构成要素的情况，使评价结果能够为决策制定者提供更多信息。根据脆弱性评价的时空维度，脆弱性评价可以分为回顾评价、现状评价、预测评价。回顾评价是对评价对象脆弱性演变过程的回顾，现状脆弱性评价是对评价对象脆弱性现状的定量描述，预测评价是对评价对象在未来可能扰动作用下的脆弱性变化进行预测。

7. 脆弱性评价结果分析

通过脆弱性评价模型得到的脆弱性评价结果并不能直接呈现出其中所包含的脆弱性信息，需要进一步对评价结果中隐含的信息进行概括、精炼，深入分析脆弱性空间分异和过程演化的规律性特征、脆弱性时空分异的影响因素以及各子系统脆弱性之间的相互作用，为系统的脆弱性调控提供有用的信息。

（二）评价思路

理想的脆弱性评价应对矿业城市人地系统的各种脆弱性过程进行全面、综合的考虑，但由于现实世界数据的获得以及其他方面的限制，理想状态的脆弱性评价通常是无法实现的。Turner 等（2003）认为，在理解耦合系统脆弱性产生的随机、非线性和跨尺度的过程的基础上，"简化"的脆弱性评价是必要的；Schroter 等（2005）认为，全球变化脆弱性评价的一个主要的缺陷是分析的因素过于全面，导致在关键问题上的研究深度不够；Luers 等（2003）认为，脆弱性评价研究应从区域脆弱性评价研究转向评价某些变量对特定扰动的脆弱性评价，利用这些变量的脆弱性在某种程度上刻画一个区域的脆弱性。

矿业城市人地系统是包含社会、经济和生态环境三个子系统在内的一个复杂的巨系统。该系统面临系统内外多重扰动的影响，系统面对这些扰动的脆弱性既与系统脆弱性构成要素（敏感性响应程度、应对能力）之间的相互作用有关，还与不同子系统（经济、社会和生态环境）的脆弱性及其耦合过程密切相关。矿业城市人地系统的复杂性以及矿业城市人地系统脆弱性评价目的的多重性，决定了针对该系统的脆弱性评价与分析，需要在基于对研究区全面分析的基础上，甄别出研究区面临的主要扰动及其承受对象。对研究区面临的主要扰动及其承受对象进行"聚焦"并集成多种评价方法的优点和长处，才能深刻揭示矿业城市人地系统的脆弱性机制，实现矿业城市人地系统脆弱性评价的目的。基于上文对矿业城市人地系统脆弱性关键过程的识别以及建立的人地系统脆弱性概念模型，将矿业城市人地系统脆弱性划分为经济子系统脆弱性、社会子系统脆弱性和生态环境子系统脆弱性三个方面，构建了包含 BP 神经网络模型、脆弱性函数模型和状态空间法在内的综合集成评价方法，分别对各子系统脆弱性构成要素进行评价，然后从脆弱性构成要素之间的相互作用角度来刻画不同子系统的脆弱性程度，最终综合三个子系统的脆弱性评价结果来反映矿业城市人地系统的总体脆弱性程度（图 3-6）。整个脆弱性评价分为三个层次，包括各子系统脆弱性要素的评价、各子系统脆弱性评价和人地系统脆弱性综合评价。这种评价思路的优点在于每个层次的评价都能反映不同的信息，评价结果不仅能反映出东北地区不同矿业城市人地系统的相对脆弱性程度及矿业城市人地系统中不同子系统的脆弱性程度，还能体现出不同子系统的脆弱性构成要素（敏感性响应程度、应对能力等）的特征，评价结果明了、更有针对性，进而较为全面地反映不同矿业城市人地系统脆弱性程度及其特征方面的差异。

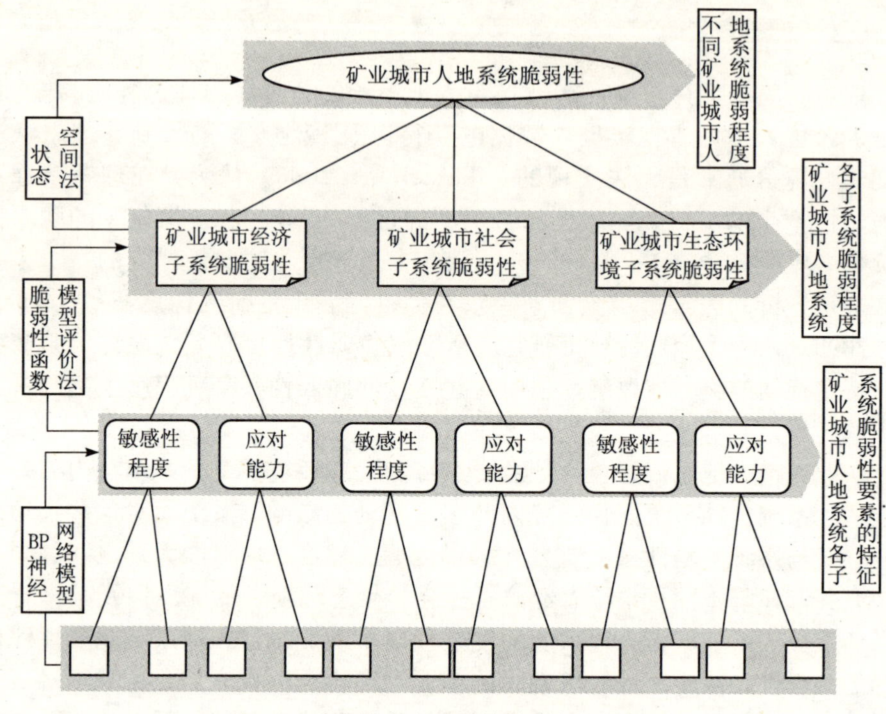

图 3-6　矿业城市人地系统脆弱性评价思路

□表示其内容省略，具体见表 4-2

二、评价方法

评价指标数据的特点、评价问题的复杂性及评价目的是进行评价方法设计的重要出发点。矿业城市人地系统脆弱性评价具有多重目标，不仅要反映出东北地区不同矿业城市人地系统的相对脆弱程度及矿业城市人地系统中不同子系统的脆弱性程度，还要体现出不同子系统的脆弱性构成要素（敏感性程度、应对能力等）的特征。针对这一复杂巨系统的脆弱性评价，设计了包含 BP 神经网络模型、脆弱性函数模型、状态空间法在内的综合集成评价方法，分别用于各子系统脆弱性要素的评价、各子系统脆弱性评价、人地系统脆弱性评价，以实现评价目的。

（一）脆弱性要素评价模型——BP 人工神经网络

20 世纪六七十年代，随着计量地理学的兴起，地学研究中逐渐引入数理方法和技术。按照在地学中的应用类型，这些统计模型包括以下三点。①预测：滑动平均、一（多）元回归和灰色系统预测等；②分类与模式识别：欧氏距离聚类分析、贝叶斯分类器、最大似然分类、关联分析、判别分析和因子分析（主成分分析）等；③优化、评价与规划：线性规划、模糊综合评判和层次分析法等。毋庸置疑，这些数理方法对地学由描述性科学向定量性科学转变起到了积极的推动作用。然而随着地理学研究的深入，其弊端逐渐显现。首先，这类参数化的统计模型对于分析数据要求比较苛刻。因为它们大多通过最小二乘法拟合来获得数据结构，样本数据的多少和代表性都直接影响到分析结果，而大多数地学研究难以获得完备的数据集。其次，这类方法对于线性可分问题能够给予精准的表达，但对于线性不可分问题却缺乏有效的解决办法。事实上，在地学研究中占主导地位的是高维非线性的复杂问题。上述传统方法解决非线性问题时采取的策略是线性降维处理，误差常超过允许范围（李双成和郑度，2003）。

本书对东北地区矿业城市人地系统脆弱性评价的数据大部分来源于各种公开发行的统计资料，与实验数据、数理统计数据不同，社会经济统计数据通常没有固定的分布形态，因此对数据要求比较苛刻的传统统计模型（如主成分分析就要求评价数据的正态分布）严格意义上讲在此评价中不太适合。另外，矿业城市人地系统脆弱性影响因素与矿业城市脆弱性构成要素之间存在着复杂的非线性作用关系，这也是传统评价方法难以解决的问题之一。基于这种考虑，本书在脆弱性构成要素评价上选用以解决非线性问题见长、对数据要求不严格的非参数化方法——BP（back propagation）神经网络模型作为评价方法。据统计（李双成和郑度，2003），在地学分析中使用的各类人工神经网络类型中，BP 模型应用最广，占到 85%以上，究其原因，一是 BP 网络用途广泛，既可用于评价、预测，又可用于分类和模式识别；二是 BP 网络算法成熟，易于构建。该方法具有以下突出特点：①其非线性映射和记忆能力的特点十分适合非线性的数学建模，可以充分逼近任意复杂的非线性关系。②具有自学习和自适应能力。神经网络在训练时，能从输入、输出的数据中提取出规律性的知识，记忆于网络的权值中，并具有泛化能力，即将这组权值应用于一般情形的能力。③数据融合的能力强，神经网络可以同时处理定量信息和定性信息。④具有高速寻找优化解的能力。

1. BP 神经网络基本原理

BP（back propagation）网络是 1986 年由 Rumelhart 和 McCelland 为首的科学家小组提出，是目前应用最广泛的神经网络模型之一。BP 网络是一种按误差逆传播算法训练的、具有一层或一层以上隐层神经元的多层前馈网络。网络模型拓扑结构包括输入层（input）、若干个隐层（hide layer）和输出层（output layer），每一层包含若干神经元，层与层间神经元通过连接权重及阈值相互连接（图 3-7）。图 3-8 给出了第 j 个基本 BP 神经元（节点），它只模仿了生物神经元所具有的三个最基本也是最重要的功能：加权、求和与转移。其中 x_1，$x_2 \cdots x_i \cdots x_n$ 分别代表来自神经元 1，$2 \cdots i \cdots n$ 的输入，w_{j1}，$w_{j2} \cdots w_{ji} \cdots w_{jn}$ 则分别表示神经元 1，$2 \cdots i \cdots n$ 与第 j 个神经元的连接强度，即权值，b_j 为阈值，一般 BP 网络的权值和偏差的初始值最好取（-1，1）内的随机数，f（·）为传递函数，一般地，隐含层可以是双曲正切 S 型函数或对数 S 型函数等，输出层可以是线性函数、对数 S 型函数等，y_j 为第 j 个神经元的输出。

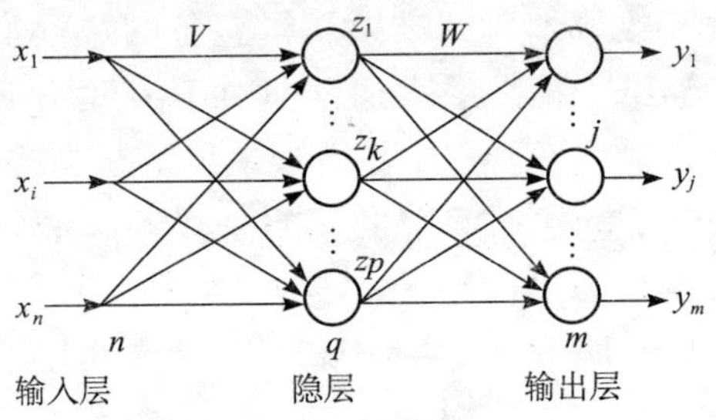

图 3-7　三层 BP 人工神经网络结构示意图

○代表神经元

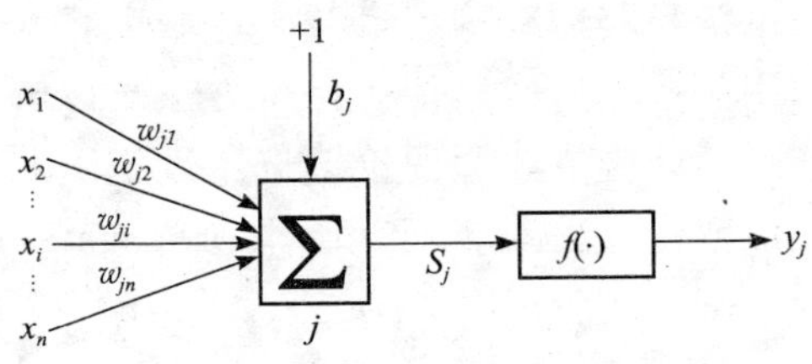

图 3-8　BP 神经元

则第 j 个神经元的净输入值 S_j 为：$S_j = \sum_{i=1}^{n} w_{ji} \cdot x_i + b_j = \boldsymbol{W}_j\boldsymbol{X} + b_j$

式中，$\boldsymbol{X} = [x_1 x_2 \cdots x_i \cdots x_n]^{\mathrm{T}}$　　$\boldsymbol{W}_j = [w_{j1} w_{j2} \cdots w_{ji} \cdots w_{jn}]$

若令 $x_0 = 1$，$w_{j0} = b_j$，则

$$\boldsymbol{X} = [x_0 x_1 x_2 \cdots x_i \cdots x_n]^{\mathrm{T}} \qquad \boldsymbol{W}_j = [w_{j0} w_{j1} w_{j2} \cdots w_{ji} \cdots w_{jn}]$$

于是第 j 个神经元的净输入值 S_j 可表示为

$$S_j = \sum_{i=0}^{n} w_{ji} x_i = \boldsymbol{W}_j \boldsymbol{X}$$

净输入 S_j 通过传递函数 f（·）后，便得到第 j 个神经元的输出 y_j：

$$y_j = f(s_j) = f\left(\sum_{i=0}^{n} w_{ji} \cdot x_i\right) = F(\boldsymbol{W}_j \boldsymbol{X})$$

BP 网络能学习和存储大量的输入—输出模式映射关系，而无需事前揭示描述这种映射关系的数学方程。网络按有导师学习的方式进行训练，训练模式包括若干对输入模式和期望的目标输出模式。当把一对训练模式提供给网络后，网络先进行输入模式的正向传播过程，输入模式从输入层经隐层处理向输出层传播，并在输出层的各神经元获得网络的输出。当网络输出与期望的目标输出模式之间的误差大于目标误差时，网络训练转入误差的反向传播过程，网络误差按原来正向传播的连接路径返回，网络训练按误差对权值的最速下降法，从输出层经隐层修正各个神经元的权值，最后回到输入层，然后，再进行输入模式的正向传播过程。这两个传播过程在网络中反复运行，使网络误差不断减小，从而网络对输入模式的响应的正确率也不断提高，当网络误差不大于目标误差时，网络训练结束（张治国，2006）。其基本的工作原理如图 3-9 所示。

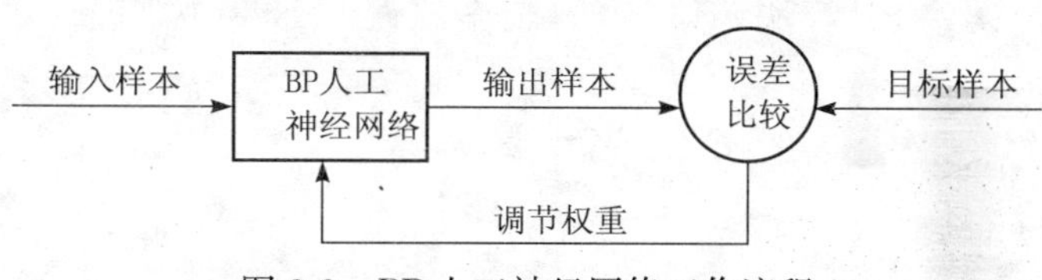

图 3-9 BP 人工神经网络工作流程

2. BP 神经网络评价的训练

BP 算法由数据流的前向计算（正向传播）和误差信号的反向传播两个过程构成。正向传播时，传播方向为输入层→隐层→输出层，每层神经元的状态只影响下一层神经元。若在输出层得不到期望的输出，则转向误差信号的反向传播流程。通过这两个过程的交替进行，在权向量空间执行误差函数梯度下降策略，动态迭代搜索一组权向量，使网络误差函数达到最小值，从而完成信息提取和记忆过程（李峥，2004）。

1）正向传播

设 BP 网络的输入层有 n 个节点，隐层有 q 个节点，输出层有 m 个节点，输入层与隐层之间的权值为 V_{ki}，隐层与输出层之间的权值为 W_{jk}，如图 3-7 所示，隐层的传递函数为 f_1（•），输出层的传递函数为 f_2（•），则隐层节点的输出为（将阈值写入求和项中）

$$z_k = f_1\left(\sum_{i=0}^{n} V_{ki} X_i\right) \qquad \mathrm{k} = 1,2,\cdots,\mathrm{q}$$

输出层节点的输出为

$$y_j = f_2\left(\sum_{k=0}^{q} W_{jk} Z_k\right) \qquad j = 1,2,\cdots,m$$

至此 BP 神经网络就完成了 n 维空间向量对 m 维空间的近似映射。

2）反向传播

A. 定义误差函数。

输入 P 个学习样本，用 x^1，x^2，x^3，…，x^P 来表示，第 P 个样本输入

到网络后得到输出 y_j^p（$j=1, 2, \cdots, m$）。采用平方型误差函数，于是得到第 P 个样本的误差 E_p：

$$E_p = \frac{1}{2}\sum_{j=1}^{m}(t_j^p - y_j^p)^2$$

式中：t_j^p 为期望输出。

对于 P 个样本，全局误差为

$$E = \frac{1}{2}\sum_{p=1}^{p}\sum_{j=1}^{m}(t_j^p - y_j^p) = \sum_{p=1}^{p}E_p$$

B. 输出层权值的变化。

采用累计误差 BP 算法调整 W_{jk}，使全局误差 E 变小，即

$$\Delta W_{jk} = -\eta\frac{\partial E}{\partial W_{jk}} = -\eta\frac{\partial}{\partial W_{jk}}(\sum_{p=1}^{p}E_p) = \sum_{p=1}^{p}(-\eta\frac{\partial E_p}{\partial W_{jk}})$$

式中：η 为学习速率。

定义误差信号为

$$\delta_{yj} = -\frac{\partial E_p}{\partial S_j} = -\frac{\partial E_p}{\partial y_j}\cdot\frac{\partial y_j}{\partial S_j}$$

式中：第一项，$\frac{\partial E_p}{\partial y_j} = \frac{\partial}{\partial y_j}\left[\frac{1}{2}\sum_{j=1}^{m}(t_j^p - y_j^p)^2\right] = -\sum_{j=1}^{m}(t_j^p - y_j^p)$

第二项，$\frac{\partial y_j}{\partial S_j} = f_2'(S_j)$ 是输出层传递函数的偏微分。

于是

$$\delta_{yj} = \sum_{j=1}^{m}(t_j^p - y_j^p)f_2'(S_j)$$

由链定理得

$$\frac{\partial E_p}{\partial W_{jk}} = \frac{\partial E_p}{\partial S_j}\cdot\frac{\partial S_j}{\partial W_{jk}} = -\delta_{yj}Z_k = -\sum_{j=1}^{m}(t_j^p - y_j^p)f_2'(S_j)\cdot Z_k$$

于是输出层各神经元的权值调整公式为

$$\Delta W_{jk} = \sum_{p=1}^{p}\sum_{j=1}^{m}\eta(t_j^p - y_j^p)f_2'(S_j)Z_k$$

C. 隐层权值的变化。

$$\Delta V_{kj} = -\eta\frac{\partial E}{\partial V_{ki}} = -\eta\frac{\partial}{\partial V_{ki}}(\sum_{p=1}^{p}E_p) = \sum_{p=1}^{p}(-\eta\frac{\partial E_p}{\partial V_{kj}})$$

定义误差信号为：$\delta_{zk} = -\frac{\partial E_p}{\partial S_k} = -\frac{\partial E_p}{\partial Z_k}\cdot\frac{\partial Z_k}{\partial S_k}$

式中：第一项，$\frac{\partial E_p}{\partial Z_k} = \frac{\partial}{\partial Z_k}\left[\frac{1}{2}\sum_{j=1}^{m}(t_j^p - y_j^p)^2\right] = -\sum_{j=1}^{m}(t_j^p - y_j^p)\frac{\partial y_j}{\partial Z_k}$

依链定理有

$$\frac{\partial y_j}{\partial Z_k}=\frac{\partial y_j}{\partial S_j}\cdot\frac{\partial S_j}{\partial Z_k}=f_2'(S_j)W_{jk}$$

第二项 $\frac{\partial Z_k}{\partial S_k}=f_1'(S_k)$ 是隐层传递函数的偏微分，

于是：$\delta_{zk}=\sum_{j=1}^{m}(t_j^p-y_j^p)f_2'(S_j)W_{jk}f_1'(S_k)$

由链定理得

$$\frac{\partial E_p}{\partial V_{ki}}=\frac{\partial E_p}{\partial S_k}\cdot\frac{\partial S_k}{\partial V_{ki}}=-\delta_{zk}x_i=-\sum_{j=1}^{m}(t_j^p-y_j^p)f_2'(S_j)W_{jk}f_1'(S_k)x_i$$

从而得到隐层各神经元的权值调整公式为

$$\Delta V_{ki}=\sum_{p=1}^{p}\sum_{j=1}^{m}\eta(t_j^p-y_j^p)f_2'(S_j)w_{jk}f_1'(S_k)x_i$$

3. BP 神经网络建模条件和步骤

1）建模条件

为建立合理的 BP 网络模型，理论界提出了六个基本建模条件（楼文高和王廷政，2003）：

(1) 对于三层网络，输入层和隐层节点数必须少于 $N-1$（N 为训练样本数），否则，易造成系统误差与训练样本特性无关而趋于 0，而网络模型可能没有泛化能力；

(2) 为尽可能避免出现“过拟合”现象，在满足精度的前提下，取尽可能少的隐层及其节点数；

(3) 到目前为止，能且只能用从总样本中随机抽取的检验样本来监控训练过程，使其在出现“过拟合”现象前结束或取出现“过拟合”现象前的网络连接权值；

(4) 一般情况下，要求训练样本数至少要多于网络连接权值数，通常为 2～10 倍；

(5) 训练样本数少于网络连接权数时，必须将所有的样本分成几部分并让各部分轮流作为训练样本和检验样本（称为“轮训”），以避免网络训练时出现“过拟合”现象和存在多模式现象；

(6) 解决局部极小问题，对一定网络结构，可通过不断改变网络连接权值的初始值（一般是几十次）比较系统误差值的大小而得到全局最小值。

2）建立 BP 网络模型的步骤（楼文高和王廷政，2003）

(1) 样本数据的收集和分组。采用 BP 神经网络方法建模，要求收集尽可能多和典型性好的样本数据，并将收集到的数据随机分成训练样本、检验样本（10%以上）和测试样本（10%以上）三个部分。

（2）网络结构的确定方法。确定网络结构大小的最基本原则是，在满足精度要求的前提下，取尽可能紧凑的结构，即取尽可能少的隐层数和隐层节点数。一般取一个隐层。隐层节点数不仅与输入/输出层节点数有关，更与需解决的问题的复杂程度和转换函数形式等因素有关。目前各种文献提出的确定隐层节点数的计算公式都是针对训练样本任意多和最坏的情况，一般不宜采用。合理隐层节点数可在综合考虑网络结构复杂程度和误差大小的情况下用节点删除法和扩张法确定。

（3）网络初始权值。网络初始权值直接决定了BP算法收敛到全局极小点还是局部极小点，因此，要求程序必须能够改变网络初始权值。

（4）网络模型的训练。BP网络模型的训练就是通过不断调整网络权值，使网络模型输出值与已知的训练样本输出值之间的误差平方和达到最小或小于某一期望值。迄今为止，对在给定有限个（训练）样本的情况下，如何设计一个合理的BP网络模型并通过向所给的有限个样本的学习来满意地逼近样本所蕴涵的规律（函数关系）（不仅仅是使训练样本的误差达到很小）的问题，在很大程度上还需要依靠先验知识和设计者的经验。因此，通过训练样本的学习（训练）建立合理的BP神经网络模型的过程，是一个复杂而又十分烦琐和困难的过程。从存在性结论还可知：即使每个训练样本的误差都很小，并不意味着建立的模型已有效逼近训练样本所蕴涵的规律。判断建立的模型已有效逼近样本所蕴涵的规律，应该也必须用随机抽取的非训练样本（本书称为检验样本和测试样本）误差的大小表示和评价，最直接和客观的指标是，非训练样本误差（通常是均方根误差MSE、AAE或MAPE等）和训练样本误差一样小或稍大，否则，若相差很多，说明建立的模型没有有效逼近训练样本所蕴涵的规律，而只是在这些训练样本点上逼近而已。对于同一网络结构，通过选取多组不同的网络初始权值（通常是几十组，由问题的复杂程度而定）对网络进行训练，选取没有发生“过拟合”时的精度较高的网络连接权值。

（5）合理网络模型的确定。一般地，随着网络结构的变大，误差变小。通常，在网络结构扩大（隐层节点数增加）的过程中，误差会出现迅速减小然后趋于稳定的一个阶段，合理隐层节点数应取误差迅速减小后基本稳定时的隐层节点数。具有合理隐层节点数时的网络连接权值构成的模型就是合理网络模型。

总之，合理网络模型是具有合理隐层及其节点数、训练时没有发生“过拟合”现象、求得全局极小点和同时考虑网络结构复杂程度和误差大小的综合结果。

（二）各子系统脆弱性评价模型——脆弱性函数模型

脆弱性函数模型评价法是目前在脆弱性评价研究中备受学者关注的一种评价方法，该方法是基于对脆弱性内涵的理解，首先对脆弱性的各构成要素进行定量评价，然后从脆弱性构成要素之间的相互作用关系出发，建立脆弱性评价模型。本书在对各子系统的脆弱性进行评价时均采用脆弱性函数模型评价法，突出脆弱性评价方法与脆弱性内涵之间的相互对应关系，基于前文中对脆弱性内涵及其构成要素的分析，将从系统脆弱性的两个主要构成要素入手，对系统脆弱性（V）进行评价：①系统面对扰动的敏感性程度（S）；②系统对扰动所产生影响的应对能力（R）。作为系统脆弱性的两个主要构成要素，敏感性程度与系统的应对能力对系统脆弱性的作用方向是不同的，一个脆弱性较高的系统不仅对扰动的敏感性响应程度大，并且应对扰动影响的能力也十分有限，反之，若一个系统对扰动影响的敏感性响应小，而且具有较强的应对扰动影响的能力，则该系统的脆弱性较低（Smit et al.，1999；Finan et al.，2002）。故本文假设敏感性响应程度与应对能力对系统脆弱性的贡献是均等的，系统在扰动作用下的敏感性程度越高，应对扰动影响的能力越差，则系统的脆弱性越高，即

$$V_i = S_i/R_i$$

式中：V_i 为子系统 i 的脆弱性程度；S_i 为子系统 i 的敏感性程度；R_i 为子系统 i 应对扰动影响的能力。

（三）矿业城市人地系统脆弱性评价模型——状态空间法

状态空间是欧氏几何空间用于定量描述系统状态的一种有效方法，通常由表示系统各要素状态向量的三维状态空间轴组成（毛汉英和余丹林，2001）。该方法最初由毛汉英先生引入到区域环境承载力评价研究中，把其作为定量地描述和测度区域承载力与承载状态的重要手段。本文根据状态空间法的基本原理，构建了矿业城市人地系统脆弱性状态空间。

状态（state）是系统科学常用的而不加定义的概念之一，指系统的那些可以观察和识别的状况、态势、特征等。如果能够正确地区分和描述状态，就可以把握系统了（邓波，2004）。状态是定性描述系统性质的概念，但状态一般可以用若干变量来表征，这些变量称状态变量，以状态变量为元素组成的向量则称为状态向量。设 t_0 时刻系统的一组状态变量为：$x_1(t_0), x_2(t_0), \cdots, x_n(t_0)$，则相应的状态向量为：$\boldsymbol{X}(t_0) = [x_1(t_0), x_2(t_0), \cdots, x_n(t_0)]^{\mathrm{T}}$。

以状态向量为坐标轴支撑起来的欧氏几何空间即状态空间，状态空间中的每一个点称为状态点或相点，每一个相点对应着系统的一个具体的状态。

矿业城市人地系统脆弱性状态空间是由矿业城市社会脆弱性（P）、经济脆弱性（E）、生态环境脆弱性（N）三个状态向量为坐标轴支撑起来的欧式几何空间（图 3-10），每个状态向量又包括敏感性程度、应对能力两个状态变量。在这个三维空间中，所有状态点代表了矿业城市人地系统的所有脆弱性状态，其中原点的状态点是最稳定的（脆弱性趋于无穷小），矿业城市人地系统对应的社会子系统脆弱性（P_V）、经济子系统脆弱性（E_V）、生态环境子系统脆弱性（N_V）指数值在状态空间中就显示为三维状态空间中的一个状态点（V_i），用原点同三维空间状态点（V_i）所构成的矢量模（M）代表矿业城市人地系统脆弱性的大小。考虑到各子系统的脆弱性对矿业城市人地系统整体脆弱性的贡献不同，分别赋予不同子系统的脆弱性以不同的权重，则矿业城市人地系统脆弱程度可表示为

$$V_i = |M| = \sqrt{W_1 \mathrm{OP}_i^2 + W_2 \mathrm{OE}_i^2 + W_3 \mathrm{ON}_i^2}$$

式中：V_i 为矿业城市 i 的人地系统脆弱性指数；$|M|$ 为从原点 O 到状态点 V_i 的矢量模；W_1、W_2、W_3 分别是社会子系统脆弱性、经济子系统脆弱性、生态环境子系统脆弱性的权重（分别为 0.3，0.4，0.3）；OP_i 为矿业城市 i 社会子系统脆弱性指数值；OE_i 为矿业城市 i 经济子系统脆弱性指数值；ON_i 为矿业城市 i 生态环境子系统脆弱性指数值。

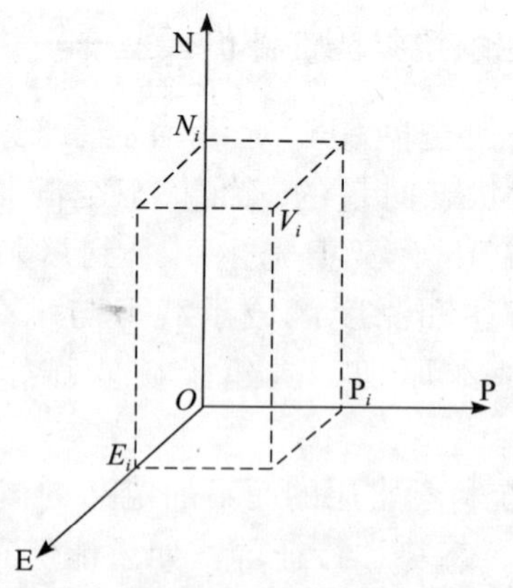

图 3-10　矿业城市人地系统脆弱性状态空间

三、评价指标体系构建方法

（一）评价指标遴选方法

建立科学合理的指标体系直接关系到矿业城市人地系统脆弱性评价的正确性。目前在脆弱性评价研究领域关于评价指标选择的方法大致可分为两种：一种是基于脆弱性理论或概念框架中所反映出的相互关系，自上而下选择评价指标，即所谓的演绎法；另一种则是从大量脆弱性的相关变量中识别出具有明显统计关系的变量，基于统计规则，自下而上选择评价指标，即归纳法（Adger et al.，2004）。演绎法建立的评价指标与脆弱性的内涵对应较紧密，建立指标的过程中要对脆弱性相关概念、脆弱性关键过程及其相互作用关系、研究的问题和假设条件进行阐述，要求评价者要具备丰富的先验知识和较高科学素质。相比而言，归纳法对概念或理论模型的要求不及演绎法严格，但归纳法通常追求评价指标体系的完备性而提倡选择所有可能的指标，因此要求有非常庞大的基础数据库支持。

本书在矿业城市人地系统脆弱性评价指标的遴选方法上，采用“自上而下”和“自下而上”相结合的方法（图3-11），建立矿业城市人地系统脆弱性评价指标体系。首先采用理论分析法、专家咨询法“自上而下”建立一套东北地区矿业城市人地系统脆弱性评价的一般指标体系，基本步骤包括：第一步，根据矿业城市人地系统脆弱性概念模型，确定矿业城市人地系统脆弱性评价指标体系的层次结构。第二步，依据矿业城市人地系统脆弱性包含的关键过程及其相互作用关系，结合专家咨询法选择最佳的功能团来表征这些因素和过程。在确定评价指标体系层次结构及具体的功能团之后，采用“自下而上”的方法，结合矿业城市的实际情况及数据的可得性，在现有数据的基础上，通过数据统计方法构建表征矿业城市人地系统脆弱性的具体指标，选择内涵丰富又比较独立的指标构成东北地区矿业城市人地系统脆弱性具体评价指标体系。

（二）评价指标体系建立的原则

由于矿业城市人地系统结构复杂、层次多变，各子系统脆弱性之间存在相互影响、相互制约的作用关系，某些层次、某些要素及某些子系统的改变可能导致整个人地系统脆弱性由高到低或由低到高的改变。对于矿业城市人地系统这样一个复杂巨系统而言，目前还不可能用少数几个指标来

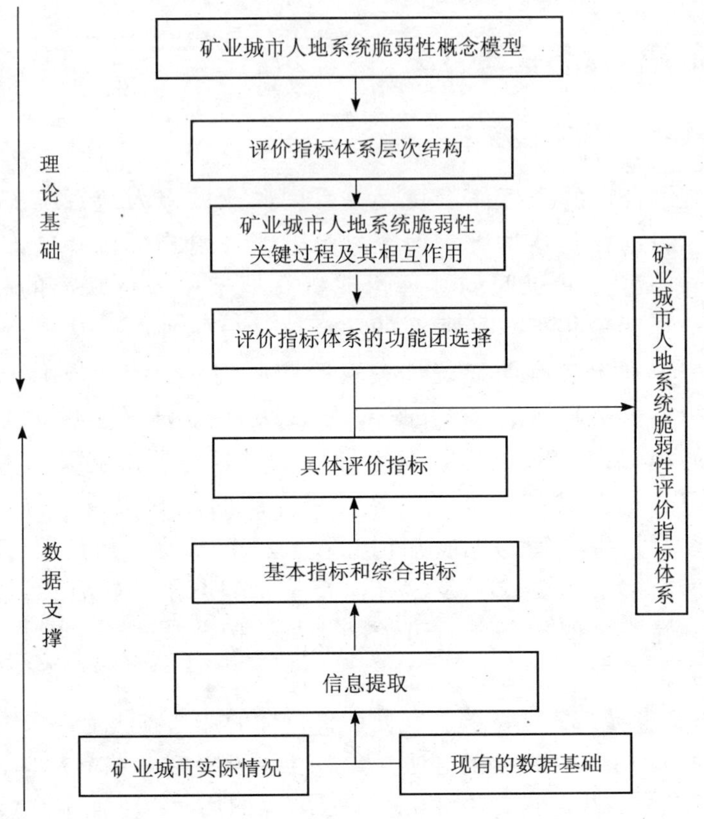

图 3-11 评价指标遴选方法示意图

描述系统的脆弱性状态，因此需要用多个指标组成一个有机整体，建立评价指标体系来描述矿业城市人地系统的脆弱性状态。在设置矿业城市人地系统脆弱性评价指标体系时，除了要符合统计学的基本规范外，必须遵循以下原则。

1. 科学性原则

评价指标体系一定要建立在对研究区矿业城市人地系统脆弱性进行定性分析的基础上，遵循矿业城市人地系统脆弱性研究的相关理论来选择和构建指标，指标概念必须明确，并具有一定的科学内涵，真实、客观地反映研究地区矿业城市人地系统脆弱性的状态，并体现各子系统脆弱性及其构成要素间的相互作用关系。

2. 可操作性原则

评价指标体系的建立在不失科学性的同时，要以能够获取的定性和定量资料为基础，充分利用各种可靠的定性或定量资料，同时指标的设置要具有易于量化的特点，保证评价工作的可行性。

3. 层次性原则

矿业城市人地系统是一个复杂的系统，具有明显的层次性，可以分解为若干子系统，各子系统又可由下一层的子系统或要素构成，这样的层次关系可以递阶到矿业城市人地系统的具体特征上。矿业城市人地系统脆弱性评价指标体系应由若干层次构成，层次越高，指标的综合性越强，层次越低，指标越具体。但层次划分越细，指标体系就越庞大，不易于掌握，所以把握一个合理的层次尺度是很必要的。

4. 相对完备性原则

由于种种限制因素，一种完备的评价指标体系通常很难建立，但评价指标体系作为一个有机整体，应相对比较全面地反映研究区矿业城市人地系统的构成、特征、影响因素等方面的内容。

5. 可比性原则

评价指标的设置必须具有普遍的统计意义，根据评价目的的不同，指标要满足不同地区横向比较或同一地区纵向比较的需求，这样才能保证评价结果的科学性和准确性。

（三）评价指标体系层次结构

系统的一个重要特征是具有层次性。矿业城市人地系统脆弱性评价指标体系是由许多同一层次、不同作用和特点的功能团以及不同层次的复杂程度、作用特点不一的功能团组成，某一功能团又由一组基本指标和综合指标组成。因此，功能团的选择，决定了矿业城市人地系统脆弱性评价指标体系的结构框架，是指标体系成功与否的关键。要选择出矿业城市人地系统脆弱性评价的全面而又简练的功能团及其相应的表征指标，不仅要对矿业城市人地系统脆弱性的特征、结构、过程有透彻的了解，而且要对脆弱性评价的目标有清晰的理解。在遵循矿业城市人地系统脆弱性指标遴选方法和指标体系建立原则的基础上，构建了东北地区矿业城市人地系统脆弱性评价指标体系的层次结构（图 3-12）。该评价指标体系包括五个层次：目标层、一级指标层、二级指标层、三级指标层、具体指标层，其中一、二、三级指标是基于对矿业城市人地系统脆弱性概念模型、矿业城市人地系统脆弱性关键过程及其相互作用的理解的基础上建立起来的，是由一系列指标功能团构成的一般指标体系，具体指标层则是由各个功能团具体的表征指标所构成。

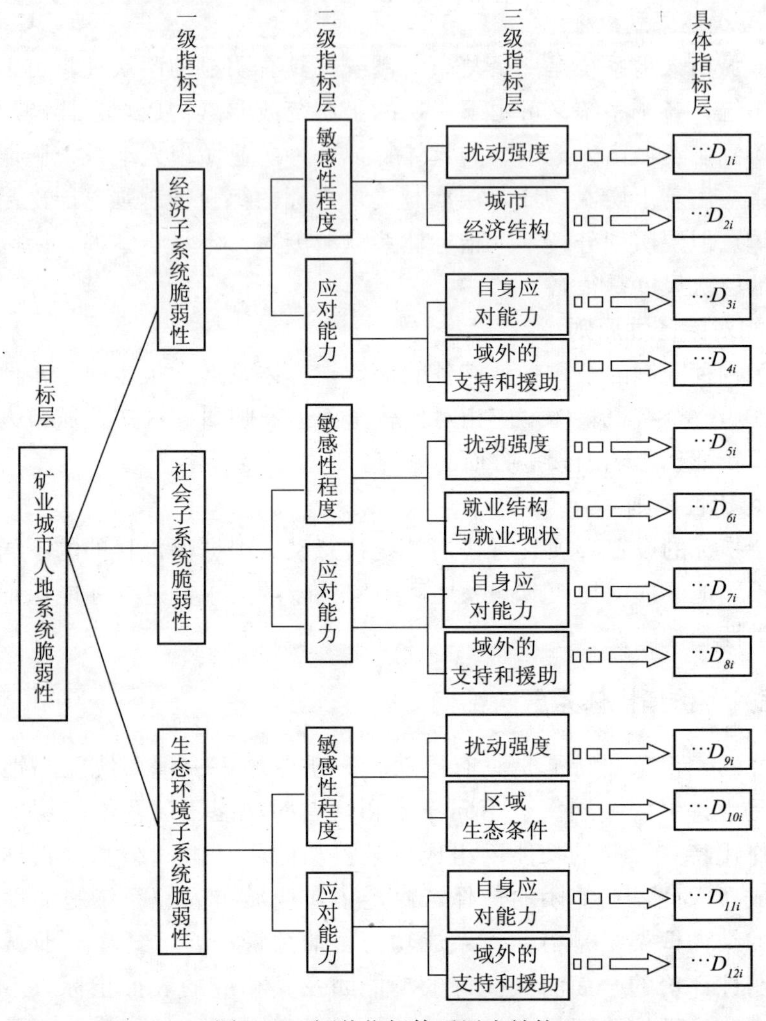

图 3-12　评价指标体系层次结构

四、评价标准

进行矿业城市人地系统脆弱性评价，难点问题之一是确定评价标准，即用什么标准来衡量一个矿业城市人地系统脆弱性的高低，这也是当前脆弱性评价研究乃至其他领域评价研究面临的一个挑战。回顾以往的脆弱性评价研究可以发现，对于脆弱性程度等级的划分多采用统计学方法对最终的脆弱性指数进行划分，如百分位法、统计直方图法等，以反映评价对象的相对脆弱性程度，很少有研究是从原始评价指标出发确定脆弱性的评价标准。究其原因，首先，适合于任何时空尺度下的脆弱性评价标准是不存在的，任何一种评价标准都是相对的（曹利军，1999），具有一定的局限性，只适用于特定的时空尺度，因此从原始评价指标出发确定脆弱性评价标准的意义不大；其次，从原始评价指标出发建立脆弱性评价标准需要明确的科学依据和严密的科学论证，而目前关于评价对象的认识尚不足以支撑脆弱性评价标准的建立；最后，评价标准的建立与评价研究的目的直接相关。目前脆弱性评价主要包括横向的脆弱性对比评价研究以及纵向的脆弱性过程评价研究。评价的目的是找出脆弱性的空间分异特征或脆弱性发展趋势和特征，探讨影响这种脆弱性时空格局的因素及调控对策，这种脆弱性评价角度和评价目的导致很难从原始评价指标上确定评价标准去衡量不同地区或不同时段评价对象的脆弱性程度，因此多采用统计学方法对最终的脆弱性指数进行划分以反映评价对象脆弱性的空间分异特征或脆弱性发展趋势。

目前，从统计学角度对脆弱性等级的划分方法主要包括以下四种。

（一）自然断点分级法

自然断点分级法（natural breaks classification）等级划分的依据是数据分布的自然聚类情况，根据数据组间方差最大、组内方差最小的原则进行等级划分。该方法对于合并特征类似的数据很有效，但该方法不能预先确定脆弱性等级的分组数目，进行等级划分的组数受数据分布特征的影响较大，如果数据分布比较平滑，则很难选择适当的组数进行等级划分，另一方面，由于有时无法实现按照相同等级数目进行脆弱性等级划分，不同地区或不同时段的脆弱性等级划分的可比性较差。

（二）百分位数分级法

百分位数分级法（quantile classification）将一组脆弱性指数值按从小到大顺序排列，并按数据个数 100 等分，在第 p 个分界点（称为百分位点）上的数值，称为第 p 个百分位数（$p=1$，2，…，99）。第 p 百分位数是这样一个值，它使得至少有 $p\%$的数据项小于或等于这个值，且至少有（$100-p$）% 的数据项大于或等于这个值。百分位数分级法可以任意进行脆弱性等级分组，以相应的百分位数作为等级分界点，可以保证每个脆弱性等级中都有相同的样本数量，因此可以清楚地表现出脆弱性空间特征。但该方法不适用于有大量重复数据的等级划分。

（三）等间隔分级法

等间隔分级法（equal interval classification）是将脆弱性评价指数值等间隔划分为若干组，分级方法简单易行，比较适合于分布均匀、连续性较好的数据系列，但当脆弱性指数值分布疏密程度差异较大时，采用等间隔分级法会导致某些等级内样本数量过多，而另一些等级中样本数量稀少的现象。

（四）标准差分级法

标准差分级法（standard deviation classification）首先要计算脆弱性评价指数值的均值和标准差，然后以均值为中心，然后以等倍数标准差的间隔向上向下进行等级分组，直到所有的样本都包含在分组等级内。该方法比较适合于正态分布的脆弱性评价指数值，但当脆弱性评价指数值呈偏态分布时，容易造成评价等级较高或较低的组别样本数过多，其他组别样本数过少。

基于矿业城市人地系统脆弱性评价的目的，对脆弱性评价等级的划分也采用上述统计学分类方法，依据脆弱性评价指数的具体分布形态来选取相应的统计学分类方法，以反映评价对象脆弱性的分异特征。

参考文献

蔡运龙．1995．持续发展——人地系统优化的新思路．应用生态学报，6（3）：329-333.

曹利军．1999．可持续发展评价理论与方法．北京：科学出版社．

陈鸿起，汪妮，申毅荣，等．2007．基于欧式贴近度的模糊物元模型在水安全评价中的应用．西安理工大学学报，23（1）：37-42.

陈守煜，伏广涛，周惠成，等．2002．含水层脆弱性模糊分析评价模型与方法．水利学报，（7）：23-30.

党承林．1998．植物群落的冗余结构——对生态系统稳定性的一种解释．生态学报，18（6）：665-672.

邓波．2004．草原区域草业生态系统承载力与可持续发展的研究．兰州：甘肃农业大学博士学位论文．

樊杰，孙威，傅小锋．2005．我国矿业城市持续发展的问题、成因与策略．自然资源学报，20（1）：68-77.

樊运晓，高朋会，王红娟．2003．模糊综合评判区域承灾体脆弱性的理论模型．灾害学，18（3）：20-23.

方创琳．2000．区域发展规划的人地系统动力学基础．地学前缘，（B08）：17-20.

方创琳．2003．区域人地系统的优化调控与可持续发展．地学前缘，10（4）：256-259.

方创琳．2004．中国人地关系研究的新进展与展望．地理学报，59（S_1）：21-32.

冯振环．2003．西部地区经济发展的脆弱性与优化调控研究．天津大学博士学位论文．

郭庆军，赛云秀．2006．不确定性理论及规划研究．集团经济研究，（10X）：194.

郝璐，王静爱，史培军，等．2003．草地畜牧业雪灾脆弱性评价——以内蒙古牧区为例．自然灾害学报，12（2）：51-57.

贺新春，邵东国，陈南祥．2005．地下水环境脆弱性分区研究．武汉大学学报（工学版），

38（1）：73-78.
黄方，刘湘南，张养贞．2003. GIS支持下的吉林省西部生态环境脆弱态势评价研究．地理科学，23（1）：95-100.
李鹤，张平宇，程叶青．2008. 脆弱性的概念及其评价方法．地理科学进展，27（2）：18-25.
李克让，陈育峰．1996. 全球气候变化影响下中国森林的脆弱性分析．地理学报，51：40-49.
李双成，郑度．2003. 人工神经网络模型在地学研究中的应用进展．地球科学进展，18（1）：68-76.
李铁锋．1996. 论人地关系危机与地球科学，河北地质学院学报．19（6）：754-756.
李峥．2004. 基于计算机视觉的蔬菜颜色检测系统研究．长春：吉林大学硕士学位论文．
刘国城．1991. 生态系统复杂性怎样导致稳定性．东北林业大学学报，19（6）：9-14.
刘燕华，李秀彬．2001. 脆弱性生态环境与可持续发展．北京：商务印书馆．
楼文高，王廷政．2003. 基于BP网络的水质综合评价模型及其应用．环境污染治理技术与设备，4（8）：23-26.
陆大道．2002. 关于地理学的“人-地系统”理论研究．地理研究，21（2）：135-145.
毛汉英，余丹林．2001. 区域承载力定量研究方法探讨．地球科学进展，16（4）：549-555.
蒙美芳，马云东．2006. 矿业城市环境灾害演变规律浅析．灾害学，21（1）：48-51.
潘玉君，李天瑞．1995. 困境与出路——全球问题与人地共生．自然辩证法研究，11（6）：1-3.
钱学森．2005. 一个科学新领域——开放的复杂巨系统及其方法论．城市发展研究，12（5）：1-8.
冉圣宏，毛显强．2000. 典型脆弱生态区的稳定性与可持续农业发展．中国人口．资源与环境，10（2）：69-71.
芮明杰．2005. 产业经济学．上海：上海财经大学出版社．
沈清基．1998. 城市生态与城市环境．上海：同济大学出版社．
史培军．2002. 三论灾害研究的理论与实践．自然灾害学报，11（3）：1-9.
宋学峰．2005. 复杂性科学研究现状与展望．复杂系统与复杂性科学，2（1）：10-17.
孙晶，王俊，杨新军．2007. 社会-生态系统恢复力研究综述．生态学报，27（12）：5371-5381.
王爱民，缪磊磊．2000. 冲突与反省——嬗变中的当代人地关系思考．科学·经济·社会，18（2）：66-68.
王发曾．1991. 城市生态系统的综合评价及调控．城市环境与城市生态，4（2）：26-30.
王金山．1998. 关于评价方法论体系的构建．石家庄经济学院学报，21（3）：298-304.
吴传钧．1991. 论地理学的研究核心．经济地理，11（3）：1-5.
肖长来，方樟，梁秀娟，等．2007. 基于DRASTIC的松嫩平原地下水脆弱性模糊综合评价．干旱区资源与环境，21（5）：94-98.
徐建华．2002. 现代地理学中的数学方法．北京：高等教育出版社．

许国志，顾基发，车宏安.2000. 系统科学.上海：上海科技教育出版社.
约翰·梅纳德·凯恩斯.1999. 就业、利息和货币通论.北京：商务印书馆.
张复明.1993. 人地关系的危机和性质及协调思维.中国人口·资源与环境，3（1）：35-39.
张圣兵.2002. 西方就业理论的演变及其对我国的启示.江淮论坛，（2）：24-39.
张炜熙，李尊实.2006. 环渤海海岸带经济脆弱性研究——以河北省海岸带为考察对象.河北学刊，26（1）：219-221.
张以诚.2001. 矿业城市的诞生与消亡.国土资源，（4）：22-24.
张治国.2006. 人工神经网络及其在地学中的应用研究.长春：吉林大学博士学位论文.
赵纪新，陆兆华，赵景柱，等.2004. 中国矿业城市可持续发展问题.国土与自然资源研究，（4）：14-16.
祝云舫，王忠郴.2006. 城市环境风险程度排序的模糊分析方法.自然灾害学报，15（1）：155-158.
邹君，杨玉蓉，田亚平，等.2007. 南方丘陵区农业水资源脆弱性概念与评价.自然资源学报，22（2）：302-310.
Roberts M G，杨国安.2003. 可持续发展研究方法国际进展——脆弱性分析方法与可持续生计方法比较.地理科学进展，22（1）：11-21.
Adger W N，Brooks N，Bentham G，et al. 2004. New indicators of vulnerability and adaptive capacity. Tyndall Centre for Climate Change Research，Technical Report 7.
Adger W N，Kelly P M. 1999. Social vulnerability to climate change and the architecture of entitlements. Mitigation and Adaptation Strategies for Global Change，4（3-4）：253-266.
Belliveau S，Smit B，Bradshaw B. 2006. Multiple exposures and dynamic vulnerability：evidence from the grape industry in the Okanagan Valley，Canada. Global Environmental Change，16（4）：364-378.
Briguglio L. 1995. Small island states and their economic vulnerabilities. World Development，23（9）：1615-1632.
Brooks N. 2003. Vulnerability，risk and adaptation：a conceptual framework. Tyndall Centre Working Paper No. 38，University of East Anglia：Norwich NR4 7TJ.
Cutter S L，Boruff B J，Shirley W L. 2003. Social vulnerability to environmental hazards. Social Science Quarterly，84（2）：242-261.
Cutter S L，Mitchell J T，Scott M S. 2000. Revealing the vulnerability of people and places：a case study of georgetown county，south carolina. Annals of the Association of American Geographers，90（4）：713-737.
Dixon B. 2005. Groundwater vulnerability mapping：a GIS and fuzzy rule based integrated tool. Applied Geography，25（4）：327-347.
Eakin H，Luers A L. 2006. Assessing the vulnerability of social-environmental systems. Annu Rev Environ Resour，31：365-394.
Elton C S. 1958. The Ecology of Invasion by Animal and Plant. London：Chapman and Hall.
Finan T，West C，Austin D，et al. 2002. Processes of adaptation to climate variability：a

case study from the US southwest. Climate Research，21 (3)：299-310.

Füssel H M. 2007. Vulnerability：a generally applicable conceptual framework for climate change research. Global Environmental Change，17 (2)：155-167.

Holling C S. 2001. Understanding the complexity of economic，ecological，and social systems. Ecosystems，4 (5)：390-405.

Luers A L，Lobell D B，Sklar L S，et al. 2003. A method for quantifying vulnerability，applied to the agricultural system of the Yaqui Valley，Mexico. Global Environmental Change，13 (4)：255-267.

MacArthur R. 1955. Fluctuations of animal populations，and a measure of community stability. Ecology，36：533-537.

Martino F D，Sessa S，Loia V. 2005. A fuzzy-based tool for modelization and analysis of the vulnerability of aquifers：a case study. International Journal of Approximate Reasoning，38 (1)：99-111.

Metzger M J，Leemans R，Schroter D. 2005. A multidisciplinary multi-scale framework for assessing vulnerabilities to global change. International Journal of Applied Earth Observation and Geoinformation，7：253-267.

Metzger M J，Rounsevell M D A，Acosta-Michlik L，et al. 2006. The vulnerability of ecosystem services to land use change. Agriculture，Ecosystems and Environment，114 (1)：69-85.

Moran E，Ojima D，Buchman N，et al. 2005. Global land project：Science plan and implementation strategy. IGBP Report No. 53/IHDP Report No. 19. (http：//www. igbp. net) .

Naeem S. 1998. Species redundancy and ecosystem reliability. Conservation Biology，12：39-45.

O'Brien K，Leichenkob R，Kelkar U，et al. 2004. Mapping vulnerability to multiple stressors：climate change and globalization in India. Global Environmental Change，14 (4)：303-313.

Rygel L，O'sullivan D，Yarnal B. 2006. A method for constructing a social vulnerability index：an application to hurricane storm surges in a developed country. Mitigation and Adaptation Strategies for Global Change，11 (3)：741-764.

Schroter D，Metzger M J，Cramer W，et al. 2004. Vulnerability assessment—analysing the human-environment system in the face of global environmental change. The ESS Bulletin，2 (2)：11-17.

Schroter D，Polsky C，Patt A G. 2005. Assessing vulnerabilities to the effects of global change：an eight step approach. Mitigation and Adaptation Strategies for Global Change，10：573-596.

Smit B，Burton I，Klein R J T，et al. 1999. The science of adaptation：a framework for assessment. Mitigation and Adaptation Strategies for Global Change，4 (3-4)：199-213.

Smith E R，Tran L T，O'Neill R V. 2003. Regional vulnerability assessment for the mid-atlantic region：evaluation of integration methods and assessments results. EPA Regional

Vulnerability Assessment (ReVA) Program, EPA/600/R-03/082.

Thirumalaivasan D, Karmegam M, Venugopal K. 2003. AHP-DRASTIC: software for specific aquifer vulnerability assessment using DRASTIC model and GIS. Environmental Modelling & Software, 18 (7): 645-656.

Turner II B L, Kasperson R E, Matson P A, et al. 2003. A framework for vulnerability analysis in sustainability science. PNAS, 100 (14): 8074-8079.

Tyler N J C, Turi J M, Sundset M A, et al. 2007. Saami reindeer pastoralism under climate change: Applying a generalized framework for vulnerability studies to a sub-arctic social-ecological system. Global Environmental Change, 17 (2): 191-206.

第四章 东北地区矿业城市人地系统脆弱性评价

采用BP神经网络模型、脆弱性函数模型、状态空间法相结合的综合集成评价方法，对东北地区14座地级矿业城市人地系统脆弱性进行了评价，评价结果表明，东北地区矿业城市人地系统脆弱性在不同省份、不同发展阶段、不同矿产资源类型矿业城市之间具有较为明显的分异规律。根据不同矿业城市人地系统中经济、社会、生态环境三个子系统的相对脆弱性程度将东北地区矿业城市人地系统脆弱性划分为五种类型，其中油气类矿业城市经济、生态环境子系统脆弱性居于主导地位，冶金类矿业城市中的钢城（本溪、鞍山）以社会、生态环境子系统脆弱性为主，其余矿产资源类型矿业城市人地系统脆弱性类型差别较大。

第一节 东北地区矿业城市发展态势

东北地区煤炭、金属、石油等资源丰富，资源开发较早，20世纪40年代，东北已成为资源开发和原材料生产的重要地区。新中国成立初期，我国工业基础薄弱，在依靠本国资源优先发展重工业的赶超战略指引下，能源矿产基地的建设受到了极大的重视，国家对东北地区进行了大规模的投资，并且在资金投入上向重工业倾斜。在中央政府的主导下，一些资源富集的地方形成了一大批以资源开采、加工为支柱产业的矿业城市。矿业城市的兴起加速了东北地区的城市化进程，为我国的经济建设提供了大量能源和原材料，同时也对东北地区的经济发展、劳动就业和社会稳定作出了重要贡献。这些矿业城市在经历长时间、大规模的资源开采后，从20世纪90年代初期开始，大都面临可采资源逐渐枯竭的问题。许多矿业城市在经济、社会和生态环境方面困难重重，但仍在地区乃至全国经济发展中发挥着重要作用。

一、矿业城市概况

矿业城市是我国工业经济发展的摇篮，据中国矿业联合会统计，东北三省中县级和县级以上城市共有90个，矿业城市为33个（表4-1），其中辽宁省有15座，黑龙江省有10座，吉林省有8座，这些矿业城市约占东北地区城市总数的1/3强，是我国矿业城市分布最为密集的地区。东北地区矿业城市规模较大，33座矿业城市中有地级矿业城市14座（图4-1），县级矿业城市19座，2006年33座矿业城市拥有人口3663.48万人，占东北三省人口总数（10 712.9万人）的34.2%，其中城市总人口在50万人以上的矿业城市共有24个，城市总人口在100万以上的有15个。从矿业城市依托的主体资源来看，东北地区矿业城市可分为煤炭类、冶金类、石油类、非金属、有色金属类、黄金类、化工类、综合类多种矿产资源类型的城市，其中以煤炭类矿业城市居多，共有煤炭类矿业城市11座，大多分布于辽宁省和黑龙江省。

表4-1 东北三省矿业城市概况

所属省份/资源类型/发展阶段			数量/座	城市名称
所属省份	辽宁省（15座）	地级市	6	本溪、葫芦岛、阜新、抚顺、盘锦、鞍山
		县级市及县城	9	大石桥市、海城市、调兵山（铁法）、瓦房店市、南票、北票、清原县、宽甸市、凤城市
	吉林省（10座）	地级市	3	辽源、白山、松原
		县级市及县城	7	盘石市、桦甸市、舒兰市、珲春市、蛟河市、九台市、通化县
	黑龙江省（8座）	地级市	5	鸡西、鹤岗、双鸭山、七台河、大庆
		县级市及县城	3	阿城市、嫩江县、呼玛县
资源类型	煤炭类		11	抚顺、阜新、调兵山、南票、北票、舒兰市、珲春市、鸡西、鹤岗、双鸭山、七台河
	冶金类		2	本溪、鞍山
	石油类		3	盘锦、大庆、松原
	非金属		6	阿城市、蛟河市、九台市、大石桥市、海城市、瓦房店市、
	有色		4	嫩江县、盘石市、通化县、葫芦岛、
	黄金		3	呼玛县、桦甸市、清原县、
	化工		2	宽甸市、凤城市
	综合		2	辽源、白山

续表

所属省份/资源类型/发展阶段		数量/座	城市名称
发展阶段	幼年	3	调兵山、松原、七台河、
	中年	22	鞍山、本溪、葫芦岛、盘锦、大石桥市、海城市、瓦房店市、宽甸市、凤城市、白山、辽源、盘石市、桦甸市、舒兰市、珲春市、蛟河市、九台市、通化县、大庆、双鸭山、阿城市、嫩江县
	老年	8	抚顺、阜新、南票、北票、清原县、鹤岗、鸡西、呼玛县

资料来源：中国矿业联合会

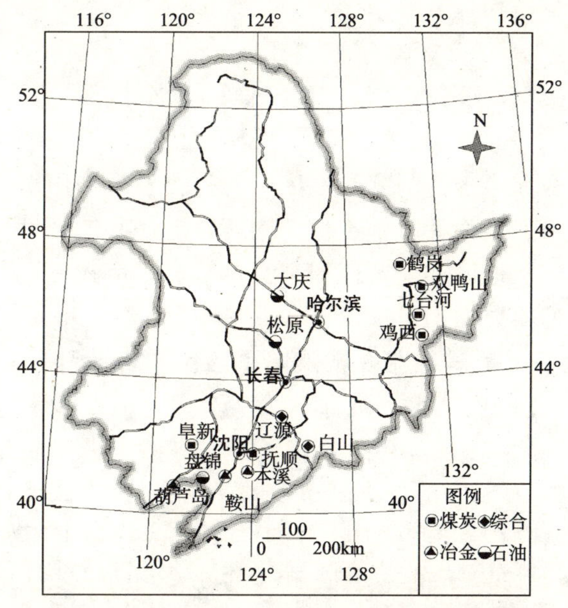

图 4-1　东北地区 14 个地级矿业城市空间分布

东北地区资源开采的历史较长，早在清代后期就已经对煤炭、金矿等资源进行了初步开发，民国时期和伪满时期，煤炭、钢铁等资源经历了日本侵略者的大肆掠夺，新中国成立后，为优先发展重工业，国家对东北地区的煤炭、石油、铁矿、木材等资源进行了大规模开发。据不完全统计，新中国成立以来，东北三省为国家累计提供了 20 亿余吨原油、50 亿余吨煤炭、10 亿余立方米木材（国务院振兴东北办工业组，2006）。在经历了半个多世纪的高强度开发以后，自 20 世纪 90 年代开始，东北地区大部分矿业城市的主导产业出现衰退的局面，多数矿业城市开始进入中老年矿业城市发展阶段。据中国矿业联合会的界定，东北地区矿业城市共有老年矿业城市 8 座，中年矿业城市 22 座，幼年矿业城市 3 座，中老年矿城中以煤炭类矿业城市（9 座）比例最大。

目前，东北三省的煤炭资源优势逐渐丧失，煤炭保有量仅占全国的3%左右（金凤君等，2006），大庆油田的可采储量只剩余30%，产量逐年下降的趋势已成定局，到2020年预计只能维持到年产2000万吨左右（国务院振兴东北办工业组，2006），辽宁省易采掘的铁矿资源逐渐萎缩，铁矿石开采成本逐年增大。伴随着可采资源储量的逐渐枯竭、矿产资源开采成本的上升，部分矿业城市资源型产业的衰退趋势明显，矿业城市以资源为依托的传统发展模式受到严重冲击，长期积累的社会经济问题和生态环境问题日益突出，矿业城市可持续发展形势严峻，实现矿业城市的可持续发展已成为振兴东北老工业基地面临的迫切任务之一。

二、矿业城市在地区经济社会发展中的作用

东北地区矿业城市曾为国家和地区经济社会发展作出巨大贡献，虽然目前大部分矿业城市发展面临一些突出的问题，与一些综合性城市相比，发展差距逐渐拉大，但从地区和全国范围来看，矿业城市在地区乃至全国经济社会发展中仍发挥着重要作用。

首先，矿业城市是东北地区城镇体系的重要构成部分。东北地区矿业城市众多，2006年矿业城市土地面积为279 121平方千米，约占全区土地面积的35.4%，城市总人口共占全区总人口的34.2%，且这些矿业城市中既有总人口在100万以上的特大城市（共15个，如大庆、抚顺、松原、鞍山），也有人口规模在50万～100万的大城市（共9个，如大石桥、七台河），还有50万人口以下的中小城市（共9个，如调兵山、珲春、蛟河、桦甸市），这些规模等级不同的矿业城市对东北地区城市化进程的推进具有重要作用。

其次，矿业城市在促进地区经济发展和保持社会稳定方面仍发挥重要作用。2006年东北三省矿业城市GDP总计7789亿元，占东北三省GDP的39.5%，吸纳就业人口约为439.36万，占东北地区总从业人口的34.9%，由此可见，矿业城市在地区经济社会发展中仍占据重要地位。

最后，东北地区矿业城市中仍有很多资源在全国占据重要地位。据统计（周干峙和邵益生，2007），辽宁省铁矿探明储量占全国的1/4，菱镁矿探明储量占全国的85%，锰、硼、镁、滑石等矿产资源储量都居全国前列，2005年辽宁省生铁产量3113.95万吨，约占全国生铁产量（34 375.19万吨）的10%，辽宁省矿业城市在全国钢铁及有色技术冶炼等行业仍占据重要地位；黑龙江省石油储量居全国第一位，2005年大庆原油产量为4495.1万吨，仍

占全国原油产量（18 135.29 万吨）的 24.8%；吉林省已探明的油母页岩储量占全国探明储量的一半以上，具有广阔的开发前景。

三、矿业城市可持续发展潜力

东北地区矿业城市的形成除了受国家重点投资和支持外，而且与这些地区所具有的比较优势和发展潜力是分不开的。尽管目前东北地区矿业城市整体发展水平仍较落后，但相对于国内其他地区的矿业城市而言，其转型和可持续发展的能力相对较好。首先，区位条件相对较好。东北地区位于东北亚腹地，与环渤海经济圈相邻，地缘经济优势明显，是我国城市化水平较高、综合交通运输网络发达的地区之一。该区内的矿业城市大多位于铁路干线附近，或以专用铁路的形式与铁路干线相连，这使矿业城市与区域中心城市和域外发达地区的联系非常方便，有利于接受发达地区的辐射带动影响和开展区域经济合作。其次，矿业城市的非矿物资源很丰富。这些矿业城市大多拥有肥沃的土地资源和丰富的林业及草场资源，一些城市还具有丰富的历史遗迹、民俗风情和自然保护区等旅游资源，为矿业城市发展农业生产和旅游服务业提供了巨大的潜力和空间。再次，矿业城市转型得到国家和省级政府的大力支持。国家已经把对矿业城市转型的扶持纳入东北老工业基地振兴计划中，实施矿业城市转型将从东北开始，国家在财政金融、人才、税收等方面已出台了一系列相关政策措施扶持矿业城市经济转型，自 2008 年 3 月以来，国务院分两批公布的 44 个资源枯竭型城市中，东北三省达到 16 个，中央财政将给予这些资源枯竭城市财力性转移支付资金支持。东北各地区也在积极探索矿业城市的可持续发展道路，除各转型试点城市在积极编制试点方案外，辽宁省、吉林省、黑龙江省也结合本省实际，编制完成了本省的矿业城市经济转型专项规划，推进矿业城市转型有序进行。

第二节 评价过程

一、评价指标体系

表 4-2 是东北地区矿业城市人地系统脆弱性评价指标体系。

表 4-2 东北地区矿业城市人地系统脆弱性评价指标体系

一级指标	二级指标	三级指标	具体指标
经济子系统脆弱性	敏感性程度	扰动强度	D_{11}：资源型产业增长弹性系数*
			D_{12}：矿产品产量增长率*
			D_{13}：规模以上工业企业资产利润率*
		城市经济结构	D_{21}：采掘业产值比重
			D_{22}：外贸依存度
			D_{23}：资源型产业集中系数
			D_{24}：第二产业内部产业关联系数
	应对能力	自身应对能力	D_{31}：人均 GDP
			D_{32}：非资源型产业增加值比重
			D_{33}：固定资产投资密度
			D_{34}：科研、技术服务和地质勘察业从业人员比重
			D_{35}：万元 GDP 能耗*
			D_{36}：非国有经济增加值比重
		域外的援助和支持	D_{41}：实际利用外资能力
			D_{42}：域外援助力度
社会子系统脆弱性	敏感性程度	扰动强度	D_{51}：矿业城市发展阶段
			D_{52}：工业企业经营风险程度
			D_{53}：第二产业相对劳动生产率提高程度
			D_{54}：产业结构与就业结构的偏离系数
			D_{55}：劳动参与率*
		就业结构与就业现状	D_{61}：资源型产业就业比重
			D_{62}：国有和集体单位从业人员比重
			D_{63}：城镇登记失业率
	应对能力	自身应对能力	D_{71}：GDP 增长率
			D_{72}：就业弹性系数
			D_{73}：第三产业就业比重
			D_{74}：个体和私营企业从业人员比重
			D_{75}：职工文化水平
			D_{76}：失业保险覆盖率
		域外的援助和支持	D_{81}：劳务输出优势度
			D_{82}：域外援助力度
生态环境子系统脆弱性	敏感性程度	扰动强度	D_{91}：土地利用程度指数
			D_{92}：年均工业废水排放强度
			D_{93}：年均固体废弃物产生强度
			D_{94}：年均 SO_2 排放强度
			D_{95}：年均工业烟尘排放强度
		生态条件	D_{101}：人均水资源量*
			D_{102}：多年平均降水量*
			D_{103}：城市平均相对湿度*
			D_{104}：森林覆盖率*
			D_{105}：城市大气环境污染指数

续表

一级指标	二级指标	三级指标	具体指标
生态环境子系统脆弱性	应对能力	自身应对	D_{111}：工业废水排放达标率
			D_{112}：工业 SO_2 去除率
			D_{113}：工业烟尘去除率
			D_{114}：工业固体废弃物综合利用率
			D_{115}：建成区绿化覆盖率
			D_{116}：环境保护与治理投资比重
		域外的援助和支持	D_{121}：域外援助力度

＊为二级指标功能团内的负向指标。

二、指标解释

（一）经济子系统脆弱性具体指标

1. 敏感性程度指标

1）扰动强度指标

（1）资源型产业增长弹性系数：近年来，东北地区矿业城市都在积极延伸传统资源型产业链，资源开采的上下游一体化发展趋势明显，因此用重工业来近似代表资源型产业，主要包括采掘业、原材料工业、制造业。为反映资源型产业发展现状特征，本书计算了2000～2006年资源型产业增长弹性系数，如果弹性系数大于1，说明资源型产业处于增长阶段，如果弹性系数等于1，说明资源型产业与区域经济处于同步增长阶段，如果弹性系数小于1，说明资源型产业呈萎缩趋势。总之，弹性系数越小，则资源型产业衰退的速度越大，对矿业城市经济发展构成的扰动越强。

资源型产业增长弹性系数＝重工业产值增长率/区域总产值增长率

（2）矿产品产量增长率：用2000～2006年各矿业城市主体矿产资源产量的增长率表示，反映区域主体矿产资源供给状况对城市经济发展的扰动强度，其计算公式为

矿产品产量增长率＝(2006年主体矿产资源产量/2000年主体矿产资源产量)$^{1/6}$－1

（3）规模以上工业企业资产利润率：反映各矿业城市工业企业经营状况对城市经济发展的扰动强度，具体公式为

规模以上工业企业资产利润率＝规模以上工业企业利润总额/规模以上工业企业资产合计

2）经济结构类指标

（1）采掘业产值比重：反映区域经济发展对矿产资源的依赖程度，依赖度越高，则对资源型产业衰退的敏感性响应程度越大。计算公式为

采掘业产值比重＝区域采掘业产值/全市 GDP

(2) 外贸依存度：反映各矿业城市对外贸易依赖度，对外贸易依赖度越高，越容易受到国际矿产品价格波动的影响，公式为

外贸依存度＝进出口总额/全市 GDP

(3) 第二产业内部产业关联系数：矿业城市产业结构以第二产业为主，产业内部具有较高的关联度，大部分企业既是要素的供给者，又是市场的需求方，产业关联度高，导致资源型产业衰退的波及效果明显。本书借鉴相关研究（熊晓云，2004），设计了矿业城市第二产业内部产业关联系数的计算方法，认为矿业城市第二产业中重工业所占的比重越大，工业内部的关联度越高，公式为

第二产业内部产业关联系数＝重工业增加值（产值）/第二产业增加值（产值）

(4) 资源型产业集中系数：反映各矿业城市资源型产业在东北三省按人均相对指标衡量所处的地位，系数值越大，代表集中程度越高：

资源型产业集中系数＝（各矿业城市采掘业总产值/各矿业城市人口总数）/（东北三省采掘业产值/东北三省总人口）

2. 应对能力指标

1) 自身应对能力

(1) 人均 GDP：反映各矿业城市的经济实力，经济实力越强，则城市自身应对扰动影响的能力越强，公式为

人均 GDP＝全市 GDP/全市总人口

(2) 非资源型产业增加值比重：近似反映各矿业城市替代产业发展状况，公式为

非资源型产业增加值比重＝（全市 GDP－重工业增加值）/全市 GDP

(3) 固定资产投资密度：物质资本投入是影响区域经济发展的重要因素之一，该指标反映矿业城市促进区域经济发展的资本投入能力，计算公式为

固定资产投资密度＝固定资产投资额/全市面积

(4) 科研、技术服务和地质勘察业从业人员比重：高素质人力资本的投入是促进区域经济发展的重要推动因素，该指标反映各矿业城市高素质人力资本的使用情况，计算公式为

科研、技术服务和地质勘察业从业人员比重＝科研、技术服务和地质勘察业从业人员数/全市单位从业人员数

(5) 万元 GDP 能耗：反映各矿业城市经济发展的集约化水平和技术水平，公式为

万元 GDP 能耗＝能源消耗量/全市 GDP

（6）非国有经济增加值比重：反映矿业城市经济发展活力及自我调整空间，公式为

非国有经济增加值比重＝1－（国有及国有控股工业增加值/全市 GDP）

2）外部支持和援助类指标

（1）实际利用外资能力：反映各矿业城市利用外资水平，人民币对美元平均汇价采用 2007 年中国统计年鉴公布的数值，公式为

实际利用外资能力＝实际利用外资额/城市固定资产投资总量

（2）域外援助力度：下面单独论述。

（二）社会子系统脆弱性具体指标

1. 敏感性程度指标

1）扰动强度指标

（1）矿业城市发展阶段：依据“资源开发程度和可供开发的资源量”将东北地区矿业城市划分为幼年期、中年期和老年期三种类型矿业城市（朱训，2004），依据矿业城市所处的不同发展阶段取不同的数值（幼年＝1，中年＝2，老年＝3），反映资源开采周期对城市就业的扰动强度。本研究中 14 座地级矿业城市基本信息如表 4-3 所示。

表 4-3　案例矿业城市基本情况

城市	矿业类型	发展阶段	所属省份
大庆市	油气	中年	黑龙江省
鹤岗市	煤炭	老年	黑龙江省
七台河市	煤炭	幼年	黑龙江省
双鸭山市	煤炭	中年	黑龙江省
鸡西市	煤炭	老年	黑龙江省
白山市	综合	中年	吉林省
松原市	油气	幼年	吉林省
辽源市	综合	中年	吉林省
抚顺市	煤炭	老年	辽宁省
阜新市	煤炭	老年	辽宁省
鞍山市	冶金	中年	辽宁省
本溪市	冶金	中年	辽宁省
葫芦岛市	冶金	中年	辽宁省
盘锦市	油气	中年	辽宁省
总计	油气 3 个 煤炭 6 个 冶金 3 个 综合 2 个	幼年 2 个 中年 8 个 老年 4 个	黑龙江省 5 个 吉林省 3 个 辽宁省 6 个

资料来源：朱训，2004

(2) 工业企业经营风险程度：矿业城市工业企业的破产关闭是矿业城市社会就业面临的重要扰动因素之一，资产负债率一定程度上反映矿业城市中的工业企业经营风险程度，企业经营风险越高，对城市社会就业构成的扰动强度越大。计算公式为

规模以上工业企业资产负债率＝规模以上工业企业负债总额/规模以上工业企业资产总额

(3) 第二产业相对劳动生产率提高程度：近年来，东北地区矿业城市第二产业劳动生产率的提高比较明显，劳动生产率的提高是导致大量过剩劳动力成为下岗失业人员的重要原因之一，该指标反映第二产业劳动生产率提高对城市就业的扰动程度，公式为

第二产业相对劳动生产率提高程度＝（2006 年第二产业产值比重/2006 年第二产业就业比重）/（2000 年第二产业产值比重/2000 年第二产业就业比重）

(4) 产业结构与就业结构的偏离系数：产业结构的调整必须与劳动力的转移速度相协调，如果劳动力在产业间的转移滞后于产业结构调整的进程，那么产业结构的调整短期内会加剧矿业城市失业问题，该指标反映产业结构调整对城市就业的扰动强度，偏离系数越大，对就业结构的扰动越强，公式为

产业结构与就业结构变化的协同系数＝［（第一产业产值比重^{2006}－第一产业产值比重^{2000}）＋（第二产业产值比重^{2006}－第二产业产值比重^{2000}）＋（第三产业产值比重^{2006}－第三产业产值比重^{2000}）］/［（第一产业就业比重^{2006}－第一产业就业比重^{2000}）＋（第二产业就业比重^{2006}－第二产业就业比重^{2000}）＋（第三产业就业比重^{2006}－第三产业就业比重^{2000}）］

(5) 劳动参与率：劳动力的供给和需求状况对矿业城市社会就业有着十分重要的影响，劳动参与率是衡量人们参与经济活动状况的指标，一定程度上反映了城市劳动力供需情况，公式为

劳动参与率＝总从业人员/劳动适龄人口（18～60 岁）

2）就业结构和就业现状类指标

(1) 资源型产业就业比重：反映就业结构单一性，矿业城市社会就业对资源型产业的依赖度越高，则城市就业的敏感性程度越高，公式为

资源型产业就业比重＝（采掘业就业人员＋制造业就业人员）/年末单位从业人员

(2) 国有和集体单位从业人员比重：矿业城市国有和集体单位就业人员冗余的现象最为突出，该指标反映矿业城市社会就业体制结构的单一性，计算公式为

国有和集体单位从业人员比重＝（国有单位在岗职工＋集体单位在岗职工）/在岗职工人数

（3）城镇登记失业率：近似反映各矿业城市失业现状，公式为

城镇登记失业率＝城镇登记失业人数/（城镇登记失业人数＋城镇单位从业人数＋个体和私营企业从业人员）

2. 应对能力指标

1）自身应对能力

（1）GDP 增长率：加快城市经济发展，是扩大城市劳动力就业容量的重要途径，该指标反映各矿业城市的经济增长速度，公式为

$$\text{GDP 增长率} = (\text{2006 年 GDP}/\text{2000 年 GDP})^{1/6} - 1$$

（2）就业弹性系数：该系数是指就业增长速度与经济增长速度的比值，反映经济增长对城市社会就业的拉动能力，就业弹性系数越高，表明同样的经济增长能够带来更多的就业人数。计算公式为

就业弹性系数＝2000～2006 年就业人口增长率/2000～2006 年 GDP 增长率

（3）第三产业就业比重：就业结构的优化是增强矿业城市就业能力的重要途径，第三产业通常具有较高的就业弹性，加快发展第三产业是减轻矿业城市就业压力的重要途径。该指标反映各矿业城市第三产业吸纳就业的能力。公式为

第三产业就业比重＝第三产业就业人数/总从业人数

（4）个体和私营企业从业人员比重：个体和私营企业具有吸纳就业能力强、经营方式灵活的特点，个体和私营企业从业人员比重反映了各矿业城市就业形式的灵活性，公式为

个体和私营企业从业人员比重＝个体和私营企业从业人员/（个体和私营企业从业人员＋单位从业人员）

（5）职工文化水平：反映各矿业城市在岗人员的素质，在岗人员文化素质越高，在劳动力市场中的竞争力越强，失业风险较低，并且一旦失业再就业能力也相对较强。公式为

职工文化水平＝初中以上学历职工/总从业人数

（6）失业保险覆盖率：完善的社会保障制度是缓解下岗失业人员恐慌心理、增强矿业城市社会发展抗拒风险能力的重要保证，该指标的计算方法为

失业保险覆盖率＝失业保险参保人数/总从业人员

2）外部支持和援助类指标

（1）劳务输出优势度：劳务输出是降低东北地区矿业城市就业压力、转移矿业城市部分剩余劳动力的重要途径之一。矿业城市与其他城市之间的经济联系强度越高，则其劳务输出的途径和渠道也越多，相关研究（苗长虹和王海江，2006）表明，城市之间经济联系强度的大小与客运联系存在强相关

性，考虑到公路客运适宜于省域内中短途运输，铁路、航空适宜于省际的长途运输，因此用铁路客运量、公路客运量、民航客运量之和来代表矿业城市与其所在省份及省外地区的经济联系强度。计算公式为

劳务输出优势度＝铁路客运量＋公路客运量＋民航客运量

（2）域外援助力度：下面单独论述。

（三）生态环境子系统脆弱性具体指标

1. 敏感性程度指标

1）扰动强度指标

（1）土地利用程度指数：相关研究认为（庄大方和刘纪远，1997），居住用地、公共设施用地、工业用地等土地利用类型是对土地自然平衡状态破坏最为严重的土地利用类型，因此，建设用地面积（包括居住用地、公共设施用地、工业用地）比重可在一定程度上反映各矿业城市的土地利用程度以及人类活动对地表景观和地表植被的破坏程度，公式为

土地利用程度指数＝建设用地面积/市区面积

（2）年均工业废水排放强度：反映近期工业废水排放对城市水环境的扰动强度，用近5年废水排放量的平均值来表示近期城市废水排放水平，公式为

年均工业废水排放密度＝2002～2006年工业废水年均排放量/市区面积

（3）年均固体废弃物产生强度：反映近期固体废弃物排放对城市生态环境的扰动强度，用近5年固体废弃物产生量的平均值来表示近期城市固体废弃物产生水平，公式为

年均固体废弃物产生强度＝2002～2006年固体废弃物年均产生量/市区面积

（4）年均SO_2排放强度：反映近期城市大气环境受到的扰动强度，用近5年SO_2排放量的平均值来表示近期SO_2排放水平，公式为

年均SO_2排放强度＝2002～2006年SO_2年均排放量/市区面积

（5）年均工业烟尘排放强度：反映近期城市大气环境受到的扰动强度，用近5年工业烟尘排放量的平均值来表示近期工业烟尘排放水平，公式为

年均工业烟尘排放强度＝2002～2006年工业烟尘年均排放量/市区面积

2）区域生态条件类指标

（1）人均水资源量：反映一个地区水资源的丰裕程度，水资源越丰富，则纳污能力也相对较强，公式为

人均水资源量＝1956～2000年多年平均水资源量/全市人口

（2）多年平均降水量：降水量是反映一个地区生态条件状况的一个重要

指标，该指标为1956～2000年平均降水量。

（3）城市平均相对湿度：指空气中实际所含水蒸气密度和同温度下饱和水蒸气密度的百分比值，反映城市空气的干湿状况。

（4）森林覆盖率：反映一个地区的植被覆盖情况。

（5）城市大气环境污染指数：反映城市大气环境状况，该值数值越大，城市大气质量越差计算方法为

城市大气环境污染指数＝SO_2 年均值/SO_2 年均标准限值＋NO_2 年均值/NO_2 年均标准限值＋TSP或PM_{10}年均值/ TSP或PM_{10}年均标准限值

各污染物年均标准限值采用《环境空气质量标准》（GB3095－1996）中的年均值二级标准，浓度标准限值为：SO_2，0.06mg/m^3；NO_2，0.08 mg/m^3；TSP，0.2 mg/m^3；PM_{10}，0.1 mg/m^3

2. 应对能力指标

1）自身应对能力

自身应对能力指用来反映各矿业城市对工业废水、废气、固体废弃物的处理能力以及城市绿化、城市环境保护与治理投入能力。包括：①工业废水排放达标率；②工业SO_2去除率；③工业烟尘去除率；④工业固体废弃物综合利用率；⑤建成区绿化覆盖率；⑥环境保护与治理投资比重；

2）域外援助力度

来自矿业城市外部的政策、资金、项目等方面的援助和支持对于增强矿业城市人地系统的应对能力具有重要意义。本书设置了域外援助力度指标来反映矿业城市受到外部援助和支持的强度，依据各矿业城市受国家和所在省份的重视程度对各矿业城市接受的域外援助力度进行定性打分，对国家级试点城市、省级重点城市、一般类矿业城市分别赋予3、2、1的分值，并根据战略援助的侧重点按4∶3∶3的比例在经济、社会、生态环境子系统之间进行分配，近似反映各矿业城市所接受的域外援助力度（表4-4）。

表4-4　东北地区矿业城市接受域外援助力度的定性打分表

城市	级别	域外援助力度	城市	级别	域外援助力度
大庆市	国家级转型试点	3	辽源市	国家级转型试点	3
鹤岗市	一般类矿业城市	1	抚顺市	省级优化经济增长试点	2
七台河市	国家级循环经济试点	3	阜新市	国家级转型试点	3
双鸭山市	“两个机制”试行城市	3	鞍山市	一般类矿业城市	1
鸡西市	一般类矿业城市	1	本溪市	一般类矿业城市	1
白山市	国家级转型试点	3	葫芦岛市	“五点一线”发展战略	2
松原市	一般类矿业城市	1	盘锦市	国家级转型试点	3

资料来源：《东北地区振兴规划》（http：//www.gov.cn/gzdt/2007-08/20/content-721632.htm），各市政府网站

三、评价步骤

(一) 指标独立性分析

进行评价时，指标间的独立性越大越好。指标的独立性是指标间自由变动而彼此不受牵制的性质，是一个与指标重叠性相对应的概念。指标重叠是指标间存在相关关系，致使它们不能独立自由变动，指标间的高相关性是判别指标重叠的必要条件，也是筛选重叠指标的理论基础。在进行评价前，对各脆弱性要素的表征指标进行独立性分析，定义相关系数在 0.9 以上的指标为重复指标并加以合并（曹利军，1999）。利用 SPSS 13.0 软件对各脆弱性要素表征指标进行相关性分析（表 4-5～表 4-10），结果表明，绝大多数指标都满足独立性分析的要求，但也有部分指标存在信息重叠的现象，如采掘业产值比重（D_{21}）、规模以上工业企业资产利润率（D_{13}）与资源型产业集中系数（D_{23}）、年均 SO_2 排放强度（D_{94}）与年均工业烟尘排放强度（D_{95}），故对重叠指标进行合并，去除了 D_{23}、D_{95}，最终共有 46 项指标进入评价指标体系。

表 4-5　经济子系统敏感性程度表征指标相关分析

指标	D_{11}*	D_{12}*	D_{13}*	D_{21}	D_{22}	D_{23}	D_{24}
D_{11}*	1						
D_{12}*	−0.521	1					
D_{13}*	0.116	−0.273	1				
D_{21}	0.580	−0.531	0.615	1			
D_{22}	−0.164	0.294	−0.28	−0.644	1		
D_{23}	0.044	−0.322	0.92	0.919	−0.087	1	
D_{24}	0.274	−0.421	0.32	0.292	0.416	0.53	1

* 为负向指标。

表 4-6　经济子系统应对能力表征指标相关分析

指标	D_{31}	D_{32}	D_{33}	D_{34}	D_{35}*	D_{36}	D_{41}	D_{42}
D_{31}	1							
D_{32}	−0.896	1						
D_{33}	0.578	−0.562	1					
D_{34}	0.781	−0.631	0.143	1				
D_{35}*	−0.138	−0.132	−0.025	−0.186	1			
D_{36}	−0.868	0.881	−0.395	−0.759	0.022	1		
D_{41}	0.159	−0.158	0.265	0.023	0.291	1.29	1	
D_{42}	0.109	−0.065	0.083	0.248	−0.22	0.116	−0.619	1

* 为负向指标。

表 4-7　社会子系统敏感性程度表征指标相关分析

指标	D_{51}	D_{52}	D_{53}	D_{54}	D_{55} *	D_{61}	D_{62}	D_{63}
D_{51}	1							
D_{52}	0.234	1						
D_{53}	−0.139	0.048	1					
D_{54}	0.067	0.041	0.255	1				
D_{55} *	−0.117	−0.648	0.154	−0.273	1			
D_{61}	−0.275	0.122	−0.246	−0.093	−0.287	1		
D_{62}	0.017	−0.348	0.592	0.13	0.477	−0.376	1	
D_{63}	0.134	0.071	0.441	0.231	−0.23	0.344	0.392	1

* 为负向指标。

表 4-8　社会子系统应对能力表征指标相关分析

指标	D_{71}	D_{72}	D_{73}	D_{74}	D_{75}	D_{76}	D_{81}	D_{82}
D_{71}	1							
D_{72}	−0.371	1						
D_{73}	0.535	−0.444	1					
D_{74}	0.273	−0.28	0.676	1				
D_{75}	−0.113	0.121	0.229	−0.205	1			
D_{76}	0.555	−0.642	0.470	0.233	0.082	1		
D_{81}	0.091	0.117	0.315	0.314	−0.425	0.091	1	
D_{82}	−0.255	−0.07	−0.001	0.044	0.311	−0.223	−0.44	1

表 4-9　生态环境子系统敏感性程度表征指标相关分析

指标	D_{91}	D_{92}	D_{93}	D_{94}	D_{95}	D_{101} *	D_{102} *	D_{103} *	D_{104} *	D_{105}
D_{91}	1									
D_{92}	0.837	1								
D_{93}	0.649	0.808	1							
D_{94}	0.820	0.847	0.807	1						
D_{95}	0.793	0.829	0.751	0.942	1					
D_{101} *	−0.443	−0.250	−0.144	−0.360	−0.417	1				
D_{102} *	0.432	0.701	0.593	0.554	0.475	0.249	1			
D_{103} *	0.216	0.211	−0.208	0.026	0.087	0.264	0.509	1		
D_{104} *	−0.116	0.258	0.277	0.154	0.033	0.709	0.724	0.438	1	
D_{105}	0.540	0.577	0.585	0.749	0.685	0.049	0.706	0.359	0.471	1

* 为负向指标。

表 4-10　生态环境子系统应对能力表征指标相关分析

指标	D_{111}	D_{112}	D_{113}	D_{114}	D_{115}	D_{116}	D_{121}
D_{111}	1						
D_{112}	0.483	1					
D_{113}	0.445	0.493	1				
D_{114}	−0.196	0.145	0.221	1			
D_{115}	0.553	0.397	0.412	0.409	1		
D_{116}	0.525	0.415	0.244	−0.104	0.271	1	
D_{121}	−0.206	0.075	0.028	0.222	−0.476	−0.097	1

（二）指标标准化

评价指标体系中，不同指标的量纲和数量级不同，为了消除量纲和数量级的差别对评价效果的影响，采用标准 Z 分数法对指标进行标准化（表 4-11）：

$$Z_{ij} = \frac{D_{ij} - \overline{D}_j}{S_j}$$

式中：Z_{ij} 为样本 i 第 j 项指标的标准化指标值；D_{ij} 为样本 i 第 j 项指标的原始值；$\overline{D}_j$ 为所有样本指标 j 的平均值；S_j 为所有样本指标 j 的标准差。

表 4-11　东北地区矿业城市人地系统脆弱性评价指标标准化结果

城市	D_{11}*	D_{12}*	D_{13}*	D_{21}	D_{22}	D_{24}	D_{31}	D_{32}	D_{33}	D_{34}	D_{35}*
抚顺	−0.08	−0.98	−1.05	−0.79	0.38	0.52	−0.04	−0.04	0.10	0.11	1.99
阜新	−0.66	0.14	−0.43	−0.63	−0.71	−1.35	−0.88	0.73	−0.47	0.00	0.64
葫芦岛	1.12	−1.11	−0.55	−0.91	1.77	1.02	−0.57	−0.24	−0.33	−0.04	1.16
盘锦	1.06	−1.14	0.44	1.90	−0.69	1.05	1.27	−1.54	2.35	−0.51	−0.15
鞍山	−1.78	0.85	0.09	−1.10	1.30	0.07	0.81	−0.32	1.74	0.24	−0.27
本溪	−0.61	2.14	−0.29	−0.90	1.93	1.04	0.32	−0.98	0.11	−0.39	1.66
鹤岗	0.11	−0.24	−0.35	0.54	−0.78	−0.66	−0.63	0.50	−0.95	−0.70	−0.26
七台河	0.59	−0.67	−0.31	1.06	−0.89	0.50	−0.56	0.54	−0.58	−0.39	0.04
双鸭山	0.83	−0.03	−0.33	−0.20	0.39	−0.66	−0.67	0.88	−0.90	−0.59	−0.40
鸡西	−0.68	0.08	−0.39	−0.25	−0.22	0.19	−0.59	1.34	−1.01	−0.59	−0.42
大庆	−0.08	−1.24	3.17	1.49	−0.72	1.13	2.74	−2.18	0.13	3.33	−0.92
松原	1.91	0.31	0.63	1.01	−0.65	−0.32	−0.27	−0.01	−0.29	−0.13	−0.93
辽源	−0.95	1.30	−0.37	−0.67	−0.81	−2.25	−0.49	0.98	0.72	−0.06	−1.26
白山	−0.76	0.59	−0.26	−0.55	−0.29	−0.30	−0.43	0.34	−0.63	−0.29	−0.87

城市	D_{36}	D_{41}	D_{42}	D_{51}	D_{52}	D_{53}	D_{54}	D_{55}*	D_{61}	D_{62}	D_{63}
抚顺	0.06	0.87	−0.15	1.29	−0.56	−0.54	−0.10	0.59	0.43	−0.56	0.89
阜新	0.56	0.16	0.90	1.29	0.46	−0.06	−0.26	0.81	−0.30	0.91	0.11
葫芦岛	−0.17	−0.70	−0.15	−0.22	0.55	−0.13	−0.56	−0.15	0.71	0.33	0.79
盘锦	−0.63	−0.53	0.90	−0.22	−0.96	−0.06	−0.70	1.94	−1.21	1.09	−1.68
鞍山	−0.71	1.69	−1.20	−0.22	−0.94	0.06	−0.76	−0.39	0.05	1.07	1.16
本溪	−0.48	−1.48	−1.20	−0.22	0.14	0.32	0.03	−0.15	0.78	0.98	1.39
鹤岗	−0.44	−1.00	−1.20	1.29	1.17	−0.02	−0.29	−1.56	−0.11	−1.22	0.26
七台河	0.41	−1.31	0.90	−1.72	0.64	−0.80	−0.91	−0.56	2.70	−1.87	−0.62
双鸭山	0.74	−1.35	0.90	−0.22	1.20	−0.58	−0.64	−1.13	−1.28	−0.81	−1.39
鸡西	0.92	0.68	−1.20	1.29	0.94	−1.44	1.22	−0.95	−0.18	−1.10	−0.89
大庆	−2.56	−0.42	0.90	−0.22	−2.38	−0.88	0.21	0.73	−0.06	−0.20	−0.92
松原	−0.84	0.88	−1.20	−1.72	−0.65	−0.06	0.91	0.45	−0.49	−0.24	−0.16
辽源	1.19	−0.64	0.90	−0.22	0.42	2.15	2.68	−0.87	−0.07	1.13	1.18
白山	1.06	0.19	0.90	−0.22	−0.04	2.04	−0.83	1.26	−0.97	0.48	−0.11

城市	D_{71}	D_{72}	D_{73}	D_{74}	D_{75}	D_{76}	D_{81}	D_{82}	D_{91}	D_{92}	D_{93}
抚顺	−0.45	−0.02	0.02	1.65	0.01	0.63	0.03	−0.15	1.23	1.87	0.51
阜新	0.79	0.29	1.18	1.71	−0.23	−0.83	−0.14	0.90	0.42	−0.31	−0.16

续表

城市	D_{71}	D_{72}	D_{73}	D_{74}	D_{75}	D_{76}	D_{81}	D_{82}	D_{91}	D_{92}	D_{93}
葫芦岛	0.11	0.08	0.67	0.33	−0.61	−0.85	1.49	−0.15	−0.69	−0.49	−0.42
盘锦	−1.28	1.73	−1.44	−1.44	1.05	−0.33	−0.64	0.90	1.88	0.82	−0.34
鞍山	−0.50	0.49	0.62	0.36	−0.52	0.47	2.17	−1.20	1.97	2.14	3.26
本溪	1.00	−0.38	0.10	0.61	−0.90	1.09	0.89	−1.20	−0.33	0.88	0.56
鹤岗	−0.21	−0.23	−1.24	−1.00	−0.18	−0.51	−1.43	−1.20	−0.84	−0.65	−0.47
七台河	−0.27	0.44	−1.58	−0.77	−1.31	−0.85	−0.86	0.90	−0.58	−0.65	−0.38
双鸭山	−0.33	0.08	−1.00	−0.96	−0.15	−0.85	0.09	0.90	−0.63	−0.76	−0.44
鸡西	−0.66	−0.02	−0.61	−0.37	−1.35	−0.51	0.67	−1.20	−0.62	−0.71	−0.40
大庆	−1.71	0.75	0.25	−0.21	2.12	−1.36	−0.87	0.90	−0.56	−0.42	−0.48
松原	2.11	0.54	0.79	−0.86	1.33	0.95	−0.10	−1.20	−0.60	−0.50	−0.44
辽源	1.07	−1.05	1.24	1.09	−0.01	0.93	−0.56	0.90	0.21	−0.51	−0.34
白山	0.33	−2.70	1.02	−0.14	0.75	2.02	−0.74	0.90	−0.87	−0.71	0.45

城市	D_{94}	D_{101} *	D_{102} *	D_{103} *	D_{104} *	D_{105}	D_{111}	D_{112}	D_{113}	D_{114}	D_{115}
抚顺	1.32	−0.10	1.33	1.37	1.23	0.89	0.73	0.48	1.02	−0.06	0.53
阜新	1.25	−0.75	−0.93	−0.74	−0.80	0.99	−0.47	0.94	1.00	1.16	0.91
葫芦岛	−0.41	−0.56	−0.03	0.03	−0.19	0.38	1.37	2.45	0.79	0.15	0.83
盘锦	0.18	−0.87	0.07	1.57	−1.39	0.01	0.62	1.51	0.35	0.73	0.24
鞍山	2.26	−0.48	1.28	−1.32	0.36	1.50	0.72	0.19	0.27	−2.18	0.18
本溪	0.52	0.40	1.89	0.80	1.42	0.80	1.27	−0.60	0.09	−1.15	0.85
鹤岗	−0.94	1.08	−0.18	−0.93	0.14	−1.51	−0.33	−0.79	−1.43	0.48	0.42
七台河	−0.72	−0.33	−0.44	0.22	0.37	−0.59	−1.36	−0.73	−0.95	0.47	−0.49
双鸭山	−0.71	0.63	−0.37	−0.55	−0.06	−0.17	0.59	−0.65	0.11	0.19	−0.21
鸡西	−0.90	0.31	−0.38	−0.36	−0.44	−0.06	−1.08	−0.41	0.90	0.56	−0.19
大庆	−0.79	−0.78	−1.63	−1.13	−1.34	−2.08	1.01	−0.54	0.75	0.52	0.08
松原	−0.43	−0.71	−1.31	−0.93	−0.91	−0.92	−0.65	−0.58	−1.41	0.83	0.89
辽源	0.14	−0.62	0.36	0.60	−0.29	0.22	−1.37	−0.74	0.43	0.10	−1.33
白山	−0.77	2.78	0.36	1.37	1.91	0.55	−1.03	−0.54	−1.90	−1.80	−2.70

城市	D_{116}	D_{121}
抚顺	0.98	−1.07
阜新	−1.47	0.93
葫芦岛	0.76	−0.07
盘锦	1.95	0.93
鞍山	0.19	−1.07
本溪	1.10	−1.07
鹤岗	−1.32	−1.07
七台河	0.04	0.93
双鸭山	−0.81	0.93
鸡西	−1.00	−1.07
大庆	0.08	0.93
松原	0.30	−1.07
辽源	0.09	0.93
白山	−0.88	0.93

（三）确定神经网络模型拓扑结构

有研究表明，一个三层的BP网络模型能够实现任意的连续映射（Kitahara et al.，1992），因此，采用三层的BP网络模型分别对各子系统脆弱性要素进行评价。分别以各子系统脆弱性要素的表征指标作为BP神经网络的输入神经元，敏感性指数和应对能力指数分别作为网络的输出神经元，采用节点数逐渐增加的方法（楼文高和王廷政，2003）确定隐层节点数，最终确定各个BP神经网络的网络拓扑结构（表4-12和图4-2）。其中，隐层传递函数为双曲正切S形传递函数（tansig），输出层传递函数为线性传递函数（purelin），网络性能函数为均方误差性能函数（mse）。依据不同算法对网络收敛速度及网络性能的影响，采用稳定性好、收敛速度快的共轭梯度算法（姚文俊，2003），将网络训练函数确定为量化连接梯度BP训练函数（trainscg），网络学习函数定为梯度下降动量学习函数（learngdm）。

表4-12 各子系统脆弱性要素BP神经网络评价模型主要参数

网络名称	输入层神经元	隐层传递函数	隐层神经元	输出层传递函数	输出层神经元	算法	性能函数
经济子系统敏感性神经网络	6	tansig	4	purelin	1	共轭梯度算法	mse
经济子系统应对能力神经网络	8	tansig	6	purelin	1	共轭梯度算法	mse
社会子系统敏感性神经网络	8	tansig	6	purelin	1	共轭梯度算法	mse
社会子系统应对能力神经网络	8	tansig	8	purelin	1	共轭梯度算法	mse
生态环境子系统敏感性神经网络	9	tansig	7	purelin	1	共轭梯度算法	mse
生态环境子系统应对能力神经网络	7	tansig	5	purelin	1	共轭梯度算法	mse

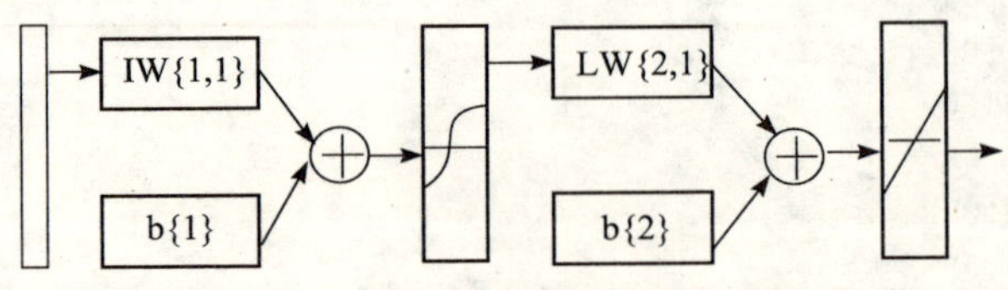

图4-2 BP神经网络模型拓扑结构

(四) 神经网络模型的训练和模拟

将评价指标分为正向指标和负向指标两类，设定各子系统敏感性指数、应对能力指数的网络目标值输出区间均为［1，3］，将由正向指标的最大值和负向指标的最小值组成的网络输入值所对应的网络目标值设定为 3；反之，则将网络目标值设定为 1。利用线性插值技术在网络目标值为 3 和 1 的样本间生成 150 个等距内插样本，从中分别随机抽取 15 个样本分别作为检验样本和测试样本，用于监控训练过程中是否发生“过拟合”以及测试训练后的 BP 网络模型的泛化能力。

利用 Matlab 6.5 软件首先分别对各个 BP 网络的连接权重和阈值进行初始化，导入训练样本、测试样本、检验样本数据，将网络训练结束的条件设定为均方误差性能函数值小于 0.05，当训练样本误差达到目标值，并且与测试样本、检验样本的误差较接近，测试样本、检验样本的误差无明显增大的趋势时（图 4-3），则经训练得到的网络模型具有较强的泛化能力，能较好地用于评价未知样本。将评价数据分别导入相应的网络模型，得到如下的网络输出值（表 4-13）。

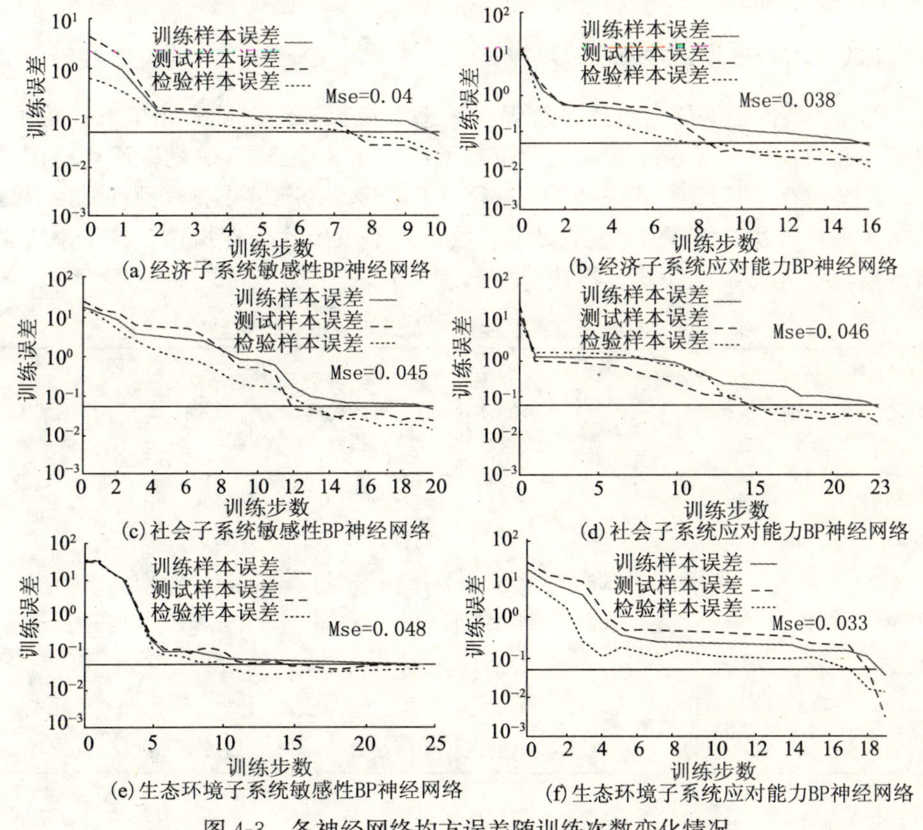

图 4-3　各神经网络均方误差随训练次数变化情况

表 4-13　BP 神经网络输出值

城市	ES	ER	PS	PR	NS	NR
抚顺	2.30	1.56	2.34	1.53	2.48	1.9
阜新	1.78	1.37	2.18	1.59	2.52	1.82
葫芦岛	2.06	1.49	2.30	1.48	1.98	1.94
盘锦	2.11	2.10	1.82	1.95	2.15	2.08
鞍山	1.54	1.79	2.25	1.92	2.53	1.63
本溪	1.75	1.58	2.37	1.50	2.3	1.57
鹤岗	1.74	1.28	2.04	1.24	1.34	1.56
七台河	1.71	1.49	1.85	1.39	1.52	1.62
双鸭山	1.52	1.41	1.78	1.32	1.41	1.7
鸡西	1.65	1.33	1.86	1.42	1.49	1.65
大庆	2.20	1.98	1.71	2.12	1.92	1.78
松原	1.84	1.52	1.98	2.03	2.02	1.71
辽源	1.50	1.82	2.46	1.58	2.06	1.58
白山	1.59	1.60	1.95	1.49	1.26	1.42

（五）人地系统脆弱性指数计算

结合 BP 神经网络对各子系统经济敏感性指数和应对能力指数的评价值，利用第四章构建的子系统脆弱性评价模型，对东北地区 14 个地级矿业城市经济、社会、生态环境子系统脆弱性进行评价，基于各子系统脆弱性评价结果，采用状态空间法计算了 14 座地级矿业城市人地系统脆弱性指数，各子系统脆弱性指数及人地系统脆弱性指数得分如表 4-14 所示。

表 4-14　东北地区各矿业城市人地系统脆弱性指数值

城市	经济子系统脆弱性指数	社会子系统脆弱性指数	生态环境子系统脆弱性指数	人地系统脆弱性指数	城市	经济子系统脆弱性指数	社会子系统脆弱性指数	生态环境子系统脆弱性指数	人地系统脆弱性指数
抚顺	1.47	1.53	1.31	1.44	七台河	1.15	1.33	0.94	1.15
阜新	1.30	1.37	1.38	1.35	双鸭山	1.08	1.35	0.83	1.10
葫芦岛	1.38	1.55	1.02	1.34	鸡西	1.24	1.31	0.90	1.17
盘锦	1.01	0.93	1.03	0.99	大庆	1.11	0.81	1.08	1.02
鞍山	0.86	1.17	1.55	1.20	松原	1.21	0.98	1.18	1.13
本溪	1.11	1.58	1.46	1.37	辽源	0.82	1.56	1.30	1.23
鹤岗	1.36	1.65	0.86	1.33	白山	0.99	1.31	0.89	1.07

第三节 评价结果分析

一、人地系统脆弱性等级划分

根据人地系统脆弱性指数值的分布特征，采用等间隔分级法将东北地区矿业城市人地系统脆弱性划分为低、中、高三个等级（图 4-4）。分别对各脆弱性等级内矿业城市的资源类型、发展阶段、所属省份进行分析（表 4-15），以便从中分析矿业城市人地系统脆弱性的分异特征。

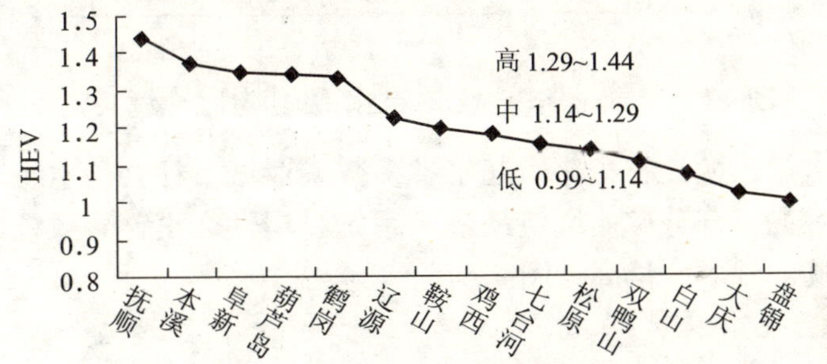

图 4-4 东北地区矿业城市人地系统脆弱性等级划分

表 4-15 不同脆弱性等级内矿业城市背景信息

城市	人地系统脆弱性程度	所在省份	发展阶段	资源类型	城市	人地系统脆弱性程度	所在省份	发展阶段	资源类型
抚顺	高	辽宁	老年	煤炭	鸡西	中	黑龙江	老年	煤炭
本溪	高	辽宁	中年	冶金	七台河	中	黑龙江	幼年	煤炭
阜新	高	辽宁	老年	煤炭	松原	低	吉林	幼年	油气
葫芦岛	高	辽宁	中年	冶金	双鸭山	低	黑龙江	中年	煤炭
鹤岗	高	黑龙江	老年	煤炭	白山	低	吉林	中年	综合
辽源	中	吉林	中年	综合	大庆	低	黑龙江	中年	油气
鞍山	中	辽宁	中年	冶金	盘锦	低	辽宁	中年	油气

二、人地系统脆弱性分异特征

（一）辽宁省矿业城市人地系统脆弱性大多偏高

从矿业城市人地系统脆弱性的空间差异来看，辽宁省矿业城市人地系统脆弱性大多偏高，6 个矿业城市中有 4 个城市人地系统脆弱性突出，是高脆弱性城市比例最大的省份，6 个矿业城市人地系统脆弱性指数平均得分为 1.28。黑龙江省、吉林省矿业城市以中、低等级人地系统脆弱性为主，仅鹤岗市人地系统脆弱性偏高，其中黑龙江省矿业城市人地系统脆弱性指数平均得分 1.16，吉林省矿业城市人地系统脆弱性指数平均得分为 1.14，不同省份矿业城市人地系统脆弱性指数平均得分具有辽宁省＞黑龙江省＞吉林省的趋势（图 4-5）。

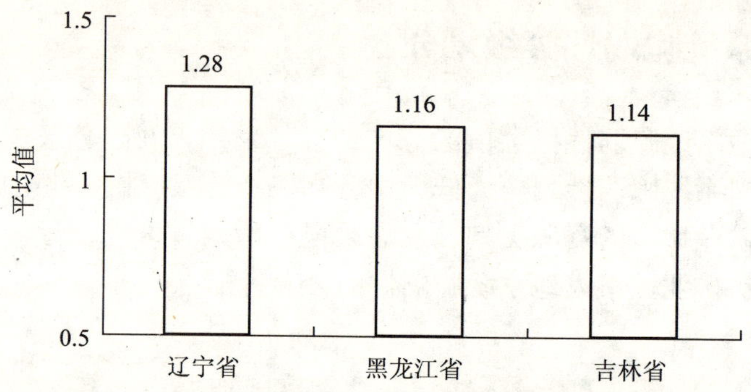

图 4-5　不同省份矿业城市人地系统脆弱性指数平均值

与吉林省、黑龙江省相比，辽宁省多数矿业城市社会、生态环境子系统脆弱性相对较高，部分矿业城市经济子系统脆弱性突出，导致该地区矿业城市人地系统脆弱性大多偏高（图 4-6）。

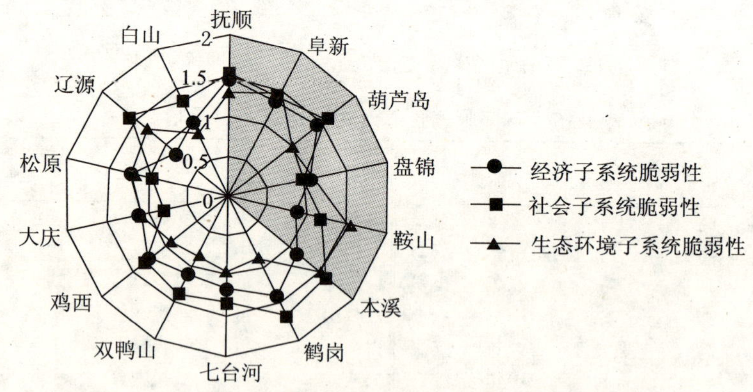

图 4-6　辽宁省矿业城市各子系统脆弱性与其他矿业城市对比

首先，从社会子系统脆弱性来看，相比之下，辽宁省矿业城市应对下岗失业问题的能力相对较好（图 4-7 和表 4-16），早在 2001 年，国务院就决定在辽宁省进行为期三年的完善城镇社会保障体系的试点工作，城市失业保险覆盖面大多相对较广，对城市下岗失业问题起到一定的缓冲作用，同时该地区矿业城市个体和私营企业、第三产业发育状况较好，城市社会就业方式灵活、吸纳就业能力较强，加之该地区矿业城市区位条件相对较好，具有较好的劳务输出条件。但多数矿业城市社会子系统敏感性较为突出（图 4-7），导致该地区矿业城市社会子系统脆弱性大多较高。该地区矿业城市就业结构单一的现象更为突出，城市社会就业对采掘业和制造业的依赖度较高，国有企业和集体企业单位从业人员比重高（图 4-8），目前辽宁省各矿业城市都已进入中、老年期矿业城市发展阶段，在资源开采周期、劳动生产率提高、产业结构调整等因素影响下，2006 年除盘锦市以外，其余 5 个矿业城市城镇登记失业率都在 5%以上，社会问题较为突出，目前盘锦、鞍山由于应对能力相对较强，社会子系统脆弱性较低，其余矿业城市社会子系统脆弱性均相对较高。

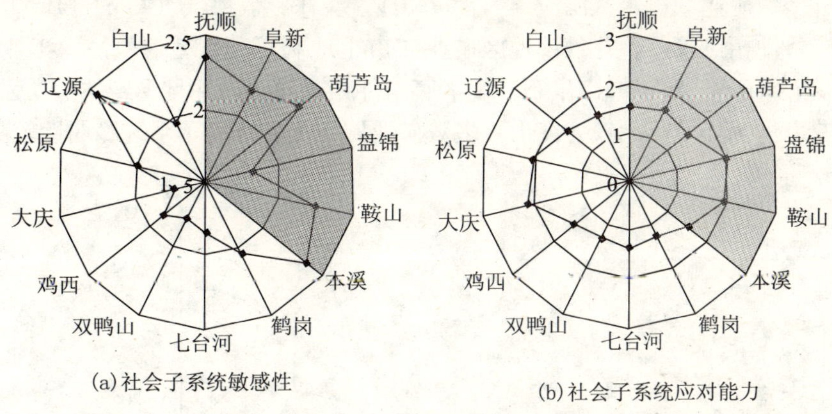

图 4-7 辽宁省矿业城市社会子系统脆弱性与其他矿业城市对比

表 4-16 2006 年东北地区矿业城市第三产业、个体私营企业就业比重及失业保险覆盖率

（单位：%）

城市	第三产业从业人员比重	失业保险覆盖率	个体和私营企业从业人员比重	城市	第三产业从业人员比重	失业保险覆盖率	个体和私营企业从业人员比重
抚顺	38.74	42.49	60.4	七台河	22.93	19.96	25.2
阜新	50.21	20.25	61.3	双鸭山	28.62	19.94	22.4
葫芦岛	45.2	19.91	41.2	鸡西	32.55	25.03	31.0
盘锦	24.27	27.80	15.5	大庆	40.98	12.10	33.4
鞍山	44.68	40.04	41.7	松原	46.32	47.41	23.9
本溪	39.51	49.43	45.3	辽源	50.84	47.00	52.3
鹤岗	26.24	25.09	21.8	白山	48.63	63.72	34.4

资料来源：2007 年中国城市统计年鉴，2007 年辽宁省、吉林省、黑龙江省统计年鉴，2006 年黑龙江省各矿业城市国民经济和社会发展统计公报

其次，在生态环境子系统脆弱性方面，与其他两省相比，辽宁省矿业城市生态环境子系统应对能力相对较强，在工业三废排放治理率、城市绿化率、环境保护与治理投入方面领先于东北地区多数矿业城市（表 4-17），生态环境治理和修复的能力相对较高（图 4-9）。但生态环境子系统敏感性明显高于其他两省矿业城市（图 4-9），导致辽宁省多数矿业城市生态环境子系统脆弱性较为突出。

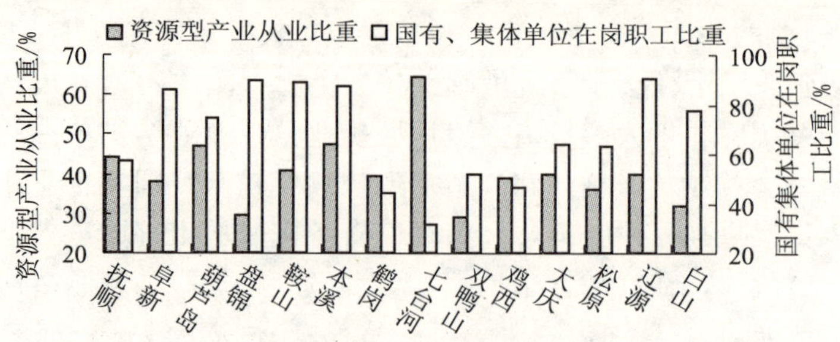

图 4-8　东北地区矿业城市社会就业结构（2006 年）

资料来源：2007 年中国城市统计年鉴，2007 年黑龙江省、吉林省、辽宁省统计年鉴

辽宁省多数矿业城市水资源匮乏（图 4-10）、森林覆盖率低（图 4-11），生态环境本底条件相对较差，并且该地区矿业城市土地利用程度普遍较高，工业三废排放量大（表 4-18），城市生态环境本底条件相对较差，并且受到的扰动强度较高，城市生态环境问题较为突出，多数矿业城市生态环境子系统脆弱性较高。

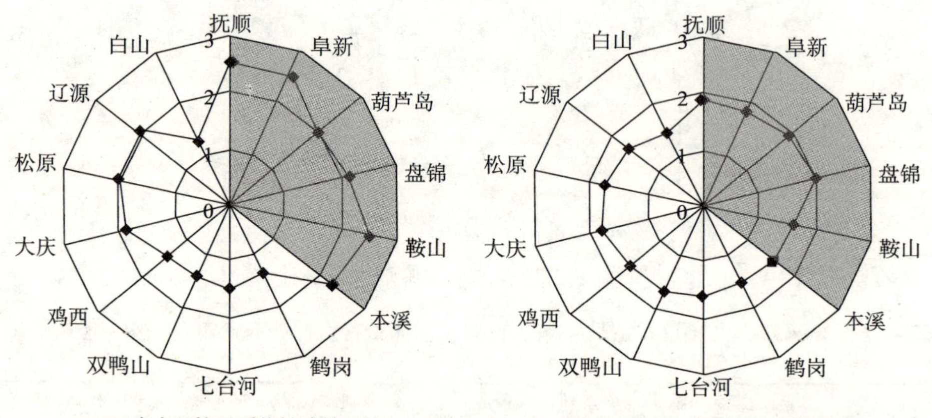

图 4-9　辽宁省矿业城市生态环境子系统脆弱性与其他矿业城市对比

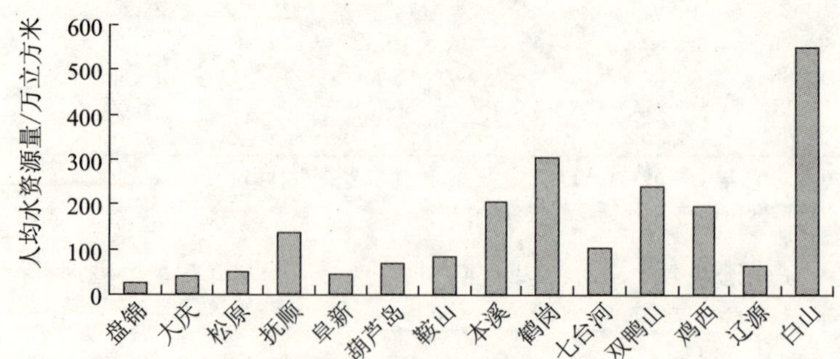

图 4-10　东北地区矿业城市人均水资源量（2006 年）

资料来源：吉林省水利发展十一五规划、辽宁省振兴老工业基地水资源规划、黑龙江省城市水资源规划

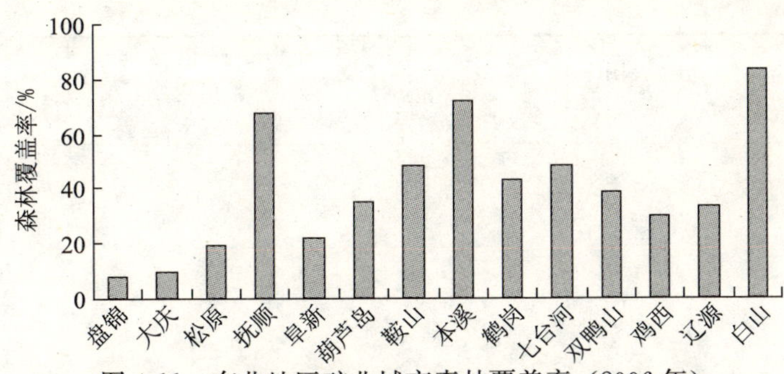

图 4-11　东北地区矿业城市森林覆盖率（2006 年）

资料来源：中国宏观数据挖掘分析系统（http：//number. cnki. net/cyfd/index. aspx）

表 4-17　东北地区 14 座地级矿业城市环境保护与治理情况（2006 年）（单位：%）

城市	工业废水排放达标率	工业 SO_2 去除率	工业烟尘去除率	工业固体废弃物综合利用率	建成区绿化覆盖率	环境保护与治理投资占 GDP 比例
抚顺	93.2	33.0	98.2	65.41	39.44	2.56
阜新	81.8	44.8	98.1	94.3	43.24	1.12
葫芦岛	99.2	83.9	97.1	70.32	42.45	2.43
盘锦	92.1	59.6	94.9	84.07	36.52	3.13
鞍山	93.1	25.3	94.5	15.3	35.93	2.10
本溪	98.3	4.9	93.6	39.71	42.62	2.63
鹤岗	83.1	0.0	86.1	78.06	38.4	1.21
七台河	73.4	1.6	88.5	77.77	29.29	2.01
双鸭山	91.9	3.7	93.7	71.24	32.14	1.51
鸡西	76.0	9.7	97.6	79.96	32.26	1.40
大庆	95.8	6.5	96.9	79.02	35.03	2.03
松原	80.1	5.4	86.2	86.44	42.97	2.16
辽源	73.3	1.2	95.3	69.19	20.96	2.04
白山	76.5	6.5	83.8	24.16	7.38	1.47

资料来源：2007 年中国城市统计年鉴

表 4-18　东北地区矿业城市工业三废排放强度和土地利用程度

城市	土地利用程度指数/%	年均工业废水排放密度/（万吨/平方千米）	年均工业固体废物产生强度/（吨/平方千米）	年均 SO_2 排放密度/（吨/平方千米）
抚顺	16.95	9.67	1.66	92.12
阜新	10.94	1.92	0.56	89.31
葫芦岛	2.65	1.26	0.14	24.97
盘锦	21.8	5.95	0.27	47.75
鞍山	22.44	10.66	6.13	128.68
本溪	5.34	6.15	1.74	61.10
鹤岗	1.52	0.69	0.07	4.17

续表

城市	土地利用程度指数/%	年均工业废水排放密度/（万吨/平方千米）	年均工业固体废物产生强度/（吨/平方千米）	年均 SO_2 排放密度/（吨/平方千米）
七台河	3.51	0.69	0.21	12.59
双鸭山	3.12	0.31	0.11	13.18
鸡西	3.17	0.46	0.17	5.81
大庆	3.62	1.51	0.04	10.14
松原	3.36	1.21	0.11	24.15
辽源	9.37	1.20	0.28	46.28
白山	1.35	0.47	0.10	10.95

资料来源：2007 年中国城市统计年鉴，2003～2006 年黑龙江省、吉林省、辽宁省统计年鉴，2002～2006 年吉林省环境质量报告书，2002～2004 年辽宁省环境统计资料

再次，从经济子系统脆弱性来看，辽宁省矿业城市都已进入中、老年矿业城市发展阶段，受计划经济体制影响时间较长，目前城市经济中非国有经济比重大多相对较低，城市经济自我调整能力差，多数矿业城市在替代产业的培育方面仍以大力延伸原有的资源型产业链为主，产业结构偏重，非资源型产业发展较为缓慢，城市经济发展的体制性、结构性矛盾大多较为突出（表 4-19），其中抚顺市、葫芦岛市、阜新市经济子系统脆弱性明显较高。

表 4-19　东北地区矿业城市产业结构和所有制结构（2006 年）　（单位：%）

城市	非重工业增加值占GDP比重	非国有经济增加值占GDP比重	城市	非重工业增加值占GDP比重	非国有经济增加值占GDP比重
抚顺	66.56	70.34	七台河	74.69	76.63
阜新	77.34	79.32	双鸭山	79.44	82.47
葫芦岛	63.75	66.09	鸡西	85.97	85.80
盘锦	45.39	57.80	大庆	36.44	23.14
鞍山	62.57	56.48	松原	66.97	54.04
本溪	53.32	60.59	辽源	80.79	90.59
鹤岗	74.14	77.08	白山	71.81	88.33

资料来源：2006 年各矿业城市国民经济和社会发展统计公报，2007 年黑龙江省、吉林省、辽宁省统计年鉴，2007 年辽宁省、吉林省各矿业城市政府工作报告

阜新市近年来煤炭产业发展缓慢，替代产业对城市经济发展的带动作用有限，城市经济实力较弱、固定资产投资能力差（图 4-12），造成城市经济转型在基础设施改善、技术改造升级、发展替代产业等方面面临很大的资金限制，城市经济发展的动力不足，经济子系统应对能力较差；抚顺市近年来在原煤产量减少、工业企业利润率下降（图 4-13）的扰动下，其经济子系统的敏感性明显偏高，目前该市把石化产业作为主要接续产业进行培育，一定程度上缓解了城市经济转型的紧迫性，但区域经济发展尚未摆脱对煤炭、原油等资源的高度依赖，其中石油资源供给主要来自于大庆油田和辽河油田，由

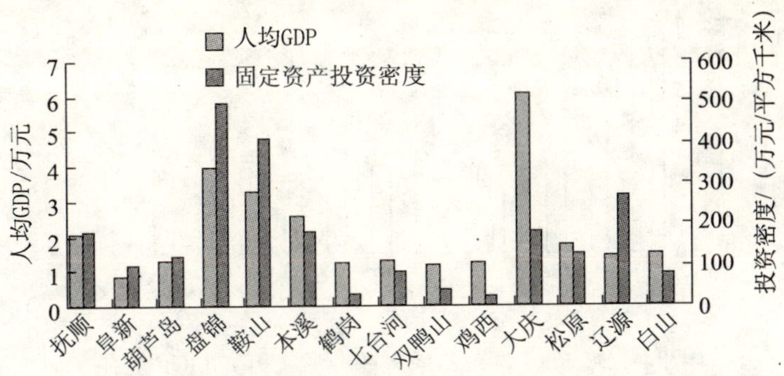

图 4-12　2006 年各矿业城市人均 GDP 及固定资产投资密度

资料来源：2007 年中国城市统计年鉴

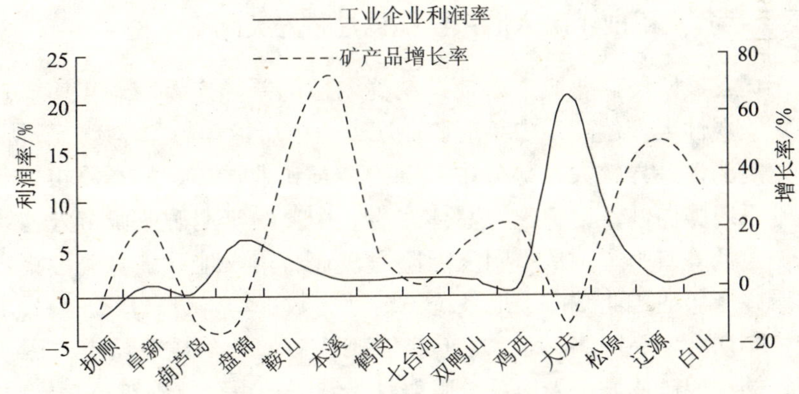

图 4-13　2000～2006 年各矿业城市矿产品增长率及 2006 年规模以上工业企业利润率

资料来源：2001 年、2007 年黑龙江省、吉林省、辽宁省统计年鉴，2001 年、2007 年各矿业城市统计年鉴以及 2006 年各矿业城市国民经济和社会发展统计公报

中国石油天然气总公司按计划统一调配，随着近年来大庆油田、辽河油田原油产量的下降，稳定的原油供给已成为抚顺市石化产业发展面临的重要问题，而且城市经济发展粗放，万元 GDP 能耗明显高于其他矿业城市（图 4-14），替代产业规模较小，城市经济转型进展缓慢，城市经济子系统应对能力相对较差；葫芦岛市目前仍在依托当地和周边地区的资源优势和原有的产业基础，延伸原有石油、有色金属冶炼产业链条，替代产业培育相对滞后，体制性矛盾较为突出（表 4-19），城市经济转型进展缓慢，且城市经济实力弱、固定资产投资能力差（图 4-12）、城市经济发展动力不足，经济发展粗放（图 4-14），经济子系统应对能力较差，另一方面，近年来葫芦岛市矿产品产量下降、工业企业经济效益不佳（图 4-13）对城市经济的扰动强度较大，城市经济子系统的敏感性较高。

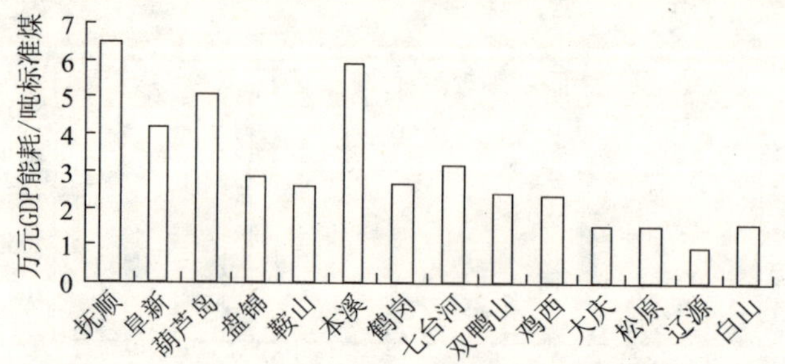

图 4-14 2006 年东北地区矿业城市万元 GDP 能耗

资料来源：2007 年辽宁统计调查年鉴、2007 年吉林统计年鉴，黑龙江省各矿业城市政府工作报告

（二）老年期矿业城市人地系统脆弱性较为突出

从不同发展阶段矿业城市人地系统脆弱性的差异来看，老年期矿业城市人地系统脆弱性大多偏高，中年期矿业城市由于所依赖的主体矿产资源不同，人地系统脆弱性差异较大，部分中年期冶金类矿业城市，如本溪市、葫芦岛市，人地系统脆弱性较为突出，总体来看，中、幼年期矿业城市人地系统脆弱性以中、低等级为主。从不同发展阶段矿业城市人地系统脆弱性指数平均得分来看，老年期矿业城市人地系统脆弱性指数平均得分（HEV＝1.32）明显高于中年期（HEV＝1.17）、幼年期（HEV＝1.14）矿业城市（图 4-15），中年期、幼年期矿业城市人地系统脆弱性指数平均得分差别较小。

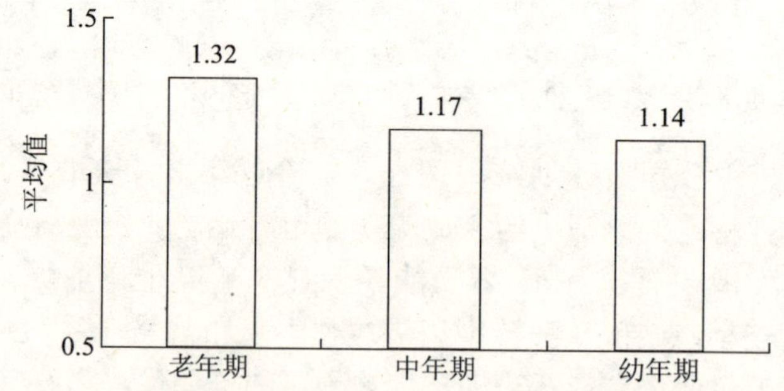

图 4-15 不同发展阶段矿业城市人地系统脆弱性指数平均值

与中年期、幼年期矿业城市相比，老年期矿业城市社会、经济子系统脆弱性较为突出，加之部分老年期矿业城市（抚顺市、阜新市）生态环境子系统脆弱性较高，人地系统脆弱性程度大多较为突出（图 4-16）。

首先，从经济子系统脆弱性来看，近年来，老年期矿业城市产业结构、所有制结构调整进展较快，城市非资源型产业产值以及非国有工业企业产值

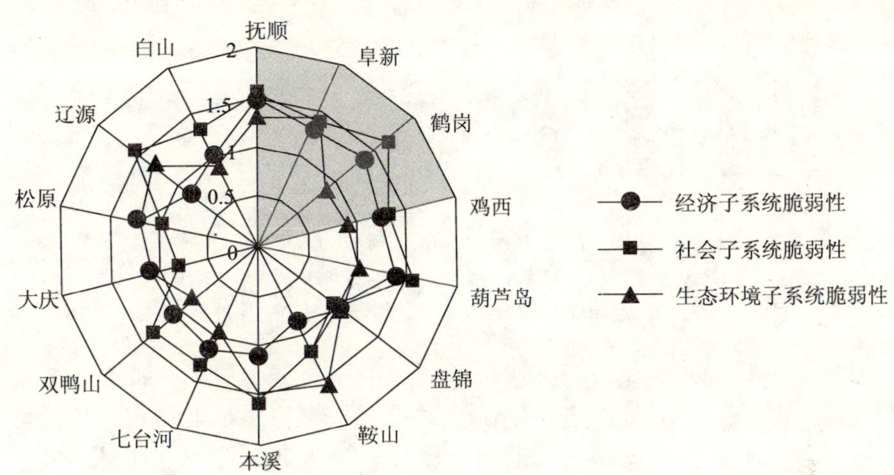

图 4-16 老年期矿业城市各子系统脆弱性与其他矿业城市对比

占城市总产值的比重相对较高（表 4-19），产业结构单一的现象有所缓解，除抚顺市外，其余老年期矿业城市经济子系统敏感性并不十分突出（图 4-17）。但总体来说，城市替代产业对城市经济发展的带动作用还比较弱，表现在非资源型产业产值以及非国有工业企业增加值占城市总产值比重越高的城市，经济实力越弱（图 4-18），城市经济发展对矿业经济衰退的适应能力较低。加之老年期矿业城市固定资产投入能力差、高素质人力资源匮乏、技术水平落后，造成城市经济发展的动力不足，经济子系统应对能力较差（图 4-17），导致城市经济子系统脆弱性偏高。

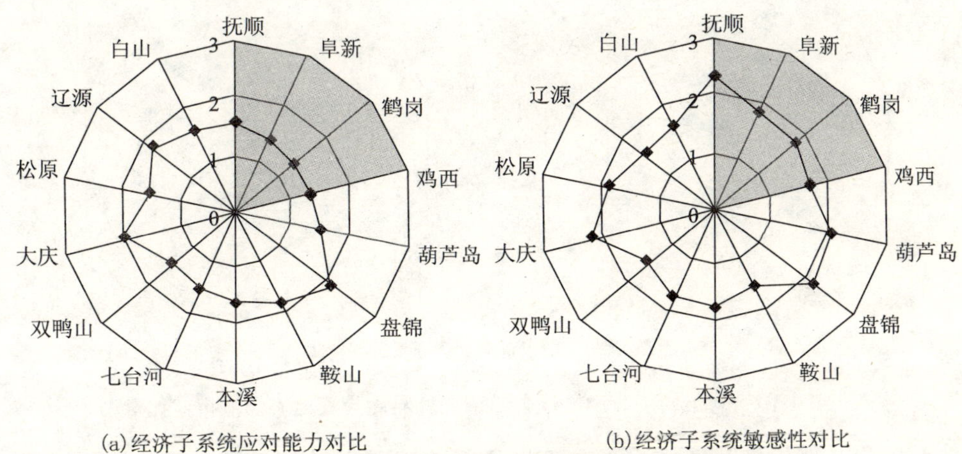

(a)经济子系统应对能力对比 (b)经济子系统敏感性对比

图 4-17 老年期矿业城市经济子系统脆弱性与其他矿业城市对比

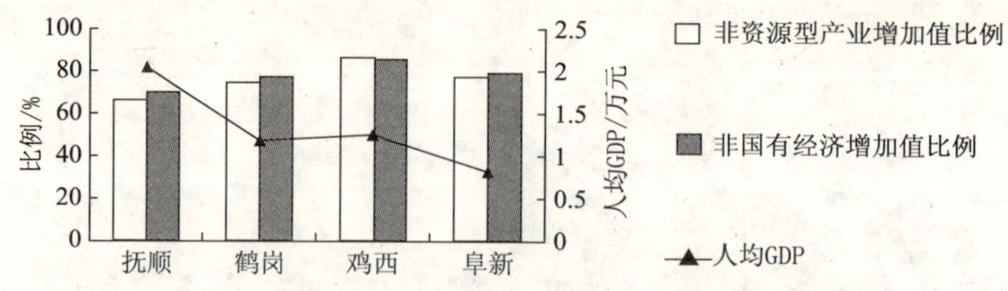

图 4-18　老年期矿业城市经济实力与“两非”经济的关系

资料来源：2007 年中国城市统计年鉴，2007 年黑龙江省、辽宁省统计年鉴，2007 年抚顺市、鹤岗市、鸡西市、阜新市政府工作报告

其次，老年期矿业城市对下岗失业问题的应对能力较差，社会子系统脆弱性也相对较高。东北地区老年期矿业城市都是煤炭类矿业城市，目前城市社会子系统受下岗失业问题的扰动强度较大，2006 年，除鸡西市外，其余三个老年期矿业城市登记失业率都在 5%以上，其中抚顺市、阜新市社会子系统敏感性相对较高（图 4-19），并且煤炭类矿业城市职工文化素质相对较差（图 4-20），劳动技能单一，再就业能力较差。另一方面，老年期矿业城市经济实力大多较弱，发展较缓慢，城市就业容量有限且就业拉动能力不足，对下岗失业问题的应对能力普遍较差（图 4-19），其中黑龙江省的鹤岗市、鸡西市个体和私营企业发育缓慢，城市就业灵活性较差，失业保险覆盖面窄（表 4-16），对下岗失业问题的缓冲能力差，对外经济联系单一，劳务输出渠道不畅，社会子系统应对下岗失业的能力明显偏低。

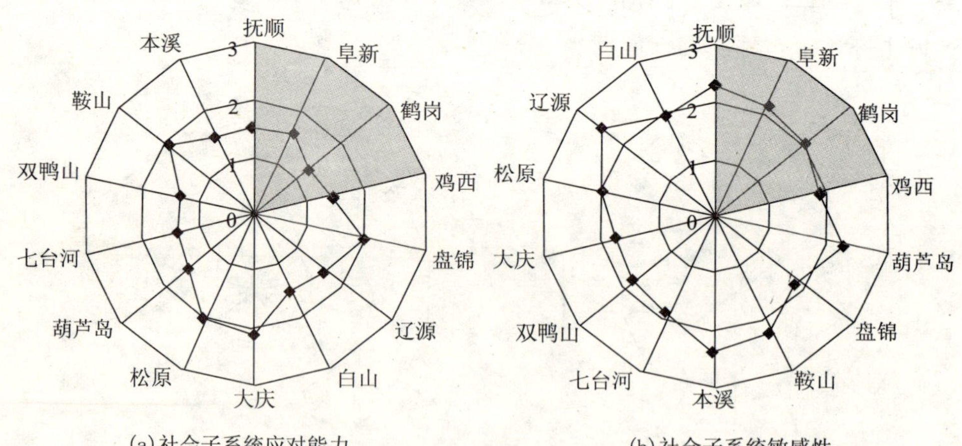

图 4-19　老年期矿业城市社会子系统脆弱性与其他矿业城市对比

再次，老年期矿业城市生态环境子系统脆弱性差别较大，鹤岗市、鸡西市生态环境本底条件较好，城市水资源丰富（图 4-10）、森林覆盖率高（图 4-11），同时两市工业废水和工业 SO_2 排放强度、固体废弃物产生强度小，土

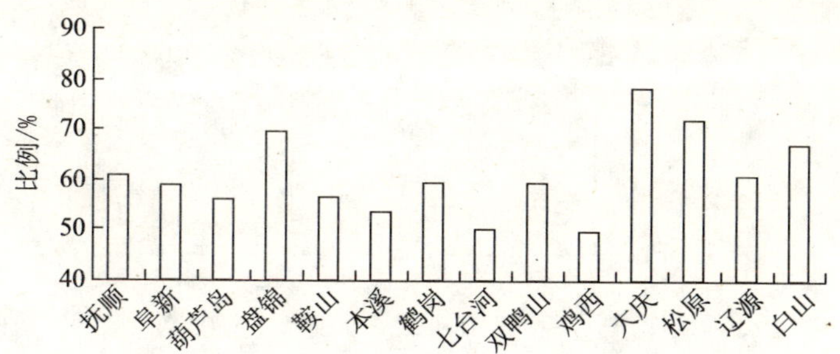

图 4-20　东北地区各矿业城市初中以上学历职工比例

资料来源：黑龙江省、吉林省、辽宁省第一次经济普查年鉴

地利用程度较低（表 4-18），生态环境子系统本底条件好且受到的扰动强度较小，生态环境子系统脆弱性较低。阜新市、抚顺市土地利用程度普遍较高，工业废水、SO_2 排放强度、固体废弃物产生强度大（表 4-18），对城市生态环境子系统构成了强烈的扰动，城市大气环境（图 4-21）和水环境污染、地貌景观破坏普遍较严重，城市生态环境子系脆弱性相对较高。

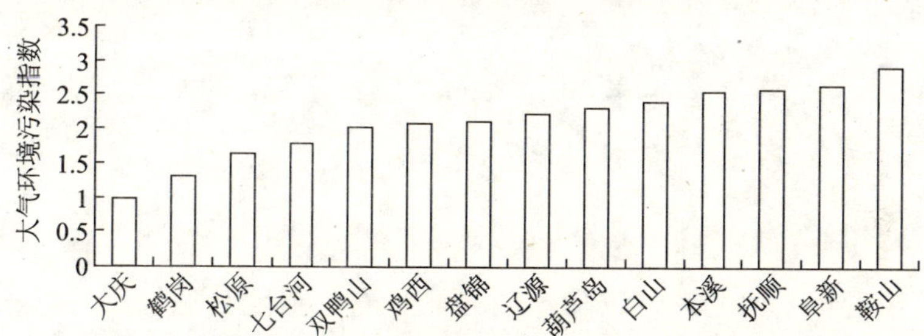

图 4-21　东北地区矿业城市大气环境污染指数（2006 年）

资料来源：2006 年黑龙江省、吉林省、辽宁省环境质量报告书

（三）油气类矿业城市人地系统脆弱性平均较低

从不同矿产资源类型矿业城市人地系统脆弱性的差异来看，矿业城市人地系统脆弱性随其所依赖的主体矿产资源类型的不同分异较为明显，不同类型矿业城市人地系统脆弱性指数平均得分具有冶金类（HEV＝1.3）＞煤炭类（HEV＝1.26）＞综合类（HEV＝1.15）＞油气类（HEV＝1.05）的趋势（图 4-22），油气类矿业城市人地系统脆弱性平均状况明显低于其他类型矿业城市。

与其他矿产资源类型矿业城市相比，油气类矿业城市社会、经济、生态环境三个子系统的脆弱性大多相对较低，具有应对能力强的突出特点，人地系统脆弱性相对较低（图 4-23）。

首先，从经济子系统脆弱性来看，与其他矿产资源类型矿业城市相比，目前三个油气类矿业城市经济子系统敏感性相对较高（图 4-24），其中大庆

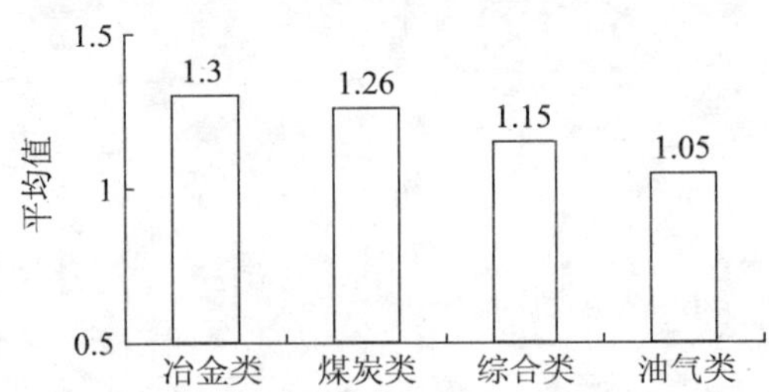

图 4-22　不同矿产资源类型矿业城市人地系统脆弱性指数平均值

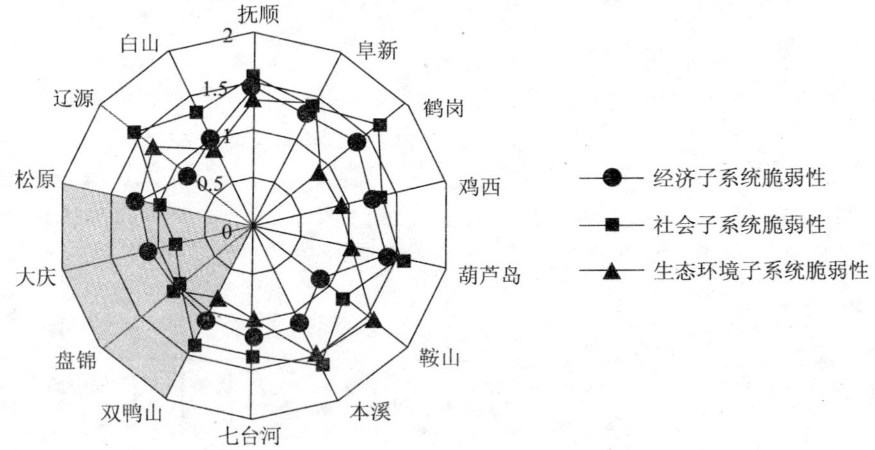

图 4-23　油气类矿业城市各子系统脆弱性与其他矿业城市对比

市、盘锦市近年来原油产量下降，经济子系统敏感性明显偏高。但三市经济子系统应对能力较强，油气是现代工业的原料，后续加工产业链长，油气开采和加工业产品附加值较高，对城市经济和城市建设的贡献比较大，油气类矿业城市经济实力普遍较强，在依靠相对较强的经济实力培育新的经济增长点方面，油气类矿业城市比其他矿业城市更具优势。同时，三市在固定资产投资能力（图 4-12）、经济集约化水平方面（图 4-14）优势突出，大庆市高素质人力资源投入（图 4-25）明显高于其他矿业城市，目前三个油气类矿业城市尚未进入老年期矿业城市发展阶段，城市经济转型具有时间宽裕和资金充足的优势，城市替代产业培育基础条件较好，其中较早进行城市经济转型的大庆市、盘锦市经济子系统应对能力明显较强。较强的经济子系统应对能力使该类矿业城市经济子系统脆弱性相对较低。

其次，与其他矿产资源类型矿业城市相比，油气类矿业城市社会子系统脆弱性也相对较低。油气开采加工业属于技术、资金密集型产业，目前大庆、盘锦、松原等三个油气类矿业城市社会就业对资源开采业的依赖度大多较低（图 4-8），就业结构单一的现象不突出，三市目前社会就业较稳定，2006 年城镇登记失业率均低于 5%，社会子系统敏感性低（图 4-26）；并且该类城市职工文化

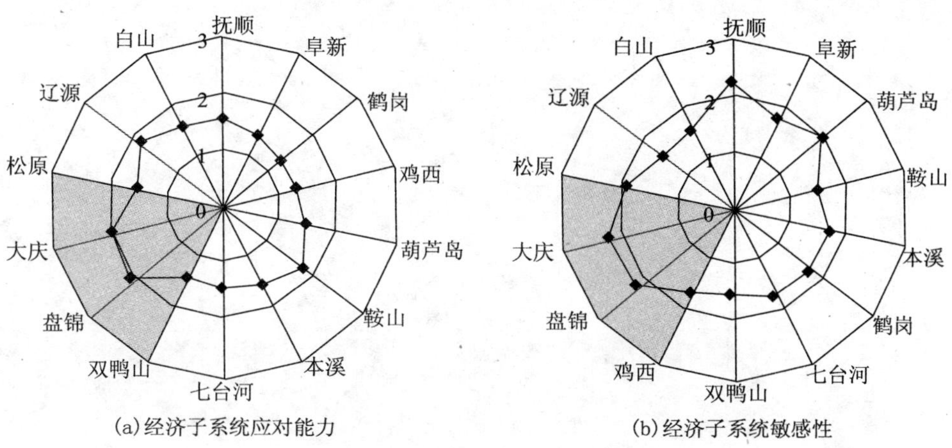

(a)经济子系统应对能力　(b)经济子系统敏感性

图 4-24　油气类矿业城市经济子系统脆弱性与其他矿业城市对比

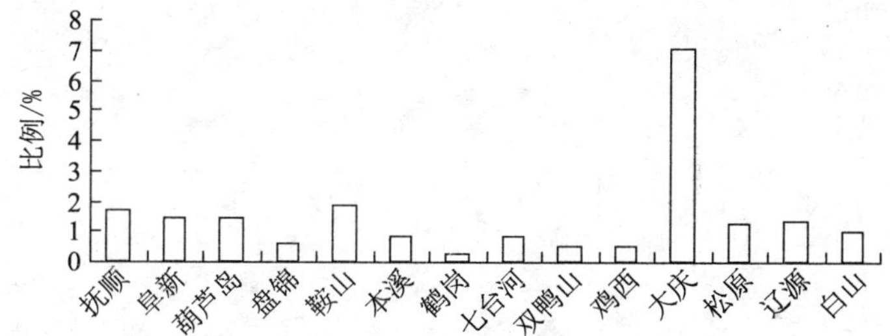

图 4-25　东北地区矿业城市科研、技术服务和地质勘察业从业人员比例（2006 年）

资料来源：2007 年中国城市统计年鉴

素质相对较高（图 4-20），再就业能力较强，第三产业从业比重大多较高（表 4-16），吸纳就业能力较强，职工收入水平较高且产生的消费能力高，对于城市社会就业的贡献也比较大，城市经济发展的就业拉动能力明显高于其他矿业城市（图 4-27），在应对城市下岗失业问题方面能力普遍较强（图 4-26）。

再次，由于油气类矿业城市的资源特点，其开采方式主要以地下开采为主，与其他矿产资源类型矿业城市相比，对区域生态环境系统的景观型、生物型破坏强度相对较小，同时，油气类矿业城市除工业废水排放强度略高外，工业废气、工业固体废弃物产生强度均相对较低（表 4-18），对城市生态环境子系统的扰动强度相对较小，但城市生态环境本底条件相对较差，生态环境子系统敏感性略高于部分生态环境本底条件较好的矿业城市（图 4-28）；油气类矿业城市生态环境方面的突出特点在于生态环境治理和修复的能力相对较高，在工业三废排放治理率、城市绿化率、环境保护与治理投入方面领先于东北地区多数矿业城市（表 4-17），较强的生态环境子系统应对能力使得该类城市生态环境子系统脆弱性并不十分突出（图 4-28）。

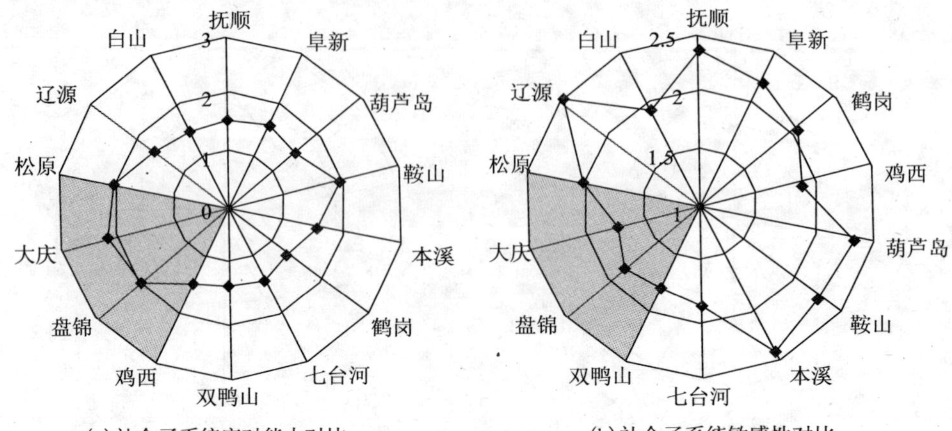

(a)社会子系统应对能力对比　　(b)社会子系统敏感性对比

图 4-26　油气类矿业城市社会子系统脆弱性与其他矿业城市对比

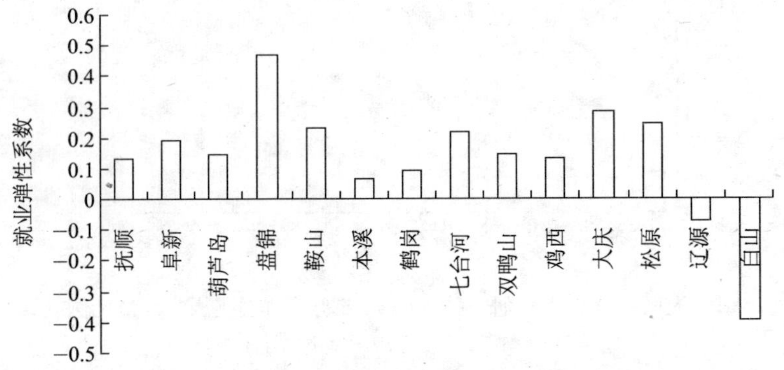

图 4-27　东北地区矿业城市就业弹性系数（2000～2006 年）

资料来源：2001 年、2007 年中国城市统计年鉴，抚顺市、阜新市、鞍山市 2001 年、2007 年统计年鉴

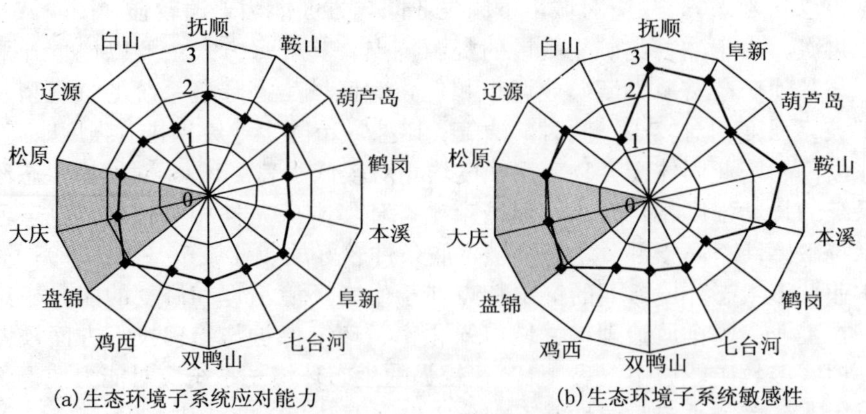

(a)生态环境子系统应对能力　　(b)生态环境子系统敏感性

图 4-28　油气类矿业城市生态环境子系统脆弱性与其他矿业城市对比

第四节　脆弱性类型划分

东北地区矿业城市在矿业衰退、下岗失业、生态环境破坏等扰动因素的作用下，多数矿业城市各子系统的脆弱性程度并不是等同的，矿业城市经济、社会、生态环境子系统脆弱性评价结果表明，矿业城市人地系统内部各子系统的脆弱性也存在显著差别。因此，根据不同矿业城市人地系统中经济、社会、生态环境三个子系统的相对脆弱性程度进行矿业城市人地系统脆弱性类型划分，对于明确不同矿业城市人地系统脆弱性调控的侧重点具有重要意义。

一、分类方法

分类问题是许多学科领域研究中经常遇到的问题，目前，对多元数据进行归类分析可以应用的分类方法有很多种，如图形分类法（星座图、脸谱图、雷达图等）、聚类分析法、神经网络分类法、模糊聚类法等，不同分类方法在处理不同类型的数据集时既有本身的优势也有先天的不足（Kiang，2003）。在众多分类方法中，聚类分析法是定量研究地理事物分类和地理分区问题的重要方法，该方法的基本原理是根据样本（变量）自身的属性，用数学方法按照某种相似性或差异性指标，定量地确定样本（变量）之间的亲疏程度，并按照这种亲疏关系程度对样本（变量）进行聚类（徐建华，2002）。根据分类对象的不同，聚类分析可分为R型聚类和Q型聚类两种：R型聚类用于变量聚类；Q型聚类用于对观测样本的聚类。目前聚类分析中常用的方法有系统聚类法（hierarchical cluster）、动态聚类法（dynamic cluster）和快速聚类法（quick cluster）等多种方法，其中系统聚类法多用于小样本数据的R型聚类或Q型聚类，因此在SPSS软件中采用系统聚类法对东北地区矿业城市人地系统脆弱性进行类型划分。

二、分类步骤

（1）聚类变量的变换处理。以经济、社会、生态环境子系统脆弱性指数作为人地系统脆弱性类型划分的观测指标，利用标准差标准化方法对三个指数进行标准化处理（表 4-20），将其转换为均值为 0、标准差为 1 的标准化数据，使三个子系统脆弱性指数具有可比性。

表 4-20　聚类变量的标准化

城市	经济子系统脆弱性指数	社会子系统脆弱性指数	生态环境子系统脆弱性指数	城市	经济子系统脆弱性指数	社会子系统脆弱性指数	生态环境子系统脆弱性指数
抚顺	1.67	0.82	0.78	七台河	0.00	0.05	−0.77
阜新	0.78	0.21	1.07	双鸭山	−0.36	0.13	−1.23
葫芦岛	1.20	0.90	−0.43	鸡西	0.47	−0.02	−0.93
盘锦	−0.72	−1.48	−0.39	大庆	−0.20	−1.94	−0.18
鞍山	−1.51	−0.56	1.78	松原	0.32	−1.29	0.24
本溪	−0.20	1.01	1.41	辽源	−1.71	0.93	0.74
鹤岗	1.10	1.28	−1.10	白山	−0.83	−0.02	−0.98

（2）计算聚类统计量。聚类统计量是根据变换以后的分类变量计算得到的一个统计量，它用于表明各样本或变量间的关系密切程度。本书采用夹角余弦（cosine）来表示不同样本间的亲疏程度。

$$\cos\theta_{ij}=\frac{\sum_{k=1}^{m}x_{ik}\times x_{jk}}{\sqrt{\sum_{k=1}^{m}x_{ik}^{2}\times\sum_{k=1}^{m}x_{jk}^{2}}}$$

式中：i 和 j 分别为两个样本；x_{ik}、x_{jk} 分别为样本 i、j 的第 k 个表征指标。

（3）选择合并聚类的方法。采用最远距离法（furthest neighbor）进行聚类合并，最终得到东北地区矿业城市人地系统脆弱性类型划分的聚类凝聚过程表（表 4-21）和树形图（图 4-29）。

表 4-21　聚类的凝聚过程表

聚类步数	聚类合并		距离测度值	新聚类所在步数		聚类再次被合并的步数
	聚类 1	聚类 2		聚类 1	聚类 2	
1	8	9	0.959	0	0	5
2	3	7	0.937	0	0	8
3	4	11	0.931	0	0	6
4	1	2	0.854	0	0	11
5	8	14	0.760	1	0	10
6	4	12	0.694	3	0	12
7	5	13	0.676	0	0	9
8	3	10	0.582	2	0	10
9	5	6	0.536	7	0	11
10	3	8	−0.296	8	5	12
11	1	5	−0.361	4	9	13
12	3	4	−0.768	10	6	13
13	1	3	−0.987	11	12	0

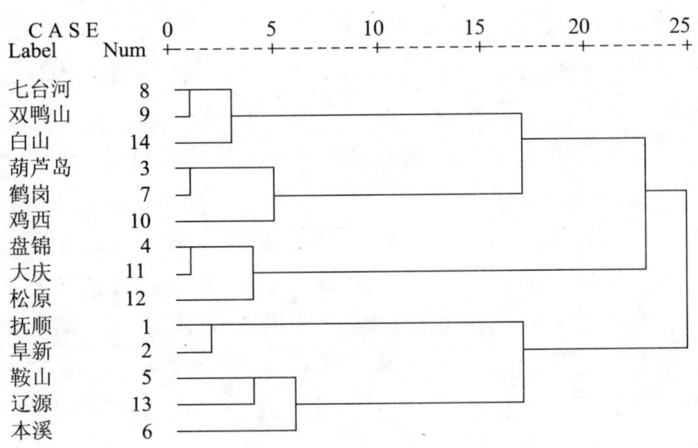

图 4-29　聚类树形图

从聚类凝聚过程表中可以看出，通过 13 次合并过程所用样本聚为一类，根据距离测度值的突变点来确定最佳类别数（周涛等，2001），从距离测度值（夹角余弦）在聚类过程中的变化可以看出，该值在第 10 步存在比较大的跳跃，表明第 9 步是最佳聚类停止点，根据聚类树形图显示，东北地区矿业城市人地系统脆弱性可划分为五种类型。

第一类：包括七台河、双鸭山、白山三个城市，经济子系统、生态环境子系统脆弱性均相对较低，城市社会子系统脆弱性较为突出（图 4-30）。

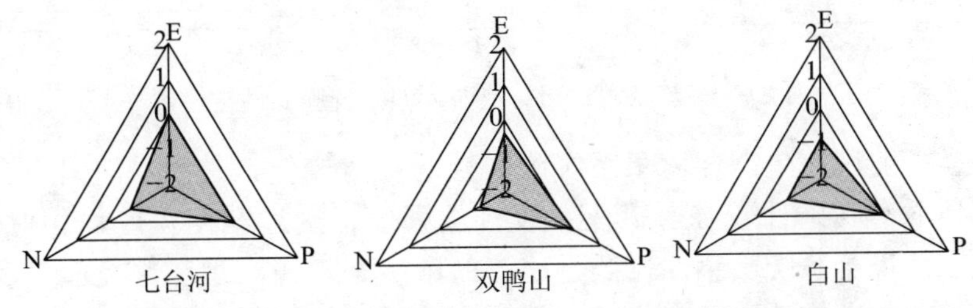

图 4-30　七台河、双鸭山、白山人地系统脆弱性雷达图

从经济子系统脆弱性来看，七台河、双鸭山目前尚未进入老年期矿业城市发展阶段，矿产品产量仍呈增长态势、工业企业经营状况相对较好，城市经济发展受到的扰动强度较小，经济子系统敏感性低使得两市经济子系统脆弱性不突出。白山市属于综合类矿业城市，林、煤、铁等资源丰富，城市经济对煤炭产业增速减缓的敏感性较低，目前该市一方面继续发挥煤、林、铁等资源在城市经济发展中的作用，另一方面则大力发展绿色食品、医药工业、旅游业等替代产业，近年来城市经济结构得到逐步优化，经济转型进展较快，经济子系统应对能力较强，经济子系统脆弱性也较低。

生态环境子系统脆弱性方面，三市水资源丰富、森林覆盖率高，生态环境本底条件较好，且土地利用程度较低、工业三废排放强度相对较小，城市生态环境子系统敏感性较小，生态环境子系统脆弱性均低于东北地区矿业城市平均水平（生态环境子系统脆弱性指数标准化值小于0）。

相比之下，三市社会子系统脆弱性占主导地位（图4-30），表现在对下岗失业问题的应对能力较差。其中，双鸭山、七台河两市职工文化素质偏低，劳动技能单一，再就业能力较差，第三产业就业能力较小，个体和私营企业发育缓慢，城市就业灵活性较差，失业保险覆盖面窄，社会子系统对下岗失业问题的应对能力差；白山市目前煤炭产业处于衰退期，吸纳就业能力较小，而绿色食品加工、医药、旅游产业等替代产业就业拉动能力有限，经济增长的就业弹性系数为负值，就业灵活性也相对较差，对下岗失业问题的应对能力较低。

第二类：包括葫芦岛、鹤岗、鸡西三个城市。该类城市经济子系统、社会子系统脆弱性占据主导地位，生态环境子系统脆弱性均相对较低（图4-31）。

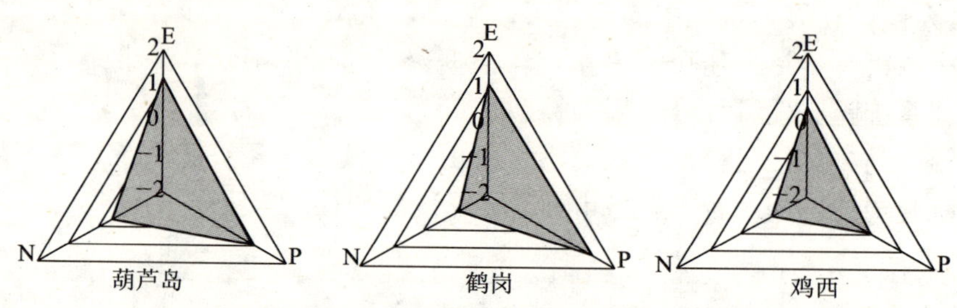

图4-31　葫芦岛、鹤岗、鸡西人地系统脆弱性雷达图

该类矿业城市生态环境子系统脆弱性均相对较低，其中，鹤岗市、鸡西市生态环境本底条件较好，工业三废排放强度、土地利用程度均相对较低，城市生态环境子系统敏感性较低，葫芦岛市生态环境治理和修复能力相对较高，在工业三废排放治理率、城市绿化率、环境保护与治理投入方面领先于东北地区多数矿业城市，较强的生态环境子系统应对能力使得该市生态环境子系统脆弱性并不十分突出。

相比之下，该类城市经济子系统、社会子系统脆弱性占据主导地位（图4-31）。其中葫芦岛市产业结构偏重、国有经济比重高，城市经济发展的结构性、体制性矛盾突出，近年来葫芦岛市矿产品产量下降、工业企业经济效益不佳对城市经济的扰动强度较大，城市经济子系统的敏感性较高，并且该市替代产业培育较为缓慢，城市经济子系统应对能力也相对较差，经济子系统脆弱性相对突出。鹤岗、鸡西两市都已进入老年期矿业城市发展阶段，非资源型产业比重虽相对较高，但对城市经济发展的带动作用较小，城市经济实力较弱，资本、高素质人力资源匮乏，城市经济发展动力不足，应对能力差导致城市经济子系统脆弱性较为突出。

在社会子系统脆弱性方面，该类城市职工文化素质普遍较低，下岗职工再就业能力较差，同时城市失业保险覆盖面较窄，城市经济发展的就业拉动能力较差，对下岗失业问题的应对能力较弱导致该类矿业城市社会子系统脆弱性问题较为突出。

第三类：包括盘锦、大庆、松原三个城市。该类城市都属于油气类矿业城市，与其他类型矿业城市相比，油气类矿业城市三个系统脆弱性均相对较低，但从城市内部三个子系统脆弱性对比来看，城市社会子系统脆弱性较低，经济、生态环境子系统脆弱性居于主导地位（图 4-32）。

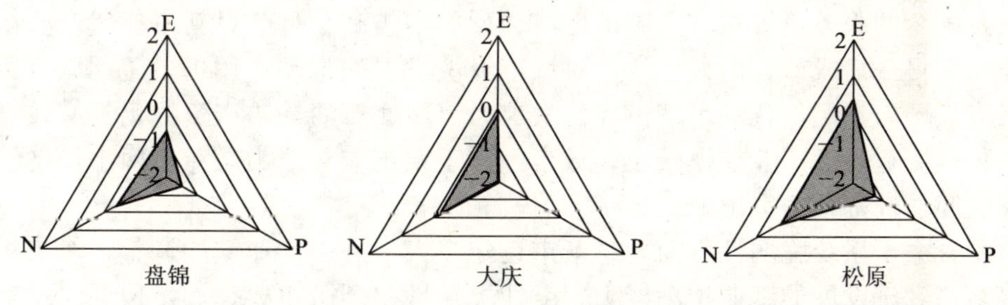

图 4-32　盘锦、大庆、松原人地系统脆弱性雷达图

该类矿业城市社会就业对资源开采业的依赖度较低，目前城市下岗失业问题不突出，社会子系统敏感性较低，并且城市职工文化素质较高，城市就业弹性系数较大、第三产业吸纳就业能力强，在应对城市下岗失业问题方面能力普遍较强，社会脆弱性较低。

相比之下，该类矿业城市经济、生态环境子系统的脆弱性较为突出。2006 年大庆市、盘锦市、松原市采掘业产值分别占区域总产值比例达 68.1%、78.6%、55.7%，重工业产值占第二产业产值的比例分别为 97.5%、96.6%、82.2%，城市经济发展对油气开采加工业的依赖度非常高，产业结构单一，并且内部关联度高，城市经济发展的潜在风险较高，很容易受到原油产量及价格波动的影响，经济子系统敏感性相对较高。同时该类矿业城市生态环境本底条件都相对较差，城市森林覆盖率低、水资源匮乏，生态环境子系统固有敏感性较高，加之原油开采加工过程中，工业废水排放强度较大，相比之下，城市生态环境子系统脆弱性也较为突出。

第四类：包括抚顺、阜新两个城市，该类矿业城市三个子系统脆弱性程度都很高（图 4-33）。

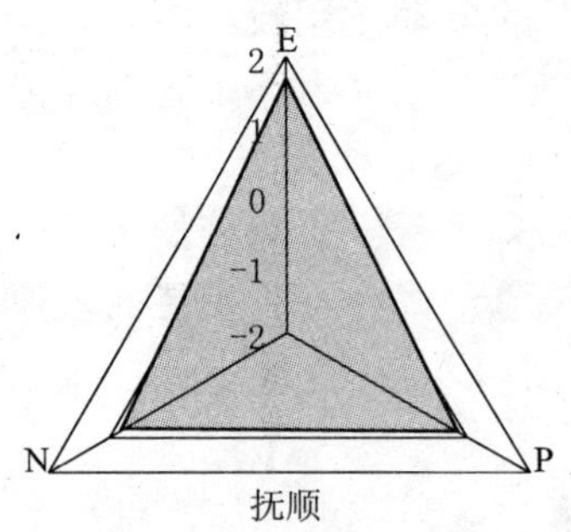

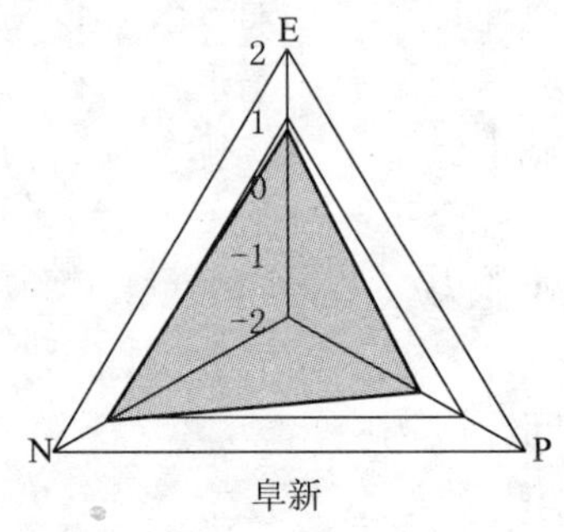

图 4-33　抚顺、阜新人地系统脆弱性雷达图

该类城市都属于老年期煤炭类矿业城市，长期以煤炭资源为依托的发展模式使大量的资本、人力、基础设施、设备等要素沉淀在煤炭采掘业、加工业及配套的服务业等领域，城市经济转型成本较高。目前阜新市替代产业培育虽取得一定成效，但替代产业对城市经济发展的带动作用仍较差，城市经济发展动力不足，抚顺市城市经济发展对煤炭、石油等矿产资源仍具有较高的依赖度，替代产业规模较小，城市经济子系统应对能力较差，两市经济子系统脆弱性都较为突出。

社会子系统脆弱性方面，阜新市近年来大力进行产业结构调整，对于提高城市经济发展的就业拉动能力、就业灵活性起到了重要作用，但同时也对城市原有的就业结构构成了强烈扰动，劳动力在产业间的转移相对滞后，加之大量矿山破产关闭，城市登记失业率较高，2006 年城镇登记失业率仍达到 5.06％，社会子系统敏感性相对较高。抚顺市目前社会就业对资源型产业的依赖度仍相对较高，就业结构较为单一，在煤炭产业衰退、城市社会劳动生产率提高、产业结构调整等扰动作用下，目前抚顺市社会就业问题较为突出，2006 年城镇登记失业率高达 6.67％，社会子系统敏感性较高。同时，两市职工文化素质偏低，劳动技能单一，并且 40～50 岁的大龄下岗失业人员比例较高，再就业能力较差，社会子系统脆弱性较高。

此外，长期的煤炭资源开采与加工对城市生态环境子系统构成了强烈的扰动，两市土地利用程度普遍较高，工业废水、SO_2 排放强度、固体废弃物产生强度大，城市大气环境和水环境污染、地貌景观破坏普遍较严重，城市生态环境子系统脆弱性也相对较高。总体来看，该类矿业城市经济、社会、生态环境三个子系统脆弱性程度都明显高于东北地区矿业城市平均水平（三个子系统脆弱性标准化值都大于 0)，三个子系统脆弱性程度都很高。

第五类：包括鞍山、辽源、本溪三个城市，从三个子系统相对脆弱性程度来看，该类矿业城市以社会、生态环境子系统脆弱性为主，经济子系统脆弱性程度较低（图 4-34)。

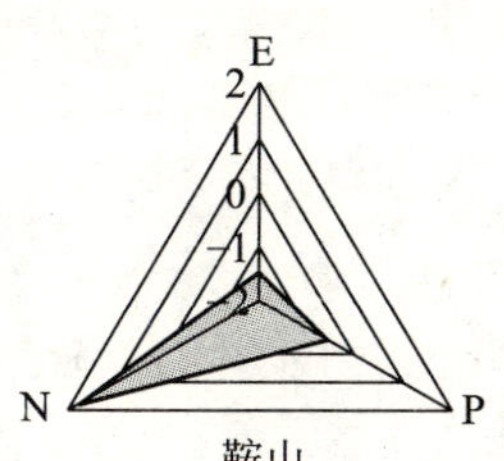

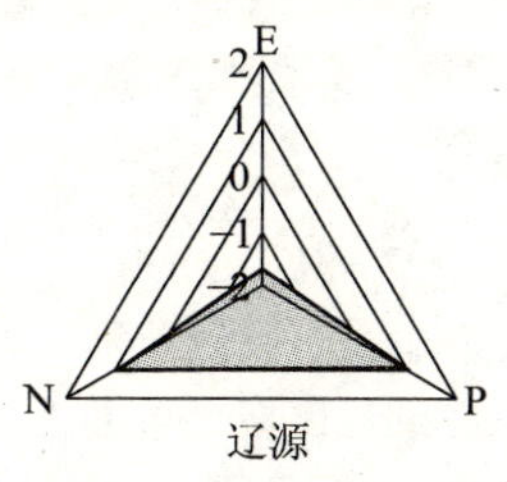

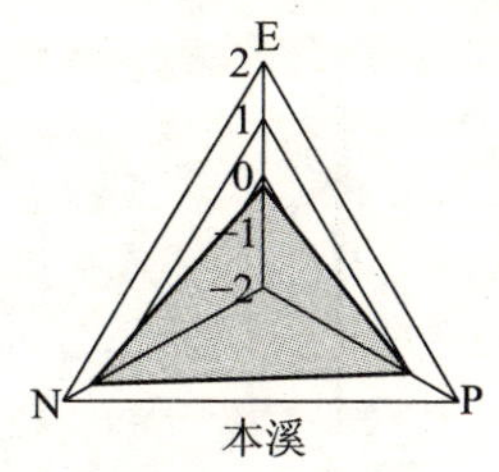

图 4-34　鞍山、辽源、本溪人地系统脆弱性雷达图

鞍山市、本溪市城市经济发展对采掘业的依赖度低，资源型产业链向下游延伸的趋势较为明显，并且都处于中年期发展阶段，矿产品产量保持着较高的增长率，城市经济发展受到的扰动强度小，经济脆弱性较低，辽源市目前替代产业培育已经初具规模，以新材料产业、健康产业、传统优势产业三大接替产业为主的经济发展新格局初步形成，城市经济发展的矿产资源依赖度较低，城市经济转型进展较快，经济子系统脆弱性也相对较低。

生态环境脆弱性方面，三市目前土地利用程度普遍较高，工业废水、SO_2 排放强度、固体废弃物产生强度大，对城市生态环境子系统构成了强烈的扰动，城市大气环境和水环境污染、地貌景观破坏普遍较严重，城市生态环境子系统敏感性相对较高。同时鞍山、本溪、辽源等城市生态环境子系统应对能力较差，其中鞍山市、本溪市目前工业 SO_2 去除率、工业固体废弃物综合利用率较低，且工业废水中的焦化废水目前尚未得到有效治理（李东英和胡见义，2007），辽源市目前工业三废治理率及城市建成区绿化率都相对较低，城市生态环境治理和修复能力较差。

社会子系统脆弱性方面，三市目前就业结构较为单一，城市社会就业对资源型产业和国有、集体单位的依赖度较高，随着社会劳动生产率的提高、国企改革步伐的加快以及城市经济结构的调整，产生大量下岗失业人员，2006 年城镇登记失业率都在 7%以上，社会子系统敏感性较高。在社会子系统应对能力方面，本溪市职工文化素质偏低，再就业能力较差，并且城市经济中资本密集型产业比重较高，城市经济发展的就业拉动能力低；辽源市培育的新材料产业、健康产业、传统优势产业等替代产业多为资本、技术密集型产业，吸纳就业能力有限，城市经济发展的就业拉动能力差，社会子系统应对能力较低；鞍山市城市经济发展就业拉动能力较强，并且城市就业灵活性较好、失业保险覆盖较高、劳务输出优势明显，社会子系统应对能力相对较强，但相比之下，社会子系统脆弱性明显高于经济子系统脆弱性。

参考文献

曹利军.1999.可持续发展评价理论与方法.北京:科学出版社.

国务院振兴东北办工业组.2006.东北地区资源型城市可持续发展战略与规划研究.

金凤君,张平宇,樊杰等.2006.东北地区振兴与可持续发展战略研究.北京:商务印书馆.

李东英,胡见义.2007.东北地区有关水土资源配置、生态与环境保护和可持续发展的若干战略问题研究(矿产与能源卷).北京:科学出版社.

楼文高,王廷政.2003.基于BP网络的水质综合评价模型及其应用.环境污染治理技术与设备,4(8):23-26.

苗长虹,王海江.2006.河南省城市的经济联系方向与强度——兼论中原城市群的形成与对外联系.地理研究,25(2):222-232.

熊晓云.2004.珠江三角洲产业集群的机制分析.中国软科学,(6):125-129.

徐建华.2002.现代地理学中的数学方法.北京:高等教育出版社.

姚文俊.2003.BP算法的改进在Matlab的实现研究.现代电子技术,(21):95-98.

周干峙,邵益生.2007.东北地区有关水土资源配置、生态与环境保护和可持续发展的若干战略问题研究(城镇卷).北京:科学出版社.

周涛,袁淑君,邬彤.2001.数据统计分析——SPSS原理及其应用.北京:北京师范大学出版社.

朱训.2004.矿业城市的可持续发展是振兴东北老工业基地的基础.资源·产业,6(5):1-4.

庄大方,刘纪远.1997.中国土地利用程度的区域分异模型研究.自然资源学报,12(2):105-111.

Kiang M Y. 2003. A comparative assessment of classification methods. Decision Support Systems, 35: 441-454.

Kitahara M, Achenbach J D, Guo Q C. 1992. Neural network for crack-dapth determination from ultrasonic back-scattering data. Review of Progress in Quantitative Nondestructive Evaluation, 11: 701-708.

第五章 矿业城市人地系统脆弱性调控

矿业城市人地系统脆弱性调控的目的是降低系统的脆弱性，实现城市的可持续发展。降低系统面对扰动的敏感性，增强系统应对扰动影响的能力是进行系统性脆弱性调控的主要方向。矿业城市人地系统脆弱性调控机制包括规避、拮抗、适应三种机制，三种调控机制之间存在紧密的联系，贯穿于系统脆弱性调控的整个过程。不同调控机制具有不同的特点及其适用对象，采取规避机制以降低各种扰动的强度、优化系统内部结构，应成为矿业城市人地系统脆弱性首选的调控机制。但当规避效果不佳或错过了最佳的规避时机，导致扰动影响不可避免的爆发时，社会、生态环境子系统脆弱性调控应以拮抗机制为主，经济子系统脆弱性调控应依据城市替代产业培育规模及其对城市经济发展的带动作用，在拮抗和适应两种机制间有所侧重。

第一节 矿业城市人地系统脆弱性调控机制

矿业城市人地系统脆弱性调控是指在了解人地系统脆弱性的内在本质和运行规律的基础上，通过调节人地系统脆弱性构成要素的相互联系及其彼此间的相互作用，降低系统的脆弱性，实现城市的可持续发展。从系统脆弱性的影响因素来看，系统脆弱性与其面临扰动的属性、系统的内部结构以及系统的应对能力密切相关，施加在系统上的扰动强度越大、系统内部敏感性组分越多、系统应对能力越差，则系统的脆弱性越高，因此，系统脆弱性的影响因素大致可以分为两个方面：一是由扰动强度和系统内部结构所决定的敏感性程度；二是系统应对扰动影响所能够利用的各种途径和资源，降低系统面对扰动的敏感性，增强系统应对扰动影响的能力是进行系统性脆弱性调控的主要方向。从系统脆弱性的影响因素及其相互作用关系出发，提出了矿业城市人地系统脆弱性的三种调控机制（图 5-1）：规避机制、拮抗机制和适应机制。

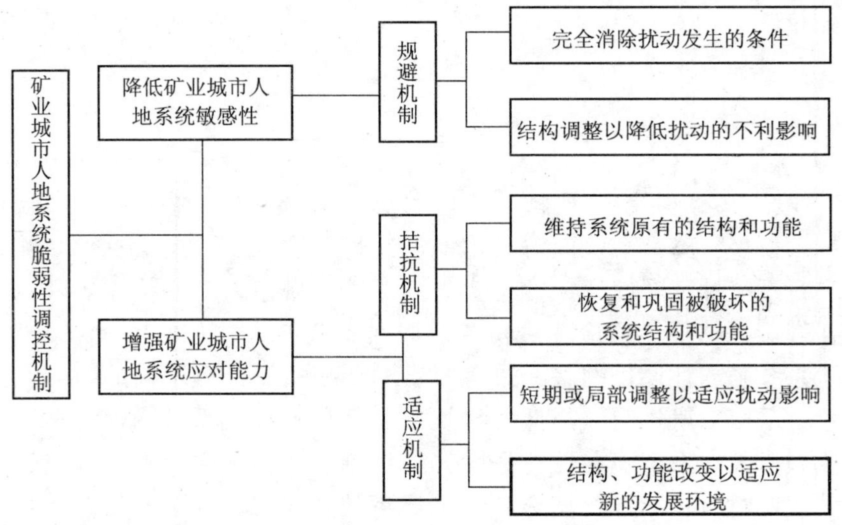

图 5-1　矿业城市人地系统脆弱性调控机制

一、矿业城市人地系统脆弱性规避机制

矿业城市人地系统脆弱性规避机制是从矿业城市人地系统面临的扰动和系统的内部结构入手，进行矿业城市人地系统脆弱性调控。它是指在扰动因素发生之前，主动通过采取相应措施来降低扰动发生的概率或强度，调整系统内部结构，减轻或免除扰动带来的不利影响，通过降低系统的敏感性达到脆弱性调控的目的。根据规避的程度，规避机制可分为以下两类。

（1）完全规避：即完全消除扰动发生的条件，使系统免受扰动因素的影响。适用于系统能够控制的扰动因素，并且规避该扰动的成本低于扰动发生可能带来的损失。例如，矿业城市所特有的生产安全和矿难风险，是矿业城市人地系统脆弱性的潜在突变因素，一旦发生，对矿业城市社会经济发展会造成巨大的损失。然而，绝大多数生产安全事件都是由于人为因素引起的，加强对矿业安全生产的监控，完全可以规避某些重大安全生产事件对矿业城市的扰动，从而达到降低矿业城市人地系统脆弱性的目的。

（2）部分规避：通过事先的控制措施降低扰动发生的强度或概率，调整系统的内部结构和功能，从而降低扰动对系统造成的不利影响。对于矿业城市来说，某些扰动的发生是无法避免的，如下岗失业、资源枯竭等扰动事件，但这些扰动因素在未达到一定强度前，矿业城市人地系统脆弱性程度不会发生突变，因此，采取一定调控措施，降低该类扰动发生的强度，调整系统对该类扰动的敏感性结构，这样就可以规避该类扰动的高强度爆发对矿业城市人地系统所造成的冲击。部分规避主要适用于矿业城市不能完全规避的扰动因素，或者完全规避成本过高的一些扰动。

矿业城市人地系统面临的扰动因素众多，是矿业城市人地系统脆弱性得以显现的必要条件，在众多的扰动因素中，矿业城市自身对一些源于系统内部的扰动因素具有一定的控制能力，规避机制比较适用于调控矿业城市人地系统对该类扰动因素的脆弱性，是一种主动的脆弱性调控机制，具有调控成本低的特点。

二、矿业城市人地系统脆弱性拮抗机制

多数情况下，矿业城市人地系统面临的扰动并不能被完全规避掉，残留的扰动会对矿业城市人地系统构成不同程度的负面影响。矿业城市人地系统脆弱性拮抗机制是指在扰动影响已经发生的情况下，系统充分利用各种途径和应对资源来遏制扰动因素的进一步发展，抵抗扰动对系统所造成的各种不利影响，维持和强化系统原有结构和功能。与规避机制相比，拮抗机制属于一种被动的脆弱性调控机制，具有调控成本较高、作用方式剧烈的特点。根据作用的强度，可分为以下两类。

（1）维持：矿业城市人地系统在扰动因素的作用下，部分系统结构和功能会受到严重破坏，直接威胁矿业城市的可持续发展，在没有相应的替代结构和功能的前提下，需要直接采取各种应对措施和资源来阻止扰动影响的进一步扩大，以维持系统原有结构和功能，为寻求新的发展机会积累能量和争取宝贵时间。

（2）强化：矿业城市人地系统某些组分的功能具有不可替代性，如水、土地、大气等资源对人类生存和发展、生态环境方面的作用，对于这些被破

坏的组分，需要对其进行恢复和巩固，以增强其抵抗扰动影响的能力。

矿业城市人地系统自身对施加在系统上的扰动具有一定的应对能力，但应对能力普遍较弱，需要充分利用城市内外可利用的各种应对资源。矿业城市人地系统脆弱性拮抗机制是矿业城市人地系统在遭受扰动作用后普遍存在的一种调控机制，但需要根据被破坏的结构和功能在城市人地系统中的地位、作用以及系统当前的状态选择相应的拮抗措施。

三、矿业城市人地系统脆弱性适应机制

在矿业城市人地系统面临的扰动因素中，某些扰动因素的发生完全超出矿业城市人地系统的控制范围，如矿产品价格的波动，某些扰动因素的发生是一种必然的趋势，如矿产资源的枯竭，面对这些扰动因素的脆弱性调控应以适应机制为主。矿业城市人地系统脆弱性适应机制指当扰动无法规避或系统对该扰动的拮抗能力较弱，系统只能通过改变内部结构和功能以适应扰动的影响，使人地系统重新获取自我发展和可持续发展能力。矿业城市人地系统脆弱性适应机制的调控着力点在系统内部结构和功能，同样是在扰动影响发生后的一种被动的脆弱性调控机制，具有调控成本高、难度较大的特点。按照适应的程度，可以分为以下两类。

短期调整：通常对系统进行短期的、较小的调整以应对扰动的不利影响，不会改变系统原有的结构和功能。通常指针对短期的、强度不大的但又无法规避的扰动，如短期内调整矿产品产量以适应矿产品价格的波动。

长期适应：对系统进行结构优化和功能完善，使其进入一种新的运行状态以适应系统发展环境的改变。通常指针对持续时间长、扰动强度大、波及范围广、足以改变系统运行状态的扰动，如城市经济转型以适应资源枯竭的发展环境。

四、脆弱性调控机制间的相互关系

上述三种脆弱性调控机制各具特点，具有不同的适用对象和使用条件，但它们不是孤立存在的，三种调控机制之间存在紧密的联系，贯穿于系统脆弱性调控的整个过程（图 5-2）。在进行矿业城市人地系统脆弱性调控时，需要根据矿业城市人地系统脆弱性的特点，进行不同调控机制的合理组合搭配，以实现脆弱性调控的目的。

从东北地区矿业城市经济、社会、生态环境三个子系统脆弱性特点来看，

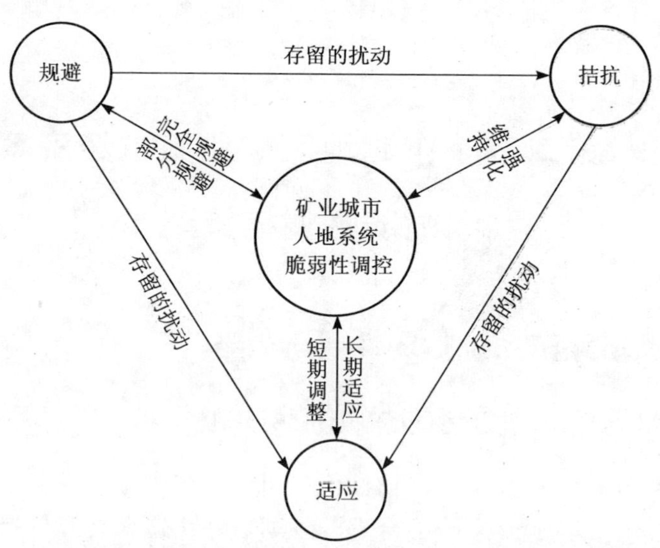

图 5-2 矿业城市人地系统脆弱性调控机制间的相互关系

下岗失业、生态环境破坏、矿业衰退三种扰动发生的强度都具有一定的可调控性，采取规避机制以降低各种扰动的强度、优化系统内部结构，应成为三个子系统脆弱性首选的调控机制。但当规避效果不佳或错过了最佳的规避时机，导致扰动影响不可避免地爆发时，矿业城市人地系统脆弱性调控就应根据具体情况采取拮抗机制或适应机制。具体来说，下岗失业、生态环境破坏直接威胁居民生计及城市可持续发展的物质基础，矿业城市社会子系统、生态环境子系统在上述两种扰动作用下的脆弱性调控应主要以拮抗机制为主，维持和强化稳定的社会发展环境及良好的生态服务功能，以确保矿业城市人地系统可持续发展所必需的稳定社会环境和生态环境基础。对于矿业城市经济子系统脆弱性调控而言，矿业产业由于矿产资源的可耗竭性，矿业衰退是一种必然的趋势，并且矿业在城市经济发展中的作用具有替代性，该扰动直接影响矿业城市人地系统未来发展的方向，当矿业城市替代产业发展方向明确，且对城市经济发展的带动作用较强时，应以适应机制为主，拮抗机制为辅，加快优化系统结构、完善系统功能以适应城市经济发展条件的改变，使矿业产业实现有序退出；当城市替代产业培育尚处于起步阶段，则需要一方面维持原有资源型产业在城市经济发展中的作用，为城市经济转型争取时间，另一方面则要加快替代产业的发展步伐，采取以拮抗为主、适应为辅的脆弱性调控机制。总体来看，规避机制、拮抗机制适用于矿业城市生态环境、社会子系统脆弱性调控，而矿业城市经济子系统脆弱性应采用三种机制的不同组合来进行调控。

第二节　东北地区矿业城市经济系统脆弱性调控策略

一、矿业城市经济系统脆弱性规避策略

（一）适度开发，确定合理的矿山服务年限

东北地区矿产资源开采历史较长，长期以来在“有水快流”思想的影响下，多数矿业城市资源开采缺乏合理的规划，一味追求高产量指标，没有本着可持续性的原则，对矿产资源的利用进行优化配置，对资源开采的路径进行合理选择，导致多数矿业城市进入老年期发展阶段以后，矿产品产量呈现出大起大落的特征（如阜新市），对城市经济发展构成了强烈的扰动。因此，尚未进入老年期发展阶段的矿业城市要根据区域资源丰富程度，寻求资源开发强度与经济规模效益之间的最佳结合点，制定适当的年度开采水平，实行适度开发。这样既有利于延长矿山服务年限，为城市经济转型赢得时间，同时又可规避矿产资源产量的剧烈波动对城市经济造成的影响。

（二）合理安排资源开采收益，建立矿山转产和替代产业培育专项基金

由于矿产资源的可耗竭性，矿业城市资源型产业的衰落是一种必然趋势，矿业企业的转产或关闭、城市替代产业的培育是东北地区老年期矿业城市普遍面临的问题，多数老年期矿业城市由于地方财政困难，在处理上述问题方面的能力较弱。因此，东北地区矿业城市应在资源型产业效益较好的成长、成熟期就为其转产或关闭做好准备，建立矿山转产和替代产业培育专项基金，用于发展接续替代产业、调整产品结构、解决企业历史遗留问题和企业关闭后的善后工作等，以规避老年期矿业城市出现经济结构调整乏力的局面，缓解矿业衰退对城市经济发展造成的影响。

（三）准确掌握经济转型的时机，降低城市经济子系统对矿业衰退的不利响应

城市经济发展对矿产资源的高度依赖是导致矿业城市经济子系统敏感性

的重要内在因素，尽早实现城市经济的多元化发展格局，可以降低城市经济子系统对矿业衰退的敏感性。从矿业城市经济子系统脆弱性的发展演化过程来看，矿业城市处在中、幼年期发展阶段时，就应主动考虑优化产业结构、培育替代产业，着手进行经济转型是规避“矿竭城衰”的最佳时机，一旦错过这一时机，待到矿业城市进入老年期发展阶段时再启动，那就为时已晚，城市经济子系统将会陷入矿业衰退、替代产业缺失的发展窘境。

二、矿业城市经济系统脆弱性拮抗策略

（一）加大矿产资源勘察力度，减缓资源枯竭的速度

从现实情况来看，资源型产业在相当长一段时期内仍是东北地区很多矿业城市的支柱产业，稳定的矿产资源供给对矿业城市经济发展具有重要意义。对于那些已探明矿产资源储量逐渐枯竭、替代产业发展相对滞后的矿业城市而言，从“开源”的角度，应加强矿业城市周边和深部的地质勘察和资源评价，挖掘老矿山资源潜力和发现新的资源，减缓矿产资源枯竭的速度，维持矿业产业在城市经济发展中的带动作用，为矿业城市发展替代产业，实现经济转型赢得时间和创造条件。

（二）开发域外资源，建立资源开采的跨区调控体系

除了加强本地资源的勘察力度外，东北地区矿业城市还可发挥地缘优势以及在勘探技术和人才方面的优势，实施“走出去”战略，开发域外矿产资源，以拮抗区域矿产资源储量减少对城市经济造成的影响。首先，应加强蒙东地区在资源领域方面的合作。蒙东地区煤炭资源、有色金属资源富集，很多新发现的矿区有待开发，东北三省资源枯竭型城市的矿业企业拥有大量的专用设备和技术人才，但普遍面临可供开采储量不足、生产能力闲置等问题，二者之间互补性较强，国家应加强对资源开采的宏观管理，在有偿出让矿业权和市场竞价原则下，打破行政区划限制，整体规划和配置资源，实现经济效益最大化。其次，东北地区周边的俄罗斯、蒙古等国家也都是资源丰富的国家，应鼓励和扶持东北地区矿业企业充分利用国外资源，具备条件的可以到国外发展，积极寻求与俄罗斯、蒙古的资源开发合作。

（三）推广先进的开采加工技术，集约开发矿产资源，提高资源利用效率

东北地区矿业城市大多在计划经济时期由国家投资建设起来，目前许多矿业城市中小型企业仍沿用一些新中国成立初期时购置的开采、加工设备，

技术陈旧、设备老化，矿产资源综合利用效率较低；在矿产资源开放方式上，东北地区矿业城市存在采富弃贫、大矿小开，整矿分开的现象，开采方式粗放，伴生矿产资源利用率低，资源浪费现象比较严重。因此，从“节流”的角度，利用高新技术改造、提升传统矿业产业，改善矿业企业的技术装备水平，集约开采矿产资源，提高矿产资源回采率和综合利用率，加快综合矿和伴生矿等有用组分综合利用技术的研究与开发，推进以煤层气、油母页岩、菱镁矿为重点的共伴生矿产的综合利用，推进冶金、化工等行业废渣的综合利用，对于拮抗主体矿产资源枯竭对城市经济造成的影响具有重要意义。

（四）延长资源产业链条，提高产品附加值

依托资源优势，在资源开发的基础上，大力发展下游产业，通过提高产品的附加值来降低资源产量下降对城市经济造成的影响，对于那些已探明矿产资源储量逐渐枯竭、替代产业发展相对滞后的矿业城市而言，是另一种有效的拮抗措施，也是当前东北地区矿业城市经济转型过程中常见的作法。例如，油城可以大力发展石油化工及石化产品深加工业；煤城可以沿着开采-洗选-发电、开采-洗选-发电-高耗能产业或开采-洗选-发电和煤化工三个方向进行产业链延伸，冶金类城市可沿着采矿-粗炼-精炼-型材-制品链条进行延伸；非金属矿矿产品深加工也可使产品大幅度增值。但应当注意的是，这种产业延伸模式仍局限于资源型产业领域之内，下游产业仍未脱离原有的资源优势，对于已探明矿产资源储量有限的老年期矿业城市而言，应在充分考虑市场需求和区域资源供给保障程度的条件下，确定合理的发展规模和延伸层次，避免在资源型产业沉淀更多的人力、资本，增加城市经济转型的成本。

三、矿业城市经济系统脆弱性适应策略

（一）促进多种所有制经济共同发展，大力培育替代产业，构筑多元经济格局

东北地区矿业城市形成发展的特殊历史环境，使得资源型产业长期独立支撑着城市的经济发展，国有经济比重偏高，这是造成矿业城市在矿业衰退、市场经济背景下经济子系统适应能力差的重要因素，进行城市经济结构的优化调整，实现城市经济的多元化发展，是矿业城市适应经济发展环境改变的重要举措。首先，要突破所有制界限，促进多种所有制经济共同发展，增强城市经济发展活力。加快国有经济的战略性调整，提高国有经济的整体素质和控制力，通过国企的资产重组、发展混合经济和民营经济等途径优化和调整现有的所有制结构，建立和完善以公有制为主体，多种所有制经济相互促

进、协调发展的新格局。其次，要鼓励本地矿业企业和政府，依托自身优势，大力促进替代产业发展，以适应矿业衰退的发展趋势。与我国其他地区矿业城市相比，东北地区矿业城市区位条件相对较好，多数矿业城市中非矿物资源较丰富，为矿业城市发展替代产业提供了得天独厚的条件。各矿业城市根据自身的资源特点、产业现状和地区经济状况，从区域经济发展和地区资源整合的角度考虑替代产业培育方向，形成各具特色的替代产业，改变以往重复建设、结构趋同、产业低水平过度扩张的状况，将矿业城市替代产业发展纳入东北地区整体区域发展规划中，统筹考虑各矿业城市替代产业培育问题。

（二）完善城市综合服务功能，向综合型城市转变

东北地区矿业城市普遍存在城市功能不健全的问题，生产功能远强于生活功能，使城市经济发展缺乏活力和综合竞争力，对人才、资金、技术等生产要素的吸引力不强，这是导致城市替代产业培育条件较差的重要内部因素。因此，完善城市功能有利于改善城市替代产业培育条件，增强城市经济发展的适应能力。第一，加强矿业城市商贸流通和物资集散的功能，为集聚和扩散各种经济要素提供良好的平台；第二，完善矿业城市的生产功能，推动资源型城市产业结构优化和结构升级；第三，完善矿业城市的交通运输服务、信息服务、中介咨询服务以及娱乐休闲等服务功能，为各种经济活动和经济要素自由流动提供全面、高效、便捷的条件；第四，完善矿业城市的创新功能，包括观念创新、科技创新、制度创新和机制创新，为资源型城市取得更大的集聚优势提供新的动力与活力；第五，完善矿业城市的基础设施条件和城市行政管理功能，以便为矿业城市经济发展提供良好的区域投资环境。

（三）发挥区域优势，加强区域经济合作

东北地区是我国较早形成的经济区之一，但由于受行政区划和经济发展的制约，经济联系以省内为主，而省际的联系相对较少，城市之间的经济联系较为松散，以“嵌入”式空间布局为主的矿业城市，与所在区域以及其他经济区域的联系更弱，很难享受到其他地区的辐射带动作用，导致矿业城市缺乏培育替代产业竞争优势的外部条件。因此，矿业城市应利用自身比较优势，扬长避短，加强与其他地区的经济协作，以增强城市经济发展的适应能力。首先，应加强与东北地区主要经济带之间的经济合作。结合东北老工业基地振兴战略，推动矿业城市与东北四大经济区及内蒙古东部新兴能源原材料基地的合作，进行区域内的产业分工协作，提升矿业城市替代产业的竞争力；其次，利用矿业城市具有的丰富资源、充足的动力供应、大量空闲土地和厂房以及廉价劳动力的比较优势，吸引国内发达地区及国外地区的投资，

带动地方经济的发展和产业转型。

（四）加大政府的援助和支持力度

在现有条件下，仅仅依靠矿业城市自身的力量和市场的手段，矿业城市难以实现经济转型，国内外矿业城市经济转型经验表明，国家政策支持对矿业城市的经济转型具有至关重要的作用。东北地区矿业城市为国家经济发展作出了巨大贡献，国家和各地方政府有责任制定相关政策来指导和援助矿业城市的发展，加大力度回报矿业城市的历史贡献。首先，建立矿山企业的反哺机制与矿业城市持续发展的补偿基金，在矿业销售收入中提取一定比例建立暮年矿山的反哺基金，并在分级财政中增加矿业城市的留成比例建立补偿基金，为矿业城市经济转型提供补助与支持；其次，国家应制定矿业城市产业结构调整的扶持政策，从财政和政策上重点支持大中型矿山企业进行技术改造和产业结构调整，并从宏观上对矿业城市的产业政策、财政政策、投资政策、信贷政策等多方面给予综合指导，积极推动矿业城市的经济转型（朱训，2002）；最后，着手研究资源开发补偿和衰退产业援助方面的立法问题，明确各级政府在资源开发补偿和衰退产业援助工作中应负的责任，逐步形成能够反映资源稀缺程度、市场供求关系和污染治理成本的价格形成机制。

第三节　东北地区矿业城市社会系统脆弱性调控策略

一、矿业城市社会系统脆弱性规避策略

（一）建立失业预警机制，防范较大规模下岗失业的风险

矿业城市社会就业问题是近年来各界人士关注的焦点之一，对于如何促进矿业城市再就业提出了很多有价值的建议，但缺乏从对产生失业的源头进行调控的措施。失业预警机制是对产生失业的源头进行必要的调控，以预防、调节和控制可能出现的较大规模的失业，对于降低下岗失业对城市社会子系统的扰动强度具有重要意义。首先，应完善失业统计制度，更好地掌握劳动力资源和劳动力市场的供求情况，选择一系列与失业相关的经济运行指标和就业状况指标，如失业人数、比例、从业类别、劳动力市场趋势等，制定出

相应的失业预警线，根据不同的预警信号，发布包括宏观调控、临时就业帮扶等措施，以稳定就业形势。其次，充分发挥用人单位和政府部门在规避大规模失业风险中的作用。用人单位可以通过一定程序适当缩短工时、降低工资、轮流上岗、组织实施待岗转岗培训等多种方式，防范较大规模失业的风险；政府部门可根据失业预警提示，采取财政、税收、社会保障等综合性政策措施，预防较大规模失业的出现。最后，通过综合运用法律的、经济的和必要的行政手段，对产生失业的源头（人口增长、经济周期、产业结构和体制结构调整）进行必要的调控，有效控制失业人数过快增长，规避下岗失业人员出现时间和地区分布过于集中的局面，降低下岗失业对城市社会子系统的扰动强度。

（二）确定合理的产业结构调整速度，降低结构调整对城市就业造成的不利影响

一个地区的产业结构直接决定了该地区劳动力的需求结构，当劳动力的供给结构与产业结构调整所引起的劳动力需求结构的变化相匹配时，劳动力就能随着产业结构调整而实现产业间的转移，反之，则会导致劳动力转移不充分，形成结构性失业。近年来，东北地区矿业城市都纷纷加快了产业结构调整步伐，部分城市社会就业受到的冲击较大，尤其是一些选择了资本和技术密集型产业的矿业城市，如辽源市、抚顺市等。对于这些城市而言，应根据城市就业形势，合理确定组织实施对就业、失业影响比较大的结构调整措施，避免结构调整的强度过大给当地社会就业造成过大的压力，从源头上抑制失业规模急剧扩大，防止由此给当地社会稳定带来新的冲击。

（三）统筹实施企业关闭破产、改制重组工作

东北地区矿业城市多数已经进入中、老年期矿业城市发展阶段，企业关闭破产、改制重组的问题比较普遍，如处理不好，会产生大规模下岗失业问题，进而对城市社会子系统构成强烈的扰动。为了规避这种现象的出现，各矿业城市要做好企业关闭破产、改制重组规划的制定和组织实施工作，避免在同一地区、同一时间、同一行业实施关闭破产、改制重组企业的数量过于集中，同时要指导实施关闭破产、改制重组的企业制定切实可行的职工安置方案，并按规定对方案进行严格审核。当某些矿业城市的就业形势十分严峻，无法承受过多的失业人员时，政府可以采取及时调整企业关闭破产计划、严格审批条件、延缓组织实施时间等措施，甚至可以根据当地实际，采取限制企业规模性裁员、暂停对可能导致较大规模失业的关停并转项目进行审批等超常规的对策措施，以规避大规模下岗失业对城市社会子系统造成的强烈扰动。

二、矿业城市社会系统脆弱性拮抗策略

（一）大力发展第三产业等劳动密集型产业，提高城市经济发展的就业拉动能力

促进城市经济增长是解决城市就业问题的基本前提，但不同的经济发展模式、发展内容对于吸纳劳动力的效果截然不同。东北地区矿业城市下岗失业问题更主要表现为结构性失业、隐性失业，这种失业特点要求矿业城市不仅要加快城市经济发展，同时还要提高城市经济活动的劳动密集程度，否则就会出现“高增长、低就业”的现象。相比之下，第三产业有较高的就业弹性，其中商贸、批发零售、餐饮、旅游业等传统服务业具有就业容量大、安置成本低、人员技能要求不高的特点，很适合安置下岗失业人员和刚步入社会的青年人，是增强城市经济发展就业拉动能力的主渠道，此外，在一些基础设施较好的大、中型矿业城市还可发展电信、金融、保险、信息服务业、中高档房地产等现代服务业和家政服务、便民服务、社区公共管理等社区服务业，对劳动力也有较大需求，尤其是社区服务业比较适合年龄较大的下岗失业人员实现再就业。

（二）扶持、培育民营企业和中小企业，增加城市就业的灵活性

有研究表明，不同规模的企业对创造就业的贡献各不相同，企业在就业创造过程中的净就业创造率与企业的规模呈现一定的负相关（刘力刚和罗元文，2006）。目前，国有大中型企业仍在东北地区矿业城市经济发展中占据重要地位，劳动力吸纳能力强、经营方式灵活的民营企业和中小企业发展速度、水平较低，规模较小，但已经在吸纳就业方面表现出较好的效果，为矿业城市解决下岗失业问题提供了广阔的空间。为充分发挥民营企业和中小企业在拉动就业、增加就业灵活性方面的作用，应在税收、财政、融资贷款等方面给予其一定的优惠政策，为其提供良好的发展环境，并多渠道为其发展提供资金支持，促进创业活动，完善对中小企业的社会服务，减轻其行政负担和适当放松管制，重点扶持和发展科技型、劳动密集型、生产加工型和社区服务型中小企业和民营企业，扩大就业容量，提高城市就业灵活度。

（三）加强人力资源培训，重塑现代就业观念，鼓励下岗人员创业

东北地区矿业城市下岗失业人员劳动技能单一、就业观念落后是导致下岗失业人员再就业能力差的重要原因之一。为了提高下岗职工的再就业能力，首先，东北地区矿业城市应根据再就业和产业发展的需求，组建不同类型、

不同专业、不同层次的培训中心，根据受培训者的文化技术基础、已有专长，有针对性地进行分门别类的培训，通过实用技术和就业技能的培训，全面提高下岗职工的转岗就业能力，对有创业能力的下岗职工积极开展创业技术培训及项目咨询、跟踪扶持等服务，培养和造就一批创业带头人；其次，要转变下岗职工的就业观念，从根本上改变下岗职工“等、靠、要”思想，使下岗人员由被动就业转为积极主动寻求就业机会，大力宣传现代就业意识，引导下岗失业人员树立自主就业、竞争就业、灵活就业等正确的择业观，增强竞争观念和自强意识，主动适应市场，积极自谋职业。

（四）协调社会保障与促进就业的关系，调动劳动者自主就业的积极性

完善的社会保障体系对缓冲下岗失业问题对社会稳定造成的影响具有重要意义。目前东北地区矿业城市社会保障的承载能力还远远不能满足失业人员的需求，社会保险覆盖面较窄，导致一部分人一旦失业后没有任何生活保障手段。因此，矿业城市应广开资金筹集渠道，努力完善包括养老、医疗、失业、社会救助在内的社会保障体系，保证各项社会保险金按时足额发放，完善社会救助制度，对符合条件的贫困人群按规定及时给予救助，进一步扩大社会保障覆盖面，形成覆盖全社会的城乡统一的社会保障体系和相应保障力度的社会保障制度。在政策设计上，既要考虑社会保障的保障基本生活的功能，又要考虑其可能对调动劳动者自主就业积极性的影响，在社会保障与促进就业之间找到最佳的结合和平衡是重要问题，某种意义上要使社会保障成为促进就业政策的一部分，制定“广覆盖、低水平”的保障制度，以便既能给居民提供基本生活保障，又不会削弱他们就业的积极性。

（五）扩大劳务输出，转移部分剩余劳动力

应对东北地区矿业城市的下岗失业问题，除了要努力扩大城市就业容量外，还可充分发挥地缘优势，通过国内、国际劳务输出，促进矿业城市的劳动力转移也是一种有效的途径。从德国鲁尔和法国洛林等发达国家矿业城市发展的历史经验看，解决矿业城市的劳动力转移，不能单靠市场机制本身完成，政府在实现劳动力转移中处于突出地位（李雨潼，2007）。各矿业城市应积极开拓劳务市场，建立各级劳务输出组织机构体系，完善覆盖市外、境外的劳务提供信息网络，对外出务工人员进行规范、有效地培训和管理，完善职业介绍服务体系，大幅推进有利于人口流动的户籍制度和福利制度的改革，消除阻碍劳动力转移的制度性限制因素，积极向区外输出劳动力，以减轻城市就业压力，维护社会稳定。

第四节 东北地区矿业城市生态环境系统脆弱性调控策略

一、矿业城市生态环境系统脆弱性规避策略

（一）健全生态环境保护与治理的法律与制度，加强矿业城市环境监管力度

从生态保护和环境治理等方面的政策看，目前，我国现有的法律法规和政策体系还不完善。《矿产资源法》、《环境保护法》、《土地管理法》、《森林法》、《煤炭法》等法律法规中虽提出了资源开采环境治理方面的规定和要求，但大多过于原则或只是某个侧面，抑或是力度远远不够，不利于实际操作（国务院振兴东北办工业组，2006）。应结合矿业城市的环境特点，健全矿业城市生态环境保护与治理的法律与制度，落实责任，严格监管，从源头上控制环境违法行为，降低环境污染与破坏事件发生的强度和概率。首先，要健全矿业城市和矿区生态环境治理的法律法规体系，对现有法律法规中提出的资源开采加工环境治理方面的规定和要求要严格执行，并借鉴发达国家的经验，研究资源开发补偿和生态环境治理方面的专业立法工作；其次，健全“国家监察、地方监管、单位负责”的环境监管体制，完善国家环境保护区域督查派出机构等措施，落实地方监管责任，坚持环保部门统一协调、统一监管，加快环境在线监测自动化环境监控网和应急网络建设，增强环境执法能力；再次，通过加快污染减排“三大体系”，即“科学的污染减排指标体系”、“准确的减排监测体系”和“严格的减排考核体系”的建设，切实提高环境监管能力水平（逯元堂等，2008）；再次，各级环保部门要依照相关环境保护法律法规，把住准入门槛，强化源头管理。通过环境影响评价、“三同时”验收、污染防治等各项环境管理手段，严把矿业城市新建项目环保关，要监督废弃矿山和老矿山的生态环境恢复与治理进程，消除环境安全隐患（张力军，2008）；最后，抓好重点行业的污染防治工作，特别是煤炭、电力、冶金建材等行业的污染防治工作。

（二）制定合理的空间布局与规划，减少污染城和破坏城市环境的不利因素

东北地区大部分矿业城市都是按照基地模式进行演化的，建设初期并未进行过科学、系统的城市规划，因此存在较多的工业区、居住区混杂，没有明确的功能区定位等问题，是导致矿业城市生态环境问题的重要原因。进行矿业城市和矿区的空间合理布局与优化，对于规避重大地质灾害、环境污染与破坏、矿难事件等引发矿业城市人地系统脆弱性的潜在突变因素具有重要意义。首先，制定矿产资源合理开发布局规划。根据矿产资源的分布特征和不同区域生态环境脆弱性差异，做好资源开发利用的宏观布局，协调好资源开采加工与地区生态环境容量（尤其是水资源承载能力）的合理匹配问题，严格限制在生态敏感区发展污染严重的企业，禁止在自然保护区、风景名胜区、森林公园、生态功能保护区、饮用水水源保护区等区域内的资源开采加工活动。其次，科学规划矿业城市建设。对产业区域要进行宏观规划，根据主导风向合理布局，以减少生活区和农业区的工业污染，按景观生态要求，综合设计河流、湖塘、湿地、林带、草坪等，优化城市绿地系统建设，实现绿地空间从传统形象规划向功能规划的转型，严格界定生产和生活区，禁止在已经勘查确定的资源开采区建设生活区，或在生活区进行开采，增建城市功能区域绿化隔离体系，以解决工业区与商业区、居住区、文教区交错布局的结构性问题；再次，对于经过多年开采，城市中心区有大面积采空区或沉陷区，需要通过调整城市空间布局以降低重大地质灾害的破坏强度。

（三）大力发展循环经济，降低经济发展对城市生态环境的污染和破坏

循环经济以自然资源的高效利用和循环利用为核心，把产品清洁生产、资源循环利用、生态发展和消费可持续等融为一体，是近年来国际上深化推进可持续发展的一种新型经济发展模式。东北地区矿业城市经济发展较为粗放，大力发展循环经济，可以从源头上减少污染物的产生，有利于减缓城市发展给城市生态环境带来的压力。东北地区矿业城市发展循环经济的思想观念比较落后，首先，要彻底改变以往“先污染、后治理”的传统资源型经济发展模式，用循环经济的理念指导编制各类规划，加快节能、节水、资源综合利用、再生资源回收利用等循环经济发展重点领域专项规划的编制工作。其次，要加快科技创新，为发展循环经济提供技术支持。组织开发有重大推广意义的共性和关键技术，包括减量技术、替代技术、再利用技术、资源化技术、系统优化技术、延长产业链和相关产业链接技术、零排放技术以及降

低再利用成本的技术等，努力突破发展循环经济的技术瓶颈（曾邵辉和骆玲，2006）。最后，建立完善的循环经济法规和政策体系，逐步将循环经济发展工作纳入法制化轨道，加大在财税政策、资金投入等方面对循环经济发展的支持力度，形成有利于促进循环经济发展的体制条件和政策环境。

（四）积极推进产业结构优化调整，努力实现城市经济与环境的协调发展

产业结构作为“资源转换器”和“污染物种类和数量的控制体”，是人类活动与自然环境的重要连接纽带（刘文新，2007）。矿业城市产业结构偏重，对城市生态环境的污染和破坏较严重，通过产业结构的优化调整，以实现城市经济与环境的协调发展，减轻城市经济发展对生态环境的扰动强度。东北地区矿业城市在这方面具有较大的发挥空间，应充分利用振兴东北老工业基地以及资源型城市经济转型的机遇，针对矿业城市中普遍存在的结构性污染问题，应合理调整第一、第二、第三产业的结构比例，大力发展低能耗、低污染的第三产业，对污染严重的小企业实行“关停并转”，加快淘汰能耗高、污染重的加工工艺，同时要通过税收优惠等措施，扶持节能、环保型企业的发展，对于传统资源型产业，应尝试在矿山企业层次、矿业开发区层次、资源产业链层次、矿业城市层次乃至大区域层次等不同层次和范围开展矿产资源开发利用的生态经济园区建设。

二、矿业城市生态环境系统脆弱性拮抗策略

（一）完善城市环境基础设施，逐步推行污染物排放总量控制和排污许可制度

完善的城市环境基础设施是矿业城市进行环境治理与改善的前提条件。东北地区矿业城市应加强环境治污工程建设，以拮抗大量的污染物对城市环境造成的不利影响。在城市水环境治理方面，应加快污水处理设施建设，根据污染源分布、污染物种类和区域环境特点，合理确定污水处理设施建设选址与规模，因地制宜选择处理工艺，提高污水收集能力，积极推行集中控制；在治理大气污染方面，加快发展以热定电的热电联产和集中供热，集中整治生活燃煤污染，工业炉窑要优先考虑使用清洁燃烧技术，严格实施烟（粉）尘排放总量控制，二氧化硫和氮氧化物排放超标的污染企业，必须安装烟气脱硫设施；在控制固体废弃物污染方面，应推进煤矸石、粉煤灰、冶金和化工废渣、尾矿、建筑垃圾等固体废物的综合利用，加快城市生活垃圾无害化处理设施建设。

从城市环境治理手段来看，加强污染物排放总量控制、推行排污许可制度对于提高末端治理的效果具有重要意义。目前，末端治理注重的是污染物排放浓度的控制，这种控制方式容易诱导企业控制排放浓度的同时加大排放总量，从而影响末端治理的效果（宋涛，2007）。总量控制制度是指国家环境管理机关依据所勘定的区域环境容量，决定区域中的污染物质排放总量时，根据排放总量削减计划，对区域内的企业以个别分配各自的污染物排放总量额度方式进行污染负荷总量控制的一项法律制度，实施污染物总量控制的有效途径是与之配套的排污许可制度（赵玉强和郝明家，2007）。东北地区矿业城市应逐步推行污染物排放总量控制和排污许可制度，要加强立法与配套政策的建设，明确总量控制、排污许可制度的法律地位，依法全面实施污染物排放总量收费，所有的总量分配指标要落实到排污许可证中去规范管理，以排污许可证核准的总量作为收费依据，有效制约过高申请排放总量的不良现象，同时加强研究与总量控制相适应的污染源监测技术规范，调整污染物排放标准指标体系，形成浓度与总量并重的污染物排放标准体系。

（二）因地制宜，突出重点，加强城市生态建设与修复

矿产资源开采加工本身是一类对生态环境破坏强度较大的经济活动，矿业城市生态环境破坏现象较为普遍，应加强城市生态环境建设与修复，以保持城市生态环境子系统的正常功能。东北地区矿业城市生态环境本底条件差别较大，城市生态环境建设与修复应因地制宜，东部生态环境本底条件较好的矿业城市应以保护为主，中西部生态环境本底条件较差、破坏较为严重的矿业城市应加强城市生态建设与修复。突出重点，加大对采煤沉陷区、露天矿坑、矸石山以及石油开采造成的水位沉降漏斗、土地盐碱化等问题的治理力度，通过技术论证，尽可能地将过去由采矿造成的矿坑等开采遗迹，改造为水库、湖泊、森林、草地和地质公园等景观，美化矿区面貌；加大矿山复垦力度和土地开发整理，国家在安排土地开发整理项目时，可适当向东北地区矿业城市倾斜，有计划地将采矿废石场、尾矿堆积坝进行平整、复土，增加土地，并在复垦地上恢复绿色植被。

（三）加强生态环境治理与修复的技术研究和人才培养

矿业城市生态环境治理与修复需要较强的科技支撑，如借助现代技术手段预测深部采空区和特大型坑矿可能出现的重大地质灾害、改进矿山开采遗迹的治理技术；研究矿山开采遗迹造成的生态退化机理与修复技术、与土地复垦相关的物种选择、配置和种植等方面的技术等（国务院振兴东北办工业组，2006）。因此要加强生态环境治理与修复的技术研究和人才培养，在中央

政府的支持下，地方各级政府要积极筹措资金，增加矿山环境治理和生态重建研究专项经费，资助这方面的研究工作。同时，在矿业城市环境治理和生态重建调研、制订规划等方面尽可能地吸收科研人员参加，提高矿业城市生态环境治理和修复能力。

（四）建立和完善生态补偿机制，多渠道筹集矿业城市生态环境治理与修复资金

从经济学的角度分析，外部不经济问题是生态环境问题产生的本质原因，即经济行为主体活动所引发的环境污染和生态破坏对其他企业和个人造成不利影响，而自身并未承担相应的治理和修复成本，从而导致市场无法有效配置资源而失灵。应建立和完善生态补偿机制，确立资源型企业在未来生态环境治理中的责任主体地位，科学合理地确定资源成本费用核算框架，把资源开采、环境治理、生态修复等列入资源型企业成本开支范围，通过建立资源开发补偿保证金制度等途径，使企业承担资源开发补偿的主要责任；同时，明确政府在矿业城市生态环境保护中的职责并保证落实到位，对于原中央国有资源型企业形成的历史问题以及资源已经或接近枯竭的城市，国家应该给予必要的资金和政策支持，做好治理的统筹规划，解决这些城市在生态环境方面的历史欠账，并且对今后企业治理不足或具备公共产品特性部分给予必要的资金支持（国务院振兴东北办工业组，2006）。建立矿山开采企业、政府、矿产资源使用者等多方面参与的生态环境治理与修复机制，多渠道筹集矿业城市生态环境的治理与修复资金，突破矿业城市生态环境治理与修复的资金瓶颈。

参 考 文 献

国务院振兴东北办工业组．2006. 东北地区资源型城市可持续发展战略与规划研究．

李雨潼．2007. 东北地区资源型城市就业问题与对策分析．人口学刊，(2)：54-58.

刘力刚，罗元文．2006. 资源型城市可持续发展战略．北京：经济管理出版社．

刘文新．2007. 区域产业结构演变及其环境响应研究——以辽宁省为例．长春：中科院东北地理与农业生态研究所博士学位论文．

逯元堂，吴舜泽，张治忠．2008. 国家环境监管能力建设的现状与对策．环境保护与循环经济，28 (7)：4，5.

宋涛．2007. 基于产业-环境系统协调发展的适应性城市产业生态化研究．长春：中科院东北地理与农业生态研究所博士学位论文．

曾邵辉，骆玲．2006. 资源型城市发展循环经济若干问题分析．商场现代化，(12s)：365，366.

张力军．2008. 切实履行矿山环境监管职责．国土资源通讯，(5)：17.
赵玉强，郝明家．2007. 沈阳市实施总量控制与排污许可证制度的探讨．辽宁城乡环境科技，(2)：1-4.
朱训．2002. 21 世纪中国矿业城市形势与发展战略思考．中国矿业，11 (1)：1-9.

第六章　阜新市社会系统脆弱性演变及其空间分异

煤炭是我国的主要能源，由于煤炭资源是不可再生资源，加之其赋存条件与布局具有很大的差异性，随着煤炭资源的不断开采，开采成本的上升以及产业发展的周期性带来的影响，煤矿城市中存在的经济社会与生态环境问题（如支柱产业单一、失业率高、环境污染与生态破坏等）逐渐显现出来，并有不断恶化的趋势，具有明显的经济、社会和生态环境脆弱性特征（苏飞等，2008）。阜新是一座因煤而立、因煤而兴的资源型城市，煤炭资源的开发和利用对于阜新市城市的发展起到决定性作用。新中国成立 60 多年来，为国家贡献 7 亿 t 煤；累计发电近 2000 亿 kW・h。而随着煤炭资源的枯竭，阜新市也不可避免要面临大多数资源型城市都会面对的困境。总体来说，阜新市经历了由辉煌到困顿再到转型的过程，其人地系统脆弱性也随着城市的发展变化轨迹而产生显著的变化。深入分析脆弱性的演变过程，并从中探寻脆弱性演变的规律和产生原因，进而提出脆弱性规避措施，对于资源型城市的城市转型和可持续发展具有重要的理论价值。社会系统是人地系统中的重要组成部分，与广大居民关系最为密切。在多年的演变中，阜新市社会系统也伴随着资源开采的周期性变化，经历了形成、发展和重构的过程，具有典型性和重要的研究价值。本章在阐述了阜新市概况和转型历程的基础上，首先分析了阜新市社会脆弱性的表现特征，进而从敏感性和应对能力两个角度建立脆弱性评价的模型和指标体系，对阜新市社会系统的脆弱性进行了动态性评价，划分了脆弱性演变的不同阶段，并对各个阶段的脆弱性进行分析；从基金流的视角，结合阜新市社会系统的演变过程对脆弱性成因进行了探究。接下来从空间的角度，利用实地调查问卷的数据，对阜新市市区内各居住区的脆弱性空间分异特征进行了分析和评价，并对分异格局的形成机理做了进一步探讨。笔者最后基于前述研究内容，提出了阜新市社会系统脆弱性的规避措施。可以说，阜新市社会系统脆弱性演变及空间分异的研究对阜新市社会系统的可持续目标的实现具有重要借鉴意义，同时也为脆弱性及相关研究提供了新的研究范例。

第一节　阜新市城市转型与社会脆弱性

一、阜新市概况及转型历程

（一）阜新市概况

1. 人口和自然概况

阜新地处辽宁省西北部，北邻内蒙古自治区，东与沈阳市接壤，西南部分别同朝阳市、锦州市毗邻，距省会城市沈阳距离 170 千米，距锦州港 148 千米，是辽西北的重要节点城市。市域土地面积 10 355 平方千米，辖阜新蒙古族自治县、彰武县和海州、太平、细河、新邱、清河门 5 个区。现有人口 190 万，其中市区人口 77 万。境内有汉、蒙古、满、回、锡伯等 24 个民族、少数民族人口 27 万，其中蒙古族达 20 万人，占全市总人口的 11%。

阜新市气候属于北温带半干旱大陆季风性气候区，四季分明，雨热同季，光照充足，风多雨少，是辽宁省光照最充沛的地区之一。全市资源丰富，除了众所周知的煤炭资源外，萤石、硅砂、玛瑙石等其他矿产资源，以及土地资源、风能资源、旅游资源等都相当可观。

2. 社会经济概况

近年来，阜新市社会经济取得了较快发展。2008 年，全市 GDP 233.9 亿元，人均 GDP 实现 12 134 元，按可比价格计算分别比 2007 年增长 13.3% 和 19.8%。其中第一产业增加值 52.2 亿元，增长 12.5%；第二产业增加值 93.5 亿元，增长 13.4%；第三产业增加值 88.2 亿元，增长 13.6%。第一、第二、第三产业构成比例由 2007 年的 21.5∶38.9∶39.6 调整为22.3∶40.0∶37.7，实现了第二、第三、第一的产业格局，如图 6-1 所示。

3. 煤炭开采现状

目前，阜新市煤炭资源随着多年的开采已经趋于枯竭，煤炭产业占工业总值的比例逐渐降低。据统计，煤炭工业占规模以上工业的比例由 2000 年

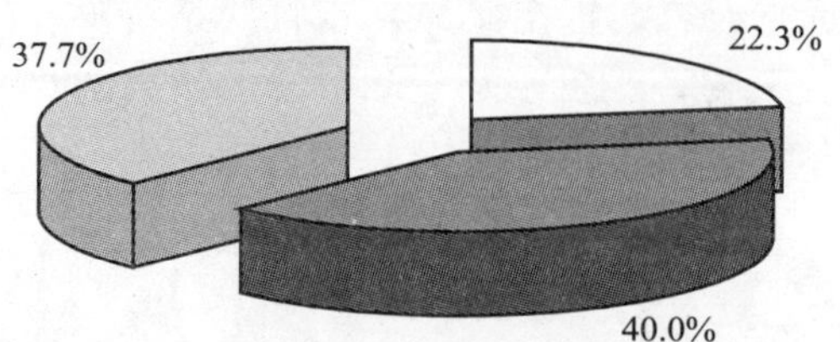

图 6-1　2008 年阜新市产业结构

资料来源：阜新市 2008 年统计公报

35%下降到 2008 年 26%。尽管如此，在一定时期内，煤炭仍对全地区经济发展起到重要的支撑作用，稳定煤炭产量，巩固其能源基础地位依然十分重要。据初步估算，阜新市煤炭尚有可采储量 3.23 亿吨，矿区尚有五对立井、三对斜井、八座选煤厂，煤类固定资产净值 23.6 亿元，具有煤业生产经营的物质基础。近年来，阜新市制定了“稳煤强电”战略，实施了阜矿集团的海州矿、清河门矿、五龙矿改扩建工程，加大了煤炭资源开发力度，还规划了东梁沙海组和八道壕泥下层两个立井的建设。2009 年，阜矿集团开工建设东新和阜淋两个新的年产 150 万吨的煤矿。同时，阜新市着力加大投入，改造生产系统，引进先进的生产工艺及技术等手段，使井工矿的生产能力得到迅速提高。此外，阜矿集团还积极利用煤业设备、人才、技术、管理等优势，转移下岗职工，开发外埠煤田。例如，实施开发内蒙古白音华煤田，该项目建成后，将打造成一座年产 3000 万吨的露天煤矿，年发电 240 万千瓦的电厂及其他相关产业。通过这些措施，阜新地区煤炭产量在 15～20 年内可以保持在年产 1000 万吨以上（刘文启等，2009）。

（二）阜新市转型历程

1. 崛起和辉煌

阜新已有 100 多年的煤炭开采历史，作为新中国最早建立起来的能源基地之一，曾为新中国的发展作出了重要贡献。“一五”时期，国家 156 个重点项目中有 4 个安排在阜新。阜新发电厂曾是亚洲最大的火力发电厂，1952 年 9 月，新中国第一台汽轮发电机组在这里安装成功，毛泽东主席亲自发来嘉电。海州露天矿是我国第一座现代化露天煤矿，是当时全国机械化程度最高的露天煤矿，1960 年版人民币 5 元券背面图案即为海州露天煤矿机械化作业场面，曾以“煤电之城”之美誉扬名海内外（刘文启等，2009）。

2. 资源枯竭之困

然而辉煌的背后却往往隐藏着危机。20 世纪 80 年代以来，由于资源的日趋枯竭和开采成本的逐渐上升，煤炭企业连年亏损，对煤炭产业高度依赖的阜新市陷入了前所未有的困境。表现为地区经济总量低、地方财政困难、城市建设欠账多、长期投入不足、环境污染严重、居民收入低下、生活条件艰苦等问题。而随着各大矿井的相继关闭，下岗失业人员猛增。1985～2001年，先后有14对主力矿井报废，特别是在2001年末，东梁矿、平安矿、新邱露天矿相继破产，全市下岗和失业人员达15.6万人，其中下岗职工12.9万人，占全市职工总数的36.7%。大量职工丧失了唯一的收入来源，且缺乏最基本的住房、医疗、教育等保障，又无法实现再就业。居民生活条件又极其艰苦，据统计，2001年阜新市的采煤沉陷区范围为10 138公顷，累计受损住宅建筑面积147.29万平方米，受灾居民7.8万人。诸多不稳定因素使得社会问题相继爆发。2000年，阜新市市区城市主干路被封堵12次，过境旅客列车被拦截4次，最严重的一次市政府周围聚集3000多人上访，围堵了12小时。整个社会处在崩溃边缘，保持社会稳定的压力巨大。

3. 艰难的转型

众多问题的接连出现引起了政府和社会各界的高度重视，2001年末，阜新市被国务院确定为国家首批资源枯竭型城市经济转型试点市，阜新进入了艰苦的转型阶段。多年累积的问题，如经济增长停滞、财政窘迫、城市欠账多、大量的失业、不稳定因素增加等，使得转型的过程异常艰难。但在国家、省、市各级政府的大力支持下，在阜新市人民共同努力下，经过了近10年的努力，阜新市经济转型取得了诸多成绩，主要包括以下几个方面。

1）国民经济快速增长

2008年阜新市经济总量达到233.9亿元，比2001年增加了163.86亿元，年均增长18.5%；地方财政一般预算内收入达到14.61亿元，比2001年增加了9.11亿元，年均增长25.1%。如图6-2所示。

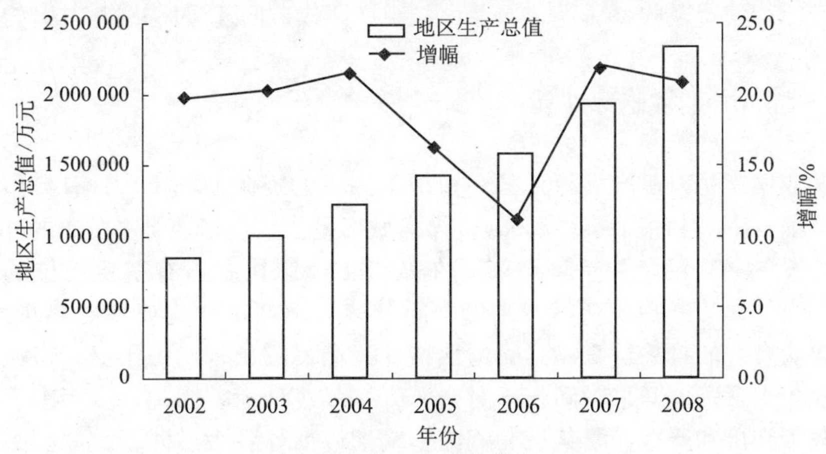

图6-2　阜新市历年地区生产总值变化

资料来源：阜新市统计年鉴2003～2008，阜新市2008年统计公报

2）接续替代产业框架基本形成

着力打造了农产品及食品加工供应基地、新型能源基地和煤化工基地三大产业基地，有序培育了装备制造、新型建材、精细化工、新型电子、玛瑙加工、北派服饰等六个优势产业。2008年，能源工业、装备制造业、农产品加工业、原材料工业共完成工业增加值58.24亿元，占全市规模以上工业的比例为98.4%。其中：能源工业实现增加值33.92亿元，增长26.8%；装备制造业实现增加值9.2亿元，增长42.1%；农产品加工业实现增加值8.35亿元，下降2.6%；原材料工业实现增加值6.82亿元，增长4.5%。

3）经济发展后劲不断增强

2001～2008年，全社会固定资产累计完成566.9亿元，年均增长25.2%。实现投资千万元以上项目近700个，其中亿元以上项目超过100个。共完成国企改制292户，地方国有工业企业全部实现转制；民营经济增加值占全市GDP的比例由2001年27.1%提高到62.5%。

4）劳动就业压力有效缓解

自转型起到2008年年底，市民累计实现就业和再就业42.4万人，全市仅为就业问题设置的公益岗位就达3万多个。下岗失业人员由2001年15.6万人降低到2008年4.1万人，实现城市"零就业家庭"动态为零。城市人口登记率基本降到全省平均水平。

5）人民生活水平逐渐提高

通过就业再就业、沉陷区治理、棚户区改造、社会保障、社会救助等多项民心工程，使得劳动就业压力得到缓解，人民生活条件不断改善。城市人均可支配收入由2001年4327元增加到2008年10 114元，年均增长12.9%。沉陷区治理安置及收益居民3.4万户，棚户区改造回迁居民超过10万户。

二、阜新市社会脆弱性

矿业城市是以矿产资源开采和初加工为主的资源型城市，具有典型的脆弱性特征（李鹤和张平宇，2008）。煤炭城市是指依托当地煤炭资源的开发而形成或发展起来的，并且煤炭产业在城市工业结构中占有重要地位的城市（王青云，2003），是矿业城市中的典型代表。阜新市作为典型的煤炭城市，由于煤炭资源的日趋枯竭，其脆弱性特征逐渐暴露出来。由于阜新市城市人口规模较大，资源开采时间长，对资源开采高度依赖，因此，多年来表现的问题较为突出和严重。尤其是在资源枯竭期以后，各大矿井相继关闭致使大量职工下岗失业，社会矛盾加剧，问题日益突出，社会不稳定因素持续增多，使得阜新市社会系统表现出明显的脆弱性特征，且具有典型性。社会系统同居民的生活密切相关，加强对社会系统的研究具有重要的现实意义。通过对阜新市社会系统的发展变化的研究，本书认为这种脆弱性主要体现在以下几个方面。

（一）下岗失业率高，就业压力大

阜新矿区经过百年开采，资源已日趋枯竭。20 世纪 80 年代以来，阜新矿区开始进入煤炭生产衰退期。自 1986 年起，新邱矿、兴隆矿、清河门矿的局部矿井等 21 个矿区主力矿井相继资源枯竭，被迫关闭，致使近 8 万余名煤矿工人失去工作岗位。从 2001 年起，按照国家产业政策，相继对平安矿、东梁矿、新邱矿、王营矿等实施了破产，共报废设计能力 341 万吨，计 47 957 名矿工失去岗位（李黎明和刘伟，2007）。2005 年阜新市下岗失业人员 12.7 万人，仅 6 月海州露天矿的宣布破产，就产生了 2 万多名失业职工，城镇登记失业率为 6.9%，比全国平均水平高 2.8 个百分点，居辽宁省首位。全市共有“零就业家庭”22 425 户，处于最低生活保障线以下的居民高达 20 万人，已占市区人口的 1/4，生活状况非常艰难。阜新下岗人员中矿区下岗工人占 45%，这部分人主要是体力劳动者，文化素质偏低，年龄偏大，下岗职工中初中及以下文化程度为 8.53 万人，占下岗职工的 71%，40 岁以上大龄下岗职工 5.65 万人，占下岗职工的 47%；女性下岗职工 6.13 万人，占下岗职工的 51%，就业技能单一，择业观念差，再就业难度相当大，劳动力供大于求矛盾比较突出，因此阜新的就业难度很大。

（二）贫困问题严重，生活条件差

阜新市居民收入水平低，大量城乡群众长期处于贫困状态，问题严重。据统计，2005 年，全市在低保线以下的城市居民达 17.8 万人。另据调查，阜新市下岗失业人员有近 7 万人从事临时性就业，占下岗失业人员的一半，其中 6.5 万人从事干零活、摆地摊等季节性工作，有 6 万人月收入在 300 元以下，这种就业收入仅仅维持生存，不能抵御任何意外和风险，具有很高的脆弱性（郑文升等，2008）。

2001 年转型期以前，阜新有 8.64 万户、21 万人居住在矿区，居住户均建筑面积 31.9 平方米，远低于全市平均水平。而且矿区职工居住多为日伪时期劳工房、简易房，房屋破旧、透风漏雨，很多已成危房；居民生活区由于缘矿而建，布局分散，厂矿与住宅混杂，私搭乱建严重，没有统一的规划，日积月累形成了矿区特有的棚户区。棚户区居民“靠山吃山”，取暖做饭多以煤和煤泥为主，生活垃圾和矿山废弃物随处可见，对自身居住环境和周边地区造成很大污染，明沟暗渠堵塞严重，交通极为不便，供水、供电管网老化，部分地区停水停电问题长期难以解决，具有连片性、群体性和代际性的特点。另外，还有2.87万户、7.8万户人居住在基础设施和生活设施更为落后的采煤沉陷区，这里根本不具备基本的生活条件。城市空间布局混乱，矿区和城区生活环境差异巨大，城市内部分异明显。

（三）社会保障压力大，潜在威胁较多

社会保障不完善，参保人数少，保障标准偏低。阜新市2005年最低生活保障金为156元/人，失业保险金为192元/月，最多享受2年（王志宏和吕秀杰，2006）。以养老保险为例，阜新市养老金收支不平衡，养老金支出远远高出养老金收入，资金缺口达1751万元。在问题最为突出的2000年，阜新地区拥有企事业职工人数为1 920 844人，而养老保险统筹职工仅为175 986人，仅占职工总人数的9.16%（汪红等，2004）。据测算，阜新在岗职工的抚养比近似为60%，社会保障负担重、保障能力低。阜新需要的城市财政社会保障支出负担重，同其他发达地区的财政社会保障支出差距巨大。

由于阜新的社会保障总体水平低，部分破产企业下岗职工的生活就更加困难。具体而言，不少企业历年来拖欠职工工资、养老金、失业保险金等，但在企业并轨时没有及时补发给职工；地方小煤矿泛滥开采，导致驻地居民房屋裂缝，但无法纳入沉陷区治理范围，危及群众生命财产安全；部分群众供暖、供电和吃水难问题无法及时解决等。城市下岗失业人员所占比重较大，因生活困难没有保障，对国家和社会产生不满情绪而做出集体上访、游行、示威或堵塞交通等破坏安定的群体性事件，或者做出违法犯罪的行为。以2002年为例，阜新地区共受理群众来信来访87 697件次，其中来信1984件，占2.26%，来访85 697件次，占97.74%；受理集体上访2382批次，共78 047次（李建华，2007）。由此可见，阜新市的群体性上访事件比较突出，其社会生产生活环境受到严重影响。

（四）社会投入严重不足，地矿关系复杂

计划经济体制下，阜新矿务局在行政级别上和阜新市人民政府是平级的，矿务局下设23个县团级单位。矿务局的社会功能比较齐全，例如，在医疗、教育方面都有自己独立的单位，有独立的社会治安保卫机构等。这种“企业办社会”的模式，使得原本效益低下的阜新矿务局负担沉重，各个企业连年亏损，职工工资及各种福利待遇尚且不得不经常拖欠，因此根本没有其他资金投入到矿区所属地区的基础设施上，造成整个用地面积约32平方千米，占阜新主城区规划用地面积一半以上的矿区路面破损严重，坑洼不平，弯曲狭窄，排水照明设施严重缺失，交通事故频发。由于阜新市各矿业企业所上缴

的税收本身不足，而其中绝大部分税收又要上交国家，阜新市市政府财力也严重不足，因此在全市的教育、医疗、卫生、文化等方面的投入上捉襟见肘，整个社会发展面临着严重的困境。而伴随着煤炭资源的枯竭，阜新矿务局下属的煤炭企业纷纷破产倒闭，企业效益严重下滑。面对煤炭企业破产后的诸多遗留问题，如环境治理、下岗职工安置等，根据属地原则，阜新政府要承担这些社会包袱（李建华，2007），可以说对阜新市社会发展更是雪上加霜，地矿之间的关系一直较为复杂，矛盾较多。

第二节　阜新市社会系统脆弱性分析与评价

阜新市社会系统具有明显的脆弱性特征。在多年的发展中，阜新市经历了由兴盛崛起到步履维艰再到艰难转型的过程，而在这一过程中，社会系统在不同的时间断面上呈现出不同的特点，表征其自身特点的各项指标也发生明显的变化。在不同时段，阜新市社会系统的敏感性、应对能力等均会表现不同的特点。因而，对阜新市社会系统的脆弱性进行动态分析，把握其脆弱性发生变化特征及规律，深入分析脆弱性演变的内在机理是极其必要的，也为阜新市社会系统可持续发展政策的制定提供了理论依据。

一、阜新市社会系统脆弱性评价

（一）评价思路及方法

系统的“敏感性”和“应对能力”是决定系统整体脆弱性的关键因素。因此，在矿业城市社会系统脆弱性评价时，也应该从这两个方面进行综合考察，在指标体系的制定过程中，应有针对性地从这两个角度进行指标选取。通过对多年来阜新市社会系统脆弱性地动态评价，研究阜新市社会系统脆弱性的演变规律，划分脆弱程度等级及阶段，并在此基础上，进一步分析社会系统脆弱性的主要影响因子，进而分析社会系统脆弱性的成因，为进一步探究人地系统脆弱性的发生机理提供依据。

综合运用生态学、人文地理学、统计学等多学科理论和研究视角，通过资料收集，实地调查、数据分析以及专家评判等方法，分别针对各子系统建立起综合反映系统敏感性和应对能力的指标体系，以阜新市市区为研究单元，按照系统性、可获取性、连续性和可比性的原则，以 1990～2006 这 17 年社会系统变化的相关指标作为原始数据构建指标体系，通过建立矿业城市社会系统脆弱性的评估模型，采用熵值法、层次分析法相结合的方法进行社会系统脆弱性的动态分析。从多个角度综合判断，制定出相应的敏感性、应对能力强、中、弱评定规则和计算公式，通过与基准值的对比最终确定人地系统及各子系统敏感性和应对能力等级，综合评判社会系统脆弱性水平。

1. 数学模型的建立

脆弱性是敏感性和应对能力作用程度的函数。脆弱性与敏感性成正比，与应对能力成反比。敏感性越强，脆弱性越强，应对能力就越强，脆弱性越弱，因此，建立社会系统脆弱性的评价模型为

$$V_i = S_i / R_i$$

式中：V_i 为系统 i 的脆弱度；S_i 为系统 i 的敏感性；R_i 为系统 i 的应对能力。

2. 脆弱性评价过程

基于以上对阜新市社会系统的指标选取，本书将阜新市社会系统脆弱性的评价分为两个层次，对敏感性和应对能力进行评价是评价的最底层，也是重要的基础评价。这一层次的评价方法主要采取熵权系数法，通过熵值确定各个指标的权重，进行加权求和得出结果。第二层次根据建立的数学模型和基础层次评价得出的数值进行计算，得出社会系统历年的脆弱性，进行社会系统的脆弱性评价。

熵值法是从一组不确定事物中提取信息量，按照信息熵的大小来确定各指标权重的方法。本书用熵值法分别对阜新市经济敏感性及其应对能力进行评价，然后采用脆弱性指数（V）来计算阜新市经济脆弱性程度。

应用熵值法的基本步骤如下：

(1) 数据的标准化处理。本书定义正向指标为指标数值越大系统的抗应变能力越强的指标，负向指标为指标数值越小系统的抗应变能力越强的指标。

在进行标准化的过程中，无法对正向指标和负向指标予以区别对待，因此对指标预先做如下处理：本书将 m 年中正向指标的最大值和负向指标的最小值作为该指标的理想值，即正向指标的理想值为 $\max\chi_j$，负向指标的理想值为 $\min\chi_j$，各指标和理想值的比值定义为该指标的接近度 χ'，则：

正向指标的接近度为

$$\chi'_{ij} = \frac{\chi_{ij}}{\max\chi_j}$$

负向指标的接近度为

$$\chi'_{ij} = \frac{\min\chi_j}{\chi_{ij}}$$

χ'_{ij} 表示第 j 项指标第 i 年的统计值，$\max\chi_j$、$\min\chi_j$ 分别表示第 j 项指标的最大值和最小值。在应对能力的测度中，接近度的计算去掉指标量纲，将负向指标转化成了正向指标，使正向指标和负向指标具有可比性。这种接近度可以理解为正向指标，数值越大抗应变能力越强。

定义其标准化指为 P_{ij}：

$$P_{ij} = \frac{\chi'_{ij}}{\sum_{i=1}^{m} \chi'_{ij}}$$

（2）计算第 j 项指标的熵值 E 和信息效用值 D_i：

$$E_i = -(\mathrm{In}m)^{-1} \sum_{i=1}^{m} P(\chi_{ij}) \mathrm{In}P(\chi_{ij}) \quad (m \text{ 为样本数})$$

$$D_i = 1 - E_i$$

（3）定义第 j 项指标的权重：

$$W_i = \frac{D_i}{\sum_{i=1}^{m} D_i}$$

（4）计算第 i 年份系统的得分：

$$S_j = \sum_{i=1}^{n} W_i \times P_{ij}$$

（二）构建指标体系

社会系统的敏感性来自于外部经济活动的干扰较大，并与社会系统本身对外部扰动的应对能力相互制约、相互影响，形成了社会系统的脆弱性。社会系统敏感性因子主要是对社会系统干扰的因素，对于社会发展具有较强影响。根据阜新市社会系统脆弱性的表现可以看出，造成社会系统脆弱性主要来自于长期作为单一主导产业的煤炭开采业和长期计划经济体制。这两个因素既是扰动经济系统的重要因素，也是造成社会系统脆弱性的主要因素。

阜新市单一的产业结构造成社会就业结构单一，大量工人从事煤炭型产业，造成城市文化层次低，适应社会发展能力较弱，导致从业人员就业技能结构单一。当煤炭产业受到资源限制开始衰退以后，大量工人将面临下岗失业的危险，而缺乏就业技能，加大了再就业难度，导致煤炭工人失业以后，没有生活保证，使得大量人员处于低收入生活状态，增强了社会发展和稳定的敏感性。因此社会系统在指标选取上主要选择：采掘业从业人员占全部从业人员比重、国有和集体单位从业人员比重、城镇人口失业率。

由社会系统脆弱性的内涵可知，应对能力是系统脆弱性的组成部分，应对能力越高，敏感性越小，社会脆弱性就越低，反之亦然。一个地区的社会经济发展状况决定该地区社会系统的应对能力大小，其中，该地区资源的分配状况、人口结构、教育水平、医疗条件、基建设施完善程度、社会安定及政府管理水平等对系统的应对能力具有重要影响。在借鉴全球环境变化脆弱性研究成果的基础上，根据指标选择的科学性、目的性、可操作性等原则，本书从 4 个方面选取 10 项指标构建社会系统应对能力指标体系，因此社会系统应对能力指标选择居民人均消费支出、城镇恩格尔系数、城镇居民消费价格指数、城镇居民收入、农民居民收入、人均日生活用水量、人均日生活用电量、人均居住面积、万人拥有图书册数、万人拥有床位数。如上所述，社会系统的指标体系建立如表 6-1 所示。

表 6-1　社会系统指标体系

指标	指标名称	指标含义
敏感性指标	采掘业从业人员比重 国有和集体单位从业人员比重 城镇失业率	反映就业结构现状及失业现状
应对能力指标	居民人均消费支出 城镇恩格尔系数（负向指标） 城镇居民消费价格指数 城镇居民收入 农民居民收入	反映居民收入水平和档次
	人均日生活用水量 人均日生活用电量 人均居住面积	反映居民生活水平及条件
	万人拥有图书册数 万人拥有床位数	基础设施建设情况反映社会发展进步程度

资料来源：中国城市统计年鉴 1991～2007、阜新市统计年鉴 1991～2007

（三）阜新市社会系统脆弱性评价结果分析

依据上文所制定的阜新市社会系统的指标体系，并运用熵权系数法计算各项指标的权重，进而计算出系统的敏感性指数、应对能力指数以及脆弱性指数（图 6-3～图 6-5）。对社会系统脆弱性进行动态性的分析评价，分析各个阶段影响脆弱性变化的主要影响因子，评价不同阶段的脆弱性程度，并对引发系统脆弱性变化的成因进行探讨。

在对阜新市社会系统脆弱性评价的基础上，结合脆弱性评价结果，分析阜新市社会系统脆弱性 1990～2006 年的变化轨迹。按照脆弱性的评价数值，咨询了相关专家，将系统脆弱性分为三个等级，如表 6-2 所示。

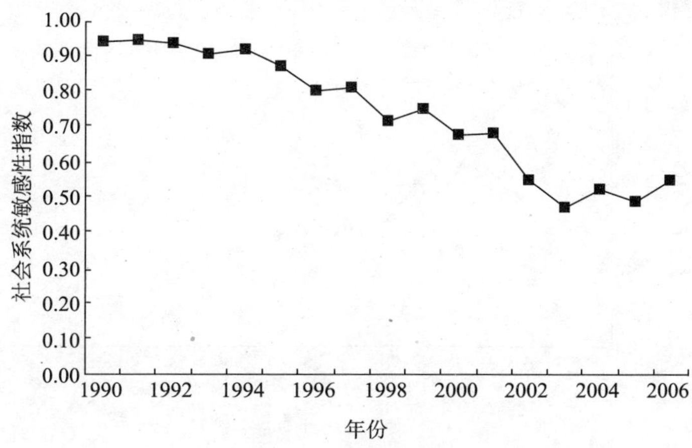

图 6-3 阜新市社会系统敏感性指数

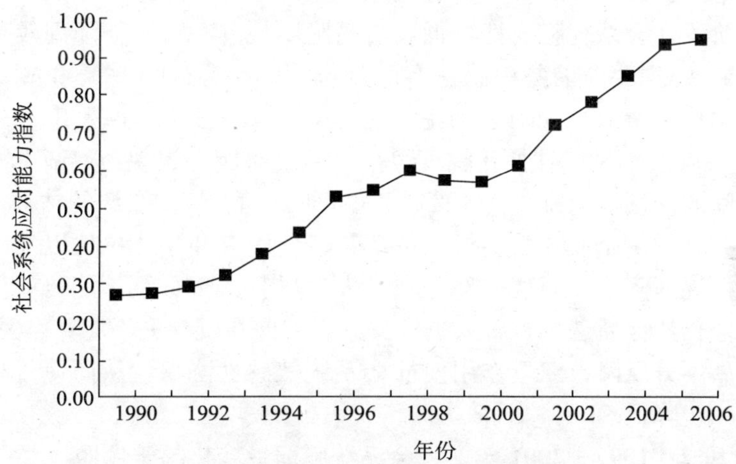

图 6-4 阜新市社会系统应对能力指数

表 6-2 社会系统脆弱性等级划分

V_i	脆弱性等级
$V_i \leqslant 1.5$	较低脆弱性
$1.5 \leqslant V_i \leqslant 3$	较高脆弱性
$V_i \geqslant 3$	高脆弱性

社会系统的健康发展关乎广大居民的就业、医疗、卫生、教育等方方面面，与居民的生活水平和生活质量密切相关，其健康发展具有重要意义。从图 6-5 中可以看出，阜新市社会系统脆弱性在 1990～2006 年呈明显的下降趋势，期间有小幅波动。社会系统脆弱性大致也可分为三个阶段。

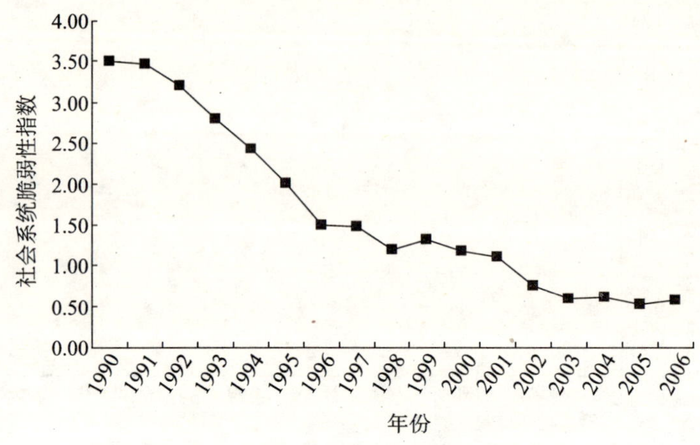

图 6-5 阜新市社会系统脆弱性指数

1. 阶段 1：1990～1996 年，社会系统脆弱性逐渐降低

这一阶段社会系统脆弱性降低，由高脆弱性（3.51）下降到较高脆弱性阶段（1.51）。主要原因是敏感性有所降低（降幅为 14.6%）和应对能力持续上升共同作用所致，应对能力上升为主导因素（升幅为 98.8%）。1990～1994 年，社会系统敏感性变化幅度很小，而应对能力表现为逐渐上升，从而使得系统脆弱性逐渐上升。而 1994～1996 年，随着煤炭资源的枯竭，各个矿业企业尤其是采矿企业开始实行减员政策，使国有和集体单位以及采掘业从业人员比例逐渐降低，而这一部分减员人口尽管大部分都不能再就业，但由于其与企业仍然保留着工资、人事等关系，因此在统计上不能算作失业人口，致使失业率不升反降，双重作用使社会系统敏感性降低，从而使得社会系统脆弱性进一步降低。

2. 阶段 2：1997～2001 年，社会系统脆弱性变化趋于停滞

在这一阶段中，敏感性表现为波动性下降，主要原因是国有和集体企业职工所占比例的大幅下降，尽管 1998 年以后，随着下岗政策的实施，大批职工工龄被买断，彻底成为失业人口，使得失业率上升，在 1999 年和 2001 年小幅拉升了敏感性；但总体来看，这一阶段敏感性是明显下降的。而造成脆弱性变化停滞的主要原因是系统应对能力不仅不再上升，甚至在部分年份出现下降。6 年的时间里，社会系统应对能力仅由 1996 年 0.53 上升到 2001 年 0.61，仅仅上升了 15.5%，而其中两年反而出现了下降。阜新市社会系统的各项指标在这一阶段均表现为增长极度缓慢甚至倒退，社会系统应对能力停滞，表明社会系统无法进一步发展，整个系统面临着紊乱的巨大危险。在这一阶段，随着煤炭资源的枯竭，各个矿井的关停，企业的纷纷破产倒闭，大量的下岗工人突然没有了收入，又无社会保障，直接面临着生存的问题，加上长期积攒的社会问题，如社会系统长期投入不足、市政基础设施严重落后、居民生活条件差等，阜新市社会系统应对能力几乎停滞，从而使得阜新市社会系统脆弱性出现回升的趋势。

3. 阶段 3：2002～2006 年，社会系统脆弱性进一步下降并趋于稳定

由图 6-5 可以看出，2002 年开始，阜新市社会系统脆弱性在应对能力重新上升趋势的拉动下进一步下降，而后趋于稳定，在这一阶段，社会系统平均脆弱性仅为 0.62，体现出较低的脆弱性。敏感性在 2002 年下降较为明显，而后表现为上下小幅波动，而应对能力则表现为持续上升，上升幅度为 54%，上升较为明显。在这一阶段，阜新市进入了转型期，随着各项接续产业的扶植，居民的就业结构发生了质的变化，民营企业等新的经济形式的出现，提供了较多的就业岗位，使得国有及集体企业从业人员比重以及采矿从业者的比重进一步下降，而且各级政府加大了对阜新市社会各项事业的投入力度，使得社会系统的敏感性下降和应对能力上升。但应该看到，阜新市在这一阶段社会系统应对能力增幅并不大，而敏感性降幅也比较小，尤其是 2004 年和 2006 年，阜新市敏感性出现了回升。这表明，转型期间产业发展对社会就业的带动作用并不十分明显，而在社会事业的投入上也并不是非常充足，社会系统的发展较经济系统而言要相对滞后。

二、社会系统演变及脆弱性成因探究

（一）社会系统演变与脆弱性的关系

1. 社会系统的波动性演变是脆弱性的表现

一般认为，系统内部存在脆弱性，必然有不稳定的因素，这种因素对外界具有依赖性。当外界条件发生变化时，即发生扰动时，系统就要发生变化（那伟，2007）。因而，脆弱的系统在演变过程中，必然会表现出明显的不稳定性或波动性特征。笔者认为，这种波动性演变可以被认为是系统脆弱性的外在表现。而对于这种波动性演变过程的研究，就成为探究脆弱性成因的一个突破口。通过分析社会系统的变化过程及其同外界扰动的相互对应的关系，找出社会系统中不稳定因素或敏感因子，进一步分析其受外界条件变化的影响过程，为脆弱性成因的分析提供了独特的视角和切入点。阜新市作为典型的矿业城市，其社会系统具有典型的脆弱性特征（苏飞等，2008），在多年的演变过程中也必然会表现出明显的波动性，因此，研究阜新市社会系统的演变过程就成为脆弱性成因探究的关键。

2. 资金流分析——一种社会系统演变分析的有效方法

社会系统的演变过程可以从多个方面多个角度进行描述，但最敏感和易变的莫过于社会系统中的资金流，而且许多表征社会系统内部特征的统计数据都可以用资金来衡量。从系统论的视角来看，社会系统必须是开放的系统，系统得以有序发展的过程是系统内部的“熵”减的过程，而达到这一目标客观上要求一个系统必须源源不断地从外界引入负熵流来抵消系统内部的熵增（张文焕等，1990）。笔者认为，这种负熵流最直接的表现就是资金流。因此，资金流是研究社会系统演变的关键。另一方面，矿业城市作为一个特殊的人地关系系统，其社会系统的资金流变化更具有典型性。长期以来，国家的矿产资源价格政策对矿业城市的资源产品及其原材料一直限制在较低的价格水平上，矿业城市以低价输出材料时，利润流向加工区，而矿业城市需要的制造品不得不以高价输入，造成了矿业城市利益的双重损失，使其财政收入严重不足，城市基础建设资金缺乏，对外缺乏吸引力，不能形成良好的城市发展环境（那伟，2007）。同时，产业结构的过分单一造成工人技能水平低下，工资偏低，居民生活条件质量差；受教育年限少，人口素质低下；下岗失业人员多，再就业存在巨大的困难。而上述问题的产生及发展归根结底是因为矿业城市资金流不稳定或不充足。可以认为，社会系统脆弱性的最为突出的表现是系统内资金流的不充足或不稳定。因此，从资金流的角度研究社会系统的演变规律，对社会系统脆弱性成因的研究具有重要意义。

（二）基于资金流的矿业城市社会系统演变分析

1. 研究的基本思路及指标体系

从资金流的角度，建立阜新市社会系统评价的指标体系，应用熵值法确定各个指标的权重，进而计算历年社会系统的综合得分及其演变特征。“熵”是源于热力学的一个物理概念，后由 C. E. Shannon 引入信息论，现已广泛运用于社会经济等研究领域。一般认为，信息熵值越高，系统结构越均衡，差异越小，或者变化越慢；反之，信息熵越低，系统结构越是不均衡，差异越大，或者变化越快。因此，熵值法能够深刻地反映出指标信息熵值的效用价值，所给出的指标权重值比层次分析法和专家经验评估法有更高的可信度，适合对多元指标进行综合评价。可以根据熵值大小，即各项指标值的变异程度，计算出权重。熵值法计算过程如前一节所示，分析社会系统内部资金流的变化和社会系统的演变特征及规律。结合外部条件的变化，探究社会系统资金流动的影响因素，进而对造成社会系统脆弱性的内在原因进行探讨，从而更为全面地理解脆弱性产生的机理及规避机制。

城市的社会系统内的资金流动会表现在多个方面，因此，在指标选取时应采取综合指标法，即选取多个指标对社会系统的整体演化特征进行综合测度。按照系统性、完整性、有效性、连续性和可比性的原则，从资金流的角度，本书从社会投入水平、社会活力水平、居民生活水平、社会消耗水平四个方面选取了1990～2007年共12项指标216项数据，构建了社会系统评价指标体系（表6-3），力求全面地反映社会系统的整体特征。所选取数据主要来自于《辽宁城市统计年鉴》（1991～2006年）以及《辽宁城市调查年鉴》（2007～2008年），城市建设支出、户均年收入等指标来源于《阜新市统计年鉴》（1991～2008年）。

表6-3　阜新市社会系统综合评价指标体系

分类	评价指标	注释
社会投入水平	地方财政一般预算内支出（万元） 城市建设支出（万元） 社会固定资产投资（万元）	反映教育、医疗、基础设施、及各项事业等方面的资金投入
社会活力水平	地方财政一般预算内收入（万元） 城乡居民储蓄年末余额（万元） 社会消费品零售总额（万元）	反映地方财政实力及社会保障能力及发展活力
居民生活水平	居民人均可支配性收入（元） 居民人均消费支出（元） 户均年收入（元）	反映居民收入状况及购买能力
社会消耗水平	全年供水总量（万立方米） 全年用电量（万千瓦·时） 煤气天然气供气总量（万立方米）	反映社会对水、电、气等消费品的需求

2. 社会系统的演变过程研究

按照上文所建立的指标体系对阜新市社会系统进行综合评价，各指标权重如表6-4所示，社会系统综合得分及各分项得分变化情况如表6-5和图6-6、图6-7、图6-8所示。从中可以明显看出，阜新市社会系统演变呈现出以下几个方面特点。

表6-4　阜新市社会系统综合评价指标权重

分类	指标层	信息熵	冗余度	权重
社会投入水平（0.298）	地方财政一般预算内支出（万元）	0.839	0.161	0.123
	城市建设支出（万元）	0.936	0.064	0.048
	全社会固定资产投资（万元）	0.833	0.167	0.127
社会总体财力（0.282）	地方财政一般预算内收入（万元）	0.841	0.159	0.121
	城乡居民储蓄年末余额（万元）	0.886	0.114	0.087
	社会消费品零售总额（万元）	0.903	0.097	0.074
居民生活质量（0.258）	居民人均可支配性收入（元）	0.879	0.121	0.092
	居民人均消费支出（元）	0.874	0.126	0.095
	户均年收入（元）	0.907	0.093	0.071
社会消耗水平（0.163）	居民生活用水量（万立方米）	0.955	0.045	0.034
	居民生活用电量（万千瓦·时）	0.894	0.106	0.081
	煤气天然气供气总量（万立方米）	0.936	0.064	0.048

表 6-5 阜新市社会系统综合得分及分项得分

年份	社会系统综合指数	社会总体财力	居民生活质量	社会消耗水平	社会投入水平
1990	0.0285	0.0013	0.0001	0.0271	0.0000
1991	0.0716	0.0047	0.0037	0.0511	0.0121
1992	0.1091	0.0071	0.0111	0.0665	0.0244
1993	0.1408	0.0434	0.0202	0.0503	0.0269
1994	0.1408	0.0246	0.0349	0.0436	0.0377
1995	0.1883	0.0408	0.0452	0.0574	0.0449
1996	0.2619	0.0479	0.0579	0.1046	0.0516
1997	0.2778	0.0694	0.0735	0.0842	0.0508
1998	0.2793	0.0700	0.0816	0.0848	0.0430
1999	0.3272	0.0927	0.0756	0.0824	0.0765
2000	0.3371	0.0966	0.0923	0.0820	0.0661
2001	0.4386	0.1270	0.0995	0.0781	0.1340
2002	0.5040	0.1316	0.1128	0.1184	0.1411
2003	0.5296	0.1408	0.1341	0.0981	0.1567
2004	0.5829	0.1707	0.1530	0.1154	0.1438
2005	0.6982	0.1987	0.1853	0.0880	0.2262
2006	0.8272	0.2357	0.2143	0.0979	0.2794
2007	0.8838	0.2810	0.2579	0.0601	0.2848

1）社会投入水平在社会系统演变中居于主导地位

从中可以看出，权重最大的两项指标为地方财政一般预算内支出和全社会固定资产投资，分别为 12.7%和 12.3%，而这两项指标均属于社会系统投入性指标，表明阜新市社会系统 1990～2007 年的演变过程中，社会投入水平为主要内容，变化程度也最为显著。从分项权重来看，社会投入水平居于首位，权重为 29.8%，其余依次为社会活力水平权重为 28.2%，居民生活质量权重为 25.8%，社会消耗水平权重为 16.3%。这也表明，阜新市社会系统演变主要依靠外界的资金投入。而居民生活质量以及社会消耗水平变化并不显著，这表明阜新市社会系统演变是靠外界投入拉动型的，而内部的资金流动并不活跃，尤其是关于民生的社会指标的改变较小。值得一提的是，在社会运行水平中，地方财政一般预算内收入的权重达到 12.1%，表明地方财政实力发展变化也较为明显，这主要是因为 2001 年以后阜新市实行经济转型，接续产业得以发展，地方经济的复苏及发展活力的增强，使得地方政府的税收及其他收入有显著增加。

2）社会系统综合水平不断提高，阶段性明显

从表 6-5 和图 6-6 可以看出，基于资金流的阜新市社会系统综合水平是不断提高的，从 1990 年的 0.0285 提高到 2007 年的 0.8838，增长了近 31 倍，表明阜新市社会系统总体的发展趋势是好的，系统朝着有序的方向发展。但

从系统的发展历程来看，社会系统的变化表现出明显的阶段性特征。从总体来看，社会系统综合水平可以分为两个阶段：1990～2000 年，阜新市社会系统综合指数表现为低水平缓慢增长，11 年间仅增长了 0.3086，而 2000～2007 年 8 年增长了 0.5467，单从增长量上看，后者是前者的 1.77 倍。另一处值得注意的地方是 1993～1994 年、1996～1998 年和 2000～2001 年，社会系统综合指数出现了停滞，在这些阶段，社会系统的总体资金流动没有进一步增加，这进一步表明，在 2001 年以前，社会系统发展缓慢。而从图 6-6 也可以看出，2001 年以后，社会系统综合指数呈现出明显的快速上涨趋势，尤其是 2001 年和 2005 年，增长幅度较大。形成这种现象的主要原因是，2001 年以前，社会系统的投入严重不足，阜新市居民生活水平及各项社会事业发展缓慢。尤其在财力不足的情况下，社会系统的发展更受到严重限制。而 2001 年以后，阜新市作为经济转型试点，各项投入大幅度增加，社会整体活力日渐恢复，居民生活质量提高，使得社会系统发生了较为明显的变化。

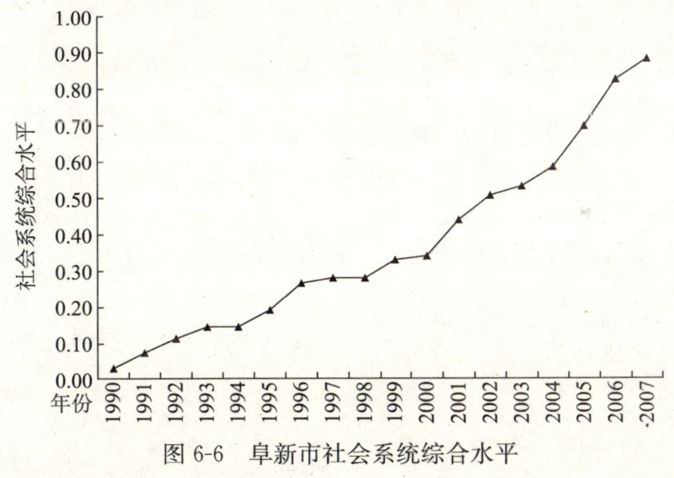

图 6-6　阜新市社会系统综合水平

3）各分项指数变化差异明显

计算阜新市社会系统各分项指数并绘制图件（图 6-7 和图 6-8）。可以发现，社会系统各分项指标的演变规律差异明显。社会总体财力水平、居民生活质量两个分项指数变化趋势为稳步提高，年际变化幅度较小，趋势线近似为直线。这表明阜新市在收入水平、储蓄额、消费支出等方面变化表现为稳定增长。但 1998～2001 年，各指标的变化出现了明显的紊乱，部分指标出现了停滞甚至下降。

而社会投入水平和社会消耗水平两项分项指数的变化则较为剧烈，波动性明显，年际变化显著。社会投入水平变化的阶段性非常明显。2000 年以前，变化幅度很小，始终保持在较低水平。而 2001 年以后，除了 2004 年有小幅下降之外，其余年份的社会投入均呈现出较大幅度的增加。而社会消费水平多年来的变化趋势不明晰，波动性较强。值得注意的是1997～2001年，社会消耗水平的波动性消失，而这几年恰逢阜新市进入经济社会发展的停滞阶段，而2001年以后，随着经济社会的复苏，社会消耗指数又呈现出波动性变化的趋势。

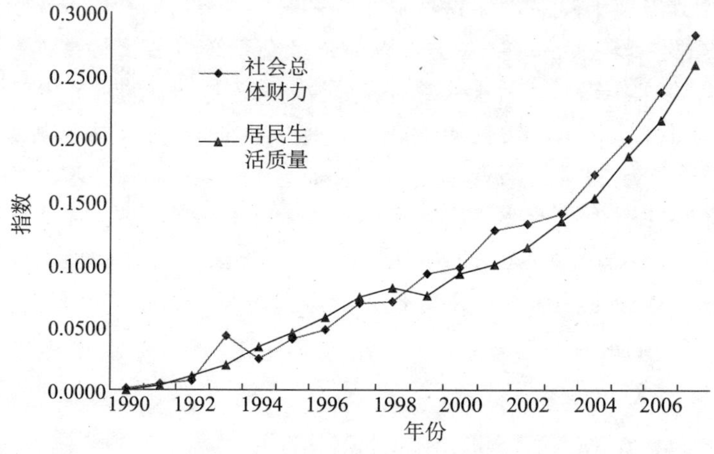

图 6-7　阜新市社会系统分项指数

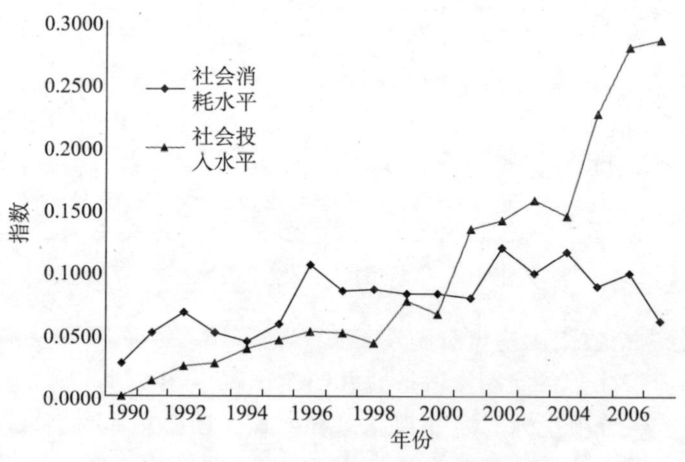

图 6-8　阜新市社会系统分项指数

（三）阜新市社会系统资金流变化的影响因素分析

通过将阜新市社会系统综合指数及各分项指数的变化同反映阜新市产业发展变化、国家和省级财政转移支付额度变化以及各项工业指标进行对比，并做相互关联分析，发现彼此之间存在着一定的相互对应关系，从而为探究阜新市社会系统脆弱性的成因提供了理论支撑。

1. 社会系统总体资金流水平与经济发展关系密切

阜新市第二产业增加值的变化反映了阜新市的工业发展基本形式，是阜新市经济发展的核心指标之一，运用 SPSS 13.0 软件，将其同基于资金流的阜新市社会系统综合指数做相关分析，发现二者之间存在高度正相关关系，Pearson 相关系数达到 0.957。如图 6-9 所示，二者在整体趋势上保持一致，并且社会系统综合指数的变化表现出较为明显的滞后性。如第二产业增加值在 1993 年、2000 年、2003 年和 2004 年分别出现了显著提高，而相应的社会系统综合指数在 1995 年、2001 年和 2005 年也相应地明显上升。而在 1998 年和 1999 年，第二产业增加值出现减少趋势，使得 1999～2000 年社会系统综合水平出现停滞。这说明，阜新市社会系统资金流的变化与阜新市第二产业发展之间关系密切，也验证了矿业城市社会系统的发展对经济发展存在依赖性这一假设。

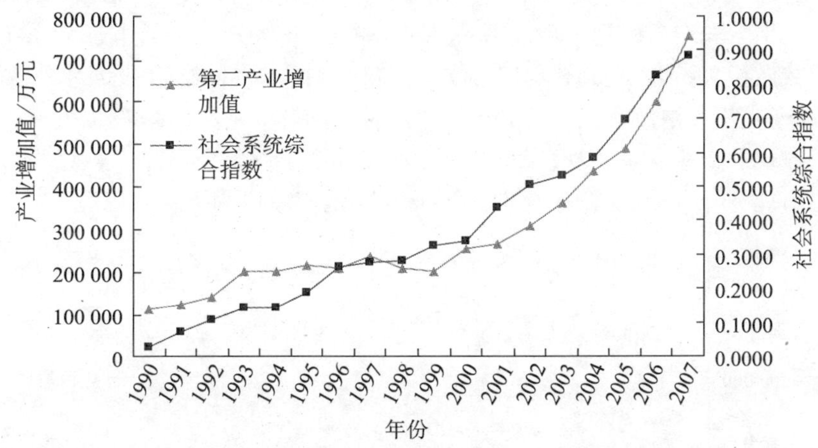

图 6-9　阜新市社会系统综合指数与第二产业增加值对比

资料来源：阜新市统计年鉴（1991～2008）

2. 产业发展同居民生活水平提高显著正相关

通过将 1990～2007 年第二产业增加值同上文中所计算求得的历年各分项指数进行相关分析，得到结果如表 6-6 所示。可见，第二产业增加值的变化同居民生活质量的相关性最高，Pearson 相关系数达到了 0.970。这表明，经济的发展，尤其是工业的发展仍然是居民收入水平、消费水平、生活水平提高最为根本的途径。一般而言，居民生活水平的提高是社会系统发展的最为关键和本质的要求，也是最终目标。因此，可以说接续产业的快速发展对于矿业城市社会系统的发展所起到的作用是根本性的。

表 6-6 第二产业增加值同社会系统各分项指标 Pearson 相关系数

项目	居民生活质量	社会总体活力	社会消耗水平	社会投入水平
第二产业增加值	0.970**	0.965**	0.357	0.959**

注：样本数为 18。

**表示置信程度为 0.01。

3. 阜新市社会投入水平主要取决于财政转移支付

尽管阜新市地方政府一般预算内收入在历年都有所增长，但增长速度缓慢。尤其是 1994 年以后，国家实施分税制改革，阜新市政府实际收入相应地减少，地方政府可支配的财力明显不足。随着矿产资源的枯竭，各大矿井的关闭，众多企业的破产倒闭以及各大企业实施减员增效，致使大批企业职工下岗失业，企业将负担直接抛给了地方政府，加上长期以来资金欠账，地方政府支出水平逐年提高，尤其是社会保障类的支出巨大，使得阜新市政府长期处在捉襟见肘、资不抵债的尴尬境地。社会维持运行的唯一渠道只能依靠国家的转移支付。这里将国家对阜新市的转移支付水平近似地用地方政府一般预算内支出减去地方政府一般预算内收入求得，并将其同阜新市社会系统社会投入指数做相关分析。如图 6-10 所示，转移支付水平同社会投入水平高度相关，Pearson 相关系数达到了 0.993。这表明，阜新市社会系统资金投入强烈依赖国家财政的转移支付的现状。而一旦国家转移支付出现下降，社会投入整体水平也出现下降。例如，1998 年和 2000 年的情况就说明了这一问题。

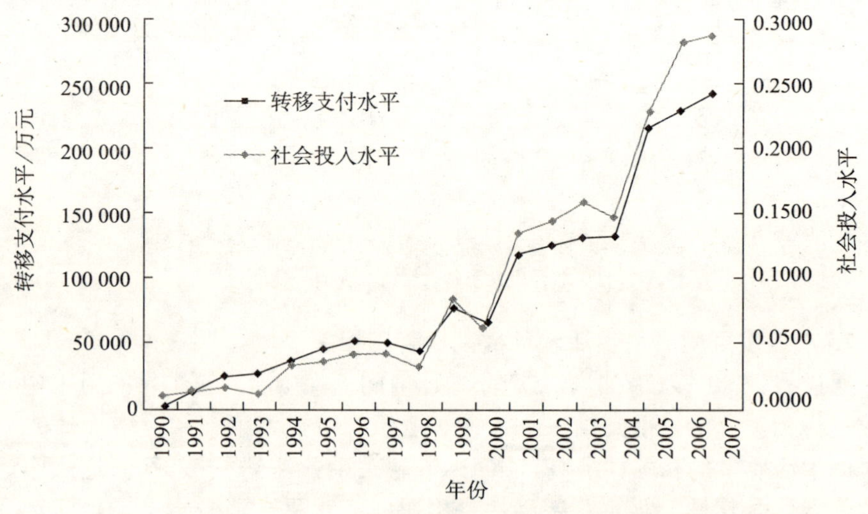

图 6-10 阜新市社会投入水平同转移支付水平对比

资料来源：阜新市统计年鉴（1991～2008）

4. 煤炭产业与地方财政预算内收入对应关系并不明显

作为传统的资源型城市，多数企事业单位与煤炭产业直接或间接相关，使得阜新市经济发展在长时期表现出对煤炭产业的高度依赖，煤炭产业发展上的波动对其他行业的影响较为明显。如表 6-7 和图 6-10 所示，通过阜新市煤炭采选业产值同全市规模以上工业企业利税总额与利润总额的对比分析发现，三者之间的相关性很强。尤其是煤炭产业产值同规模以上工业企业利税总额 Pearson 相关系数达到了 0.964，这说明，阜新市煤炭产业对各工业企业的发展影响较大。而煤炭采选业产值与地方财政一般预算内收入虽有一定的对应关系，但并不明显，相关系数仅有 0.875。从图 6-11 也可以看出，地方财政一般预算内收入多年来表现为平稳上升，并没有随着煤炭采选业总产值或规模以上工业企业利税总额等的波动而发生明显的变化。这主要是因为 1994 年以来实行分税制以来，地方财政收入的税收来源主要来自于营业税（70%）、地方企业所得税（20%）和个人所得税（25%）、房产税（50%）、城市建设维护税、资源税等税种以及企业增值税（15%）等，而中央企业的增值税的全部，地方企业增值税的 75%、企业和个人所得税的 60%等大部分税源充足且与工业企业密切相关的税收则作为国税上缴中央。而且阜新市所收取的地税中也约有一半上缴省级财政。由于这种分税制度，阜新市工业的发展同地方政府财政收入之间的相关性并不显著。

表 6-7　煤炭采选业产值同各工业指标 Pearson 相关系数

项目	规模以上工业企业利润总额	规模以上工业企业利税总额	地方财政一般预算内收入
煤炭采选业产值	0.890**	0.964**	0.875**

注：样本数为 18。

**表示置信程度为 0.01。

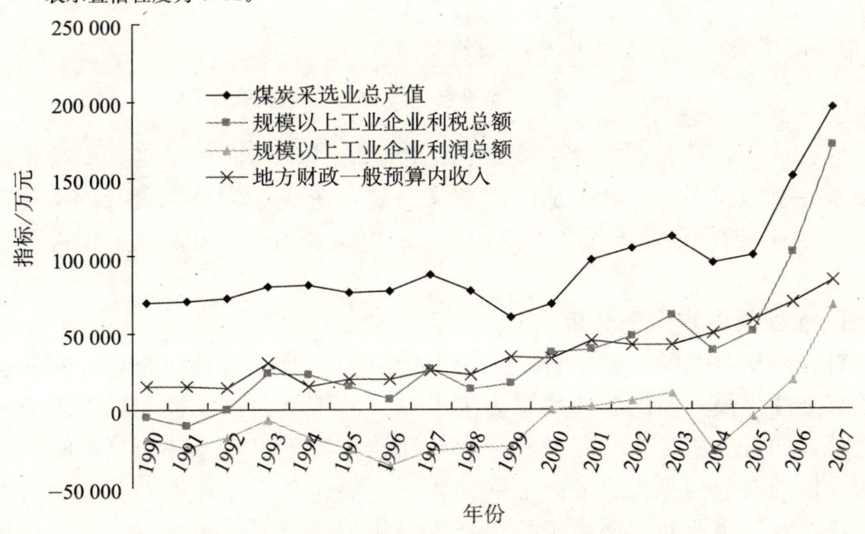

图 6-11　煤炭采选业产值与利税总额等指标对比

资料来源：阜新市统计年鉴（1991～2008）

(四)基于资金流的阜新市社会系统脆弱性成因分析

基于以上分析，我们可以从资金流变化的视角对阜新市社会系统脆弱性成因做进一步探讨。如前文所述，社会系统脆弱性的外在表现为在演变过程中某种程度的不稳定，而这种不稳定最为明显地体现为资金流的不稳定。因而，寻找出资金流变化的内在动因，为我们探究社会系统脆弱性的成因提供了一个新的思路。

社会系统的资金流受多种因素的影响，内部资金流动方向及过程是极其复杂和多变的。但如果简化思路，仅从社会系统以外的资金来源及资金流向上看，分析造成社会系统资金投入不稳定的成因，则可以从另一视角对社会系统脆弱性的成因进行探讨。

总体来看，如图 6-12 所示，阜新市社会系统外资金来源可以分为两个方面：企业和政府。这里的企业可以划分为资源类企业和其他企业，其中资源类企业包括资源开采、利用、加工等直接或间接使用资源的企业以及为这些企业提供服务的关联企业，其他企业指的是上述企业以外的其他企业。而这里的政府，可以分为地方政府、省政府和中央政府三个方面。

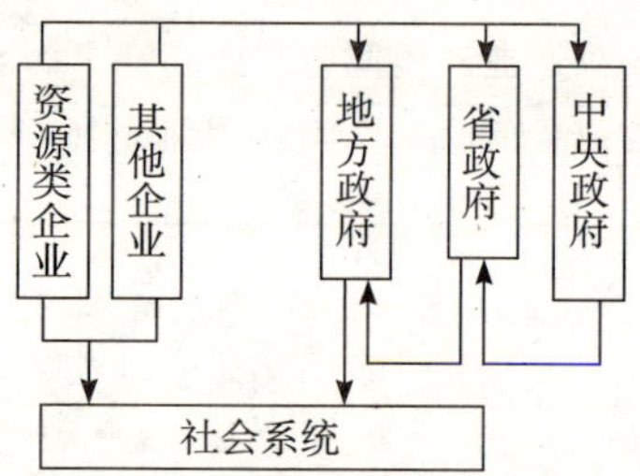

图 6-12 资源型城市社会系统外部资金来源及流向

笔者认为，社会系统资金流具有不稳定的特征，而正是这种不稳定使得社会系统较为脆弱。因此，从一定意义上说，造成社会系统资金流不稳定的因素就是社会系统脆弱性的成因。如图 6-12 所示，可以从以下两个方面分析。

1. 企业层面资金源分析

首先，从企业的层面来看，无论是资源类企业还是其他企业，对社会系统的资金注入最主要的方式均是为工人提供的工资收入，换句话说是企业购买劳动者的劳动所付出的资金。企业对社会系统提供资金还包括购买社会系统所提供的其他商品或服务而消费的资金。倘若各个企业经营势头良好，运行顺畅，各个企业对社会系统的资金流会相对稳定并逐步增加，从而促进社会系统朝正向发展。但对阜新这样一座资源型城市而言，情况却恰恰相反。

阜新市的矿业企业及其相关企业占工业企业总数的绝大多数，是城市经济的主体。在计划经济体制下建立的各个资源类企业，经营粗放、负担沉重、效益低下，无法适应新的体制的要求。尤其是进入20世纪90年代以来，随着市场经济改革的推进，企业直接面向市场，使得企业长期处在亏损状态。而又恰逢阜新市进入了煤炭资源枯竭的阶段，开采成本不断攀升，各个矿井不得已关闭，企业无以为继，又难以转型。这种扰动作用，使各个资源类企业的资金来源不断减少，因而不得不拖欠工资、减少雇佣量，更难以有多余资金购买社会系统提供的其他商品和服务了。而随着部分国有和集体企业转制的推进，以及下岗制度的实施，大量工人失业，收入来源被切断，这就使得资源类企业对社会系统的资金流注入水平急剧下降，而其他企业由于发展缓慢、规模小，不能弥补资金流的减少。随着大量工人的下岗失业，而又由于技能单一无法再就业，社会负担不断加重，社会系统的资金流需求开始不断加大，社会系统存在着巨大的资金缺口，而同时这样一种恶劣的社会环境也严重限制了城市以外的投资热情，可以说城市陷入了发展的恶性循环中。

2. 政府层面资金源分析

在这样一种情况下，社会系统的稳定只能依靠政府的资金投入了。而对于矿业城市而言，尤其是在我国特殊的税收体制下，政府的资金投入也是不稳定的。具体原因可归结为以下几点：

第一，矿业企业自身的特点所引发的。

20世纪90年代以来，煤炭价格长期被限定在较低水平，使得矿业企业利润微薄，极易受到影响，具有不稳定性。这就使得各矿业企业上缴的税收具有不稳定性。因为资源类企业占据城市经济的主体，而随着其相继关停破产，企业所上缴的税收必然会相应地减少，造成流入政府的资金流减少。如图6-11所示，规模以上工业企业利税总额年际变化显著。即使进入城市经济转型期，矿业企业仍然存在着易受市场波动影响的特点，因此税收不稳定仍然是其主要特点。而根据上文研究发现，矿业的发展仍然同阜新市整体税收状况关系密切。

第二，由我国的税收和转移支付体制决定的。

如前文所述，实际上阜新市地方政府一般预算内收入的变化幅度并没有巨大波动，而地方政府的支出水平的变化显著。这是因为如企业增值税等税收的主要部分需要上缴中央，由辽宁省政府和阜新市地方政府共同分项营业税等地方税种。再由中央财政向地方政府实施税收返还和转移支付，以弥补地方财力的不足。而无论是税收返还还是转移支付均具有资金不稳定的特点。

1）税收返还数额具有不确定性

税收返还采用的是基数法，即1994年实行分税制改革后，按照保护地方政府既得利益的思路，当时中央政府做出了“存量不动”的原则性规定。以1993年中央从地方净上划的收入数额为基数返还给地方。除此之外，税收返还与“两税”（增值税和消费税）增长率挂钩，“两税”增长越快，中央对其税收返还的额度也就越大。据统计，税收返还的规模接近转移支付和税收返还总额的1/5。而阜新市1993年税收基数相对较小，而“两税”的增长速度极其不稳定，因此决定了税收返还的资金也不稳定。

2）转移支付资金具有不确定性

而转移支付是资金不稳定更为重要的原因。现行转移支付主要只体现在中央对省级政府的资金划拨，省以下地方政府的相关制度几乎没有建立起来，是由省政府来根据各个城市不同的发展需求进行分配的。这就产生了以下几个方面的不稳定因素：

首先，各级政府在资金分配上具有不确定性。中央政府和财政转移支付支持往往具有战略意图，会因区域的不同、时段的不同发生明显变化。各级省政府也同样会在使用转移支付资金时进行战略考虑。另外，在我国特殊的转移支付体系中，资金流来源于多个部委，增加了资金来源的不确定性。据统计，目前参与中央转移支付资金分配的部门多达30多个（安妍，2007）。不同部门的资金使用标准和意图有所差异，各地方资金需求的强弱以及各个地方争取资金的能力等方面也不尽相同。由于转移量的多少没有明确严格的事权界限和合理规范的测算标准为依据，拨款的随意性发生的概率较大。

另外，转移支付资金结构安排不合理，具有均等化作用的一般转移支付比例偏低，大部分是通过纵向单一的专项补助形式进行的，这也是造成资金流不稳定的一个重要原因。与专项转移支付相比，一般转移支付没有给地方政府规定资金的具体使用方向，只是政府财力的补充，主要目的是用来平衡地方预算，满足地区基本开支的需要，因而更能体现公平原则，计算方法也更科学，可以降低人为因素的干扰，避免了专项转移支付的随意性，下级政府对之拥有较大的使用自主权。综观世界发达分税制国家，一般都是一般转移支付为主（凌荣安，2008），而我国转移支付则是以专项资助为主。专项资金具有不确定性，而且多数要求地方政府组织配套资金，又无形加重了地方政府的财政负担。尤其是对阜新市这样财政收入严重不足的城市而言，配套资金的筹措往往不得不挤占或挪用其他方面的资金投入。

第三节 阜新市居住区脆弱性空间分异研究

前文对于脆弱性的研究是从系统的角度，依据系统各组成要素的结构特征和相互关联，探究阜新市人地系统及各子系统的脆弱性变化规律、发生过程及机制等方面，研究视角具有综合性和整体性，研究维度主要集中在时间维度，侧重于综合系统的动态演变过程及各要素的变异特征，并分析其影响因素和作用过程，从而为系统健康和可持续发展提供全新的思路。而事实上，源自于灾害学的脆弱性研究同时也具有空间维度，脆弱性的空间分异是脆弱性研究的重要内容之一。通过对脆弱性在不同地域空间分布强弱的分析，探究产生分异格局的形成原因及主导因子，并依据各地域空间不同的脆弱性特征制定出有针对性的政策措施，从而促进区域安全格局的形成和可持续发展的实现。基于上述考虑，笔者认为，对脆弱性研究应进一步扩展至城市内部。但这里所指的脆弱性和前文针对系统而言的脆弱性应有所区别，这里的脆弱性更关注居民自身的脆弱性，脆弱性的空间分异指的是不同居住区居民的脆弱程度在空间上的分异。

一、阜新市社会空间分异研究：脆弱性研究的基础

（一）社会空间分异同脆弱性研究的关系辨识

目前，国内还没有关于城市内部脆弱性的空间分异的相关研究，但关于城市社会空间分异相关研究较多，并取得了较为丰硕的成果，在社会空间的相关理论评述、分异规律、空间结构、演变趋势以及社会空间形成的主导因子等诸多方面进行了大量且深入的探索和研究（王开泳等，2005）。这实际上为城市内部脆弱性研究提供了宝贵的研究基础。可以借鉴社会空间分异的研究视角及研究方法，总结和吸纳其中共通的内容，作为城市内部脆弱性分异的理论依据。社会分化是劳动分工的必然趋势，随着工业化和现代化进程的推进，居民的社会地位、经济收入、生活方式、消费类型等方面逐渐分化，从而形成不同的社会阶层和社会团体。而社会分化的结果在空间上就表现为分化后的阶层和团体在特定的城市环境和特殊的时代背景下，基于不同的区位要求聚集在不同的地理区域，在城市内部形成了不同的社会区。同一社会

区内具有大致相同的生活标准、生活方式以及相同社会地位的同质人口的汇集，而不同的社会区之间则具有明显的差异，并且随着经济发展水平的提升，社会区之间异质化趋势日益明显，最后逐渐演变成明显的社会空间分异。而这种分异最为直接的体现就是居住区的地域分异，表现为各居住区之间的人口特征、职业构成、收入差异、生活方式、社会地位等多个方面具有显著的差异性（艾大宾和王力，2001）。这种差异性的存在决定了不同区域不同社会阶层和团体之间在生活质量和生活水平上的分异，进而使得当出现突发灾害或扰动的时候，不同居住区的城市居民在遭受影响的程度上以及恢复能力上表现出差异性，即脆弱性的空间分异。可以认为，脆弱性空间分异实际上是社会空间分异在另一个角度的体现。因此，对于城市内脆弱性分异规律的研究可以依据和借鉴社会空间的研究视角、方法及相关结论，从而推进脆弱性研究的深化。

（二）阜新市社会空间分异研究方法

目前国内关于社会空间的研究主要区域主要集中在北京、上海、广州等大城市（顾朝林等，2003；冯健和周一星，2003；李志刚和吴缚龙，2006；周春山等，2006），而关于中等城市社会空间分异的相关研究较少，尚没有关于矿业城市社会空间分异的相关文献。这一方面是由于大城市经济社会发展迅速，社会空间分异规律明晰且具有典型性，相关研究较多；另一方面是由于大城市在各居住区的各项统计数据较为丰富和翔实，研究基础较好，而中小城市的相关数据匮乏，相关研究难以开展。笔者认为，矿业城市社会空间分异规律及演化特征除了受各城市所共有影响因子影响外，还同矿业城市的发展特征有密切关系。阜新市作为传统的矿业城市，其社会空间分异具有很明显的典型性，应加强相关的研究和探索。

1. 研究思路及调查区的选择

通过问卷调查法获得阜新市各居住区翔实准确的统计数据，本书综合运用 Excel、SPSS 13.0 等统计软件进行统计分析，并应用 ArcGIS 9.2 软件绘制相应的效果图，从而对阜新市社会空间的分异状况做全面的分析和研究。因为阜新市各街道人口规模不大，内部均质性较强，且各街道的空间界限较为明确，可操作性强，故选取街道为居住区空间分异研究的基本单元。2009 年 8 月 6 日，阜新市市区共有街道 29 个，由于海州区工人村街道和新邱区的中部街道的居民点的地表沉陷，在棚户区和沉陷区改造工程中，阜新市政府对这两个街道的居民点实施整体搬迁，因此这两个街道没有统计数据，因此调查街道总数为 27 个，其中海州区 9 个，细河区 6 个，太平区 5 个，新邱区 3 个，清河门区 4 个。总计发放问卷 620 份，回收 602 份，其中有效问卷 559

份（表 6-8）。

表 6-8　阜新市各街道调查问卷发放及回收数目　（单位：份）

区名	街道	发放问卷数	回收问卷数	有效问卷数	无效问卷数	流失问卷数
海州区	新兴街道	20	18	13	5	2
	和平街道	26	26	26	0	0
	西山街道	40	39	39	0	1
	河北街道	15	13	13	0	2
	站前街道	20	20	19	1	0
	西阜新街道	15	15	14	1	0
	五龙街道	25	25	22	3	0
	平西街道	25	24	24	0	1
	工人村街道	0	0	0	0	0
	东梁街道	20	20	19	1	0
	合计	206	200	189	11	6
细河区	北苑街道	22	22	22	0	0
	西苑街道	30	30	27	3	0
	东苑街道	15	13	11	2	2
	中苑街道	18	18	14	4	0
	学苑街道	25	25	24	1	0
	华东街道	15	15	11	4	0
	合计	125	123	109	14	2
太平区	红树街道	35	35	33	2	0
	煤海街道	20	19	17	2	1
	高德街道	23	23	21	2	0
	城南街道	30	30	30	0	0
	孙家湾街道	25	23	20	3	2
	合计	133	130	121	9	3
新邱区	街基街道	25	23	21	2	2
	北部街道	25	25	23	2	0
	中部街道	0	0	0	0	0
	南部街道	15	12	12	0	3
	合计	65	60	56	4	5
清河门区	清河街道	40	40	39	1	0
	艾友街道	20	20	16	4	0
	六台街道	20	18	18	0	2
	新北街道	11	11	11	0	0
	合计	91	89	84	5	2
总计		620	602	559	43	18

2. 问卷设计与发放

在问卷设计上，除了在社会调查中经常选用的性别、民族、年龄等常规问题以外，侧重做了职业、收入水平、受教育程度、住房面积、住房年限等与居民生活质量密切相关的问题。题目设计简洁明了，以选择的形式，便于回答。在问卷发放时间上，选择在休息日以及居民外出较为集中的傍晚时段。在发放地点的选择上，调查人员以街道为单位，选择每个街道中居民较为集中的若干地区随机发放，尽量保证同一街道的不同居住区都有问卷发放。在发放问卷对象的选择上，各个年龄段的均有所选择，以成年人为主，男女比例尽量均衡，并且尽量按户区分，即每一户只做一份问卷。

3. 指标选取

由于问卷各个问题的选项普遍采用的是区段的形式，并不是准确数据，而又是以街道为基本的空间单元，因此选择比例数据作为各个街道的基本指标。为了进一步对居住区脆弱性空间分异进行研究和分析，选取的指标主要是直观反映阜新市的社会问题的相关指标。同时，充分结合阜新市具体情况，如阜新市矿业下岗职工众多，再就业能力有限，且分布较为集中，因而设置了矿业下岗人数比例这一指标；再如，依据阜新市居住年限在10年以上的住房绝大多数年久失修、设施简陋，居民生活条件差的事实，选取了住房10年以上者所占的比例这一指标等，具体指标如表6-9所示。

表6-9　阜新市社会空间分异指标选择　（单位：%）

指标名称	注　释
家庭年收入低于2万元的人数比例（*X*1） 月收入低于1000元的人数比例（*X*2）	反映贫困问题
无业人口所占比例（*X*3） 矿业下岗人数比例（*X*4）	反映失业问题
住房年限10年以上的比例（*X*5） 人均住房面积低于15平方米的比例（*X*6）	反映住房问题
4人以上家庭所占比例（*X*7） 50岁以上人口所占比例（*X*8）	反映家庭负担问题
初中以下文化程度以下人口比例（*X*9）	反映居民文化程度

（三）阜新市社会空间分异规律

运用ArcGIS 9.2软件，绘制了阜新市社会空间分异图件，如图6-13～图6-21所示。从图中可以发现，阜新市各个居住区的各项社会指标存在着明显的空间分异，且表现出明显的规律性，值得进行深入的分析和研究，具体分异情况如下。

1. 收入水平的空间分异

尽管阜新市人均收入水平较低，根据所调查的559份有效问卷的统计结果，阜新市月收入在1000元以下的比例占到总调查人数的29.8%，低于2000元的达到59.9%；年收入低于1万元的达到34.0%，低于2万元的更是达到 67.2%。可见，阜新市整体的收入水平处在一个较低的水平，而且低收入群体数量上相对集中。如图 6-13 和图 6-14 所示，收入水平的空间分异也较为明显。低收入家庭主要集中在主城区孙家湾、城南、东梁街道、平安西部、五龙、高德、河北、西苑、煤海等街道，以及新邱区的街基、南部和清河门区的新北街道，这些街道家庭年收入低于 2 万元比例均在 50%以上。从空间分布的范围上看，在主城区主要集中在铁路以南，即矿业职工集中居住的区域。这说明，矿业产业的衰退以后，尽管转型取得了一定的成就，但矿业职工的收入水平仍然很低，月收入 1000 元以下矿业的矿业职工仍占较大比例，城市生活仍较为困难。

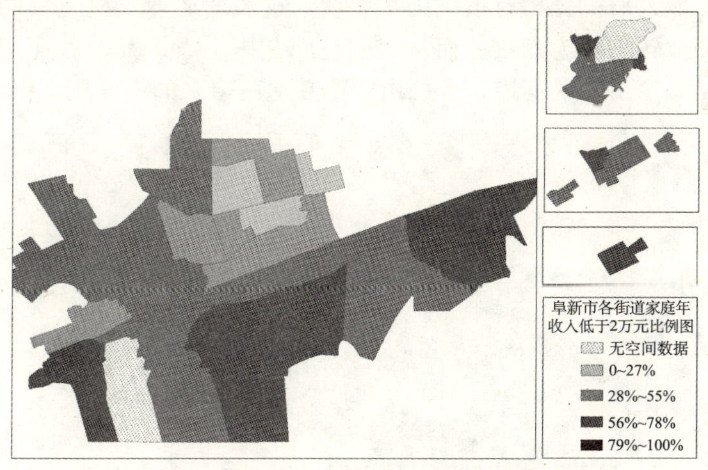

图 6-13　年收入低于 2 万元家庭比例

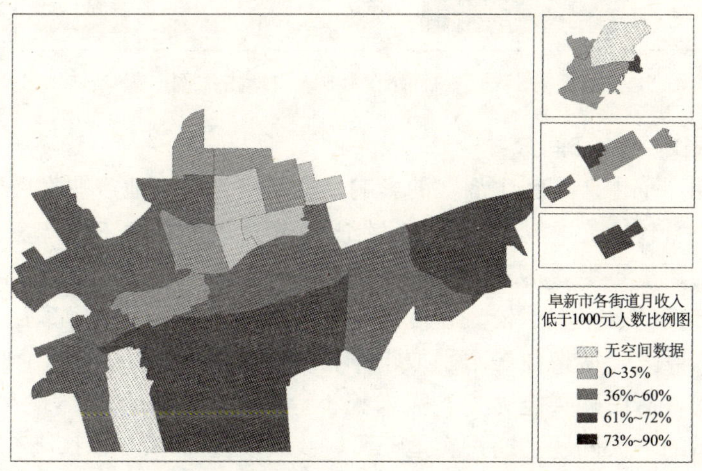

图 6-14　月收入低于 1000 元人口比例

2. 就业水平的空间分异

通过实地调查发现，尽管阜新市经济转型已经进行了近 8 年的时间，但城市就业问题仍较为突出。尤其是原来在矿业企业从事体力劳动的 40～60 岁的矿业工人，大多无法实现再就业，失业问题较为突出。根据调查问卷的统计，有劳动能力但处在无业状态的无业人口占受访人口的比例达到 22.3%，矿业下岗职工（直接与矿业相关的企业职工）占所有受访人口的比例为 15.1%，失业问题较为严重。从就业水平的空间分布来看，如图 6-15 和图 6-16 所示，无业人口较为集中的地区有在主城区的孙家湾、五龙、河北街道，新邱区的街基、南部以及清河门区的清河和新北街道，而矿业下岗人口的街道分布与无业人口的分布有很大的重叠度，这表明矿业下岗人口的再就业能力较差，职业转型较为困难。而从大的空间范围上看，几个就业问题严重的街道仍然是矿区所在的街道，表明由矿业衰退所带来的就业压力仍尚未化解。

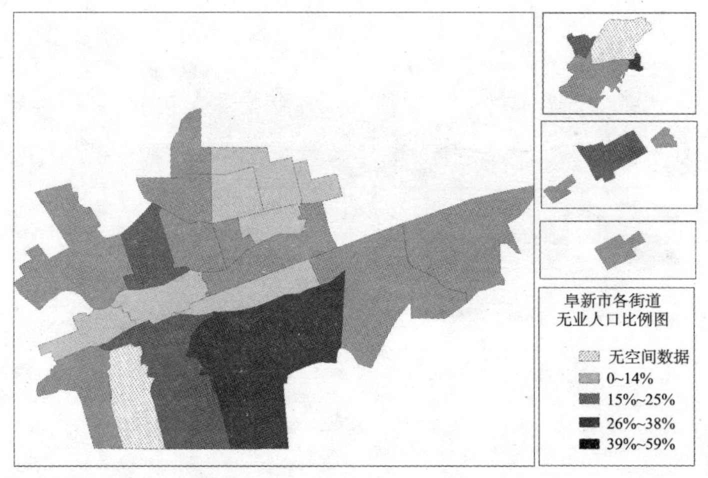

图 6-15　各街道无业人口所占比例

3. 住房水平的空间分异

受长期“重生产、轻生活”的影响，阜新市城市房地产业发展极为缓慢，住房条件一直较差。尤其是到了 20 世纪 90 年代以后，由于矿产资源的枯竭，城市购买力严重不足，房地产开发长期处在停滞状态。尽管在近年来，阜新市房地产开发的水平有了较大程度的提高，政府在棚户区和沉陷区改造等民生领域投入巨大，城市住房水平取得了很大程度的提高，但是由于阜新市发展基础薄弱，居民购买能力差、需求偏小等原因，阜新市整体住房条件仍然是民生领域的一大问题。通过实地调研，我们发现，阜新市 10 年以上的住房在房屋质量、住房面积以及配套设施等方面均处在较低水准，尤其是尚未改造的棚户区，住房年限大多在 20 年以上，居住条件较为恶劣。据统计住房年

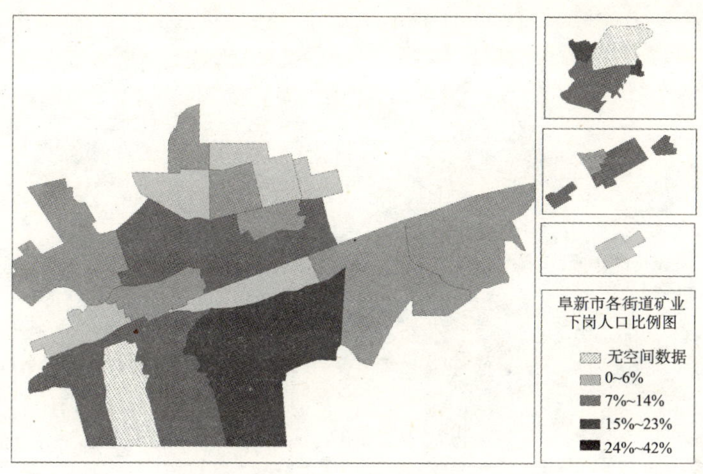

图 6 16 矿业下岗人数所占比例

限在 10 年以上的住房的比例占总受访者比例为 31.8%，人均住房面积低于 15 平方米的比例为 17.9%，说明阜新市住房问题仍较为严重。如图 6-17 和图 6-18 所示，住房水平的空间差异明显，主城区的孙家湾、煤海、中苑、东梁街道，清河门区的新北、六台及新邱区的南部街道住房问题最为严重，住房在 10 年以上的比例均在 50%以上，房屋质量普遍较差，设施简陋，尤其是处在矿区的几个街道，大多属于尚未改造的棚户区或采煤沉陷区，居住问题较为严重，危房亟待改造。而从人均住房面积来看，上述街道的问题仍然较为严重，此外，北苑、高德、城南和煤海人均住房面积低于 15 平方米的比例也比较高。这表明，除了房屋建造时间较久的问题普遍存在以外，住房拥挤也成为居住条件较差的一个方面。

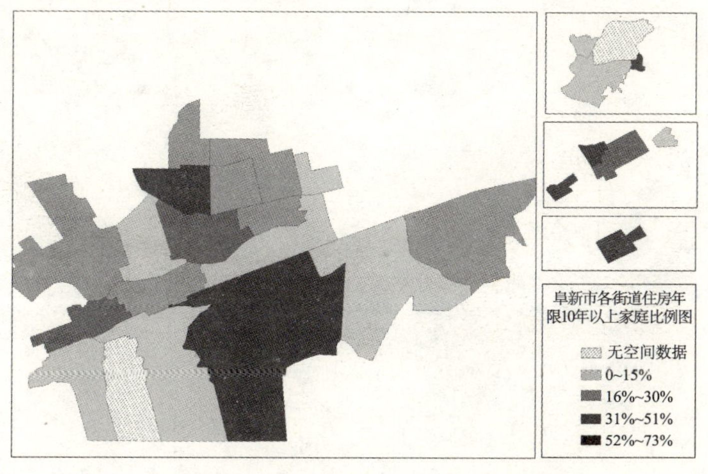

图 6-17 住房年限 10 年以上家庭比例

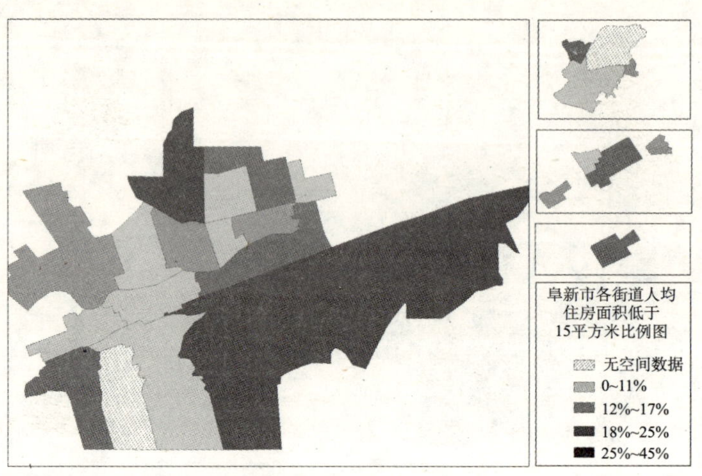

图 6-18　人均住房面积低于 15 平方米比例

4. 家庭负担的空间分异

经过调查走访发现，阜新市城市家庭负担沉重也是一个突出问题，集中表现为家庭人口众多和老龄化问题严重。根据调查问卷显示，4 人以上的家庭所占比例达到 18.43％（图 6-19），而 50 岁以上人口比例也达到 32.7％（图 6-20），远远高于一般城市。经过深度访问发现，许多家庭收入来源有限，仅有一人或两人有少量收入，而由于家庭人口众多，生活负担异常沉重。从分布空间上来看，规律不是特别明显，孙家湾、西苑街道 4 人以上的家庭所占比例较多；五龙、煤海和城南街道以及清河门区的六台街道老龄人口的比例较大。从大的空间来看，整体表现为几个矿业街道的家庭负担较为沉重，从而进一步加剧了该地区生活的困难程度。

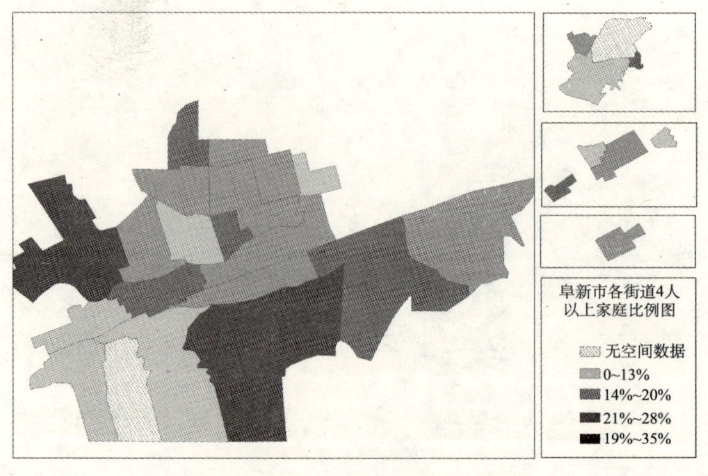

图 6-19　4 人以上家庭所占比例

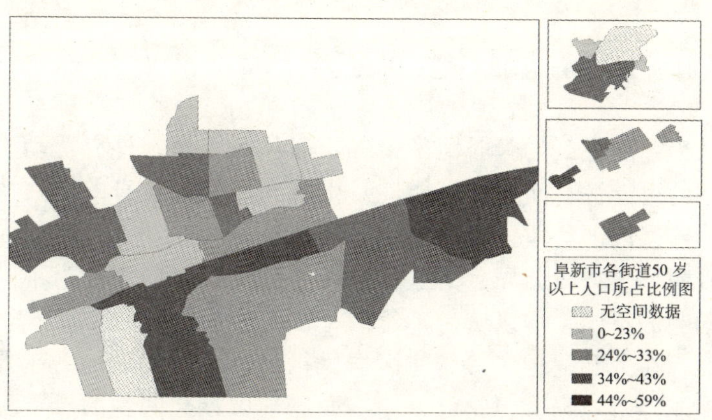

图 6-20　50岁以上人口所占比例

5. 受教育程度的空间分异

根据调查问卷统计，受访居民的文化程度整体偏低，初中以下文化程度所占比例达到受访者总数的 47.05%，将近总人数的一半。尤其是原来的矿业工人，大多数受教育程度偏低，只能从事简单的体力劳动，这也在很大程度上制约了其再就业的能力。从受教育程度的空间分布上看，如图 6-21 所示，五龙、煤海、孙家湾、城南以及新邱区和清河门区的各个街道受教育程度均不高，而这些地区均是传统矿区所在街道，街道内居民多以矿工为主，这也在很大程度上表明了传统矿业工人文化水平和受教育程度偏低的特点，而这也成为矿区居民再就业能力差的一个重要原因。

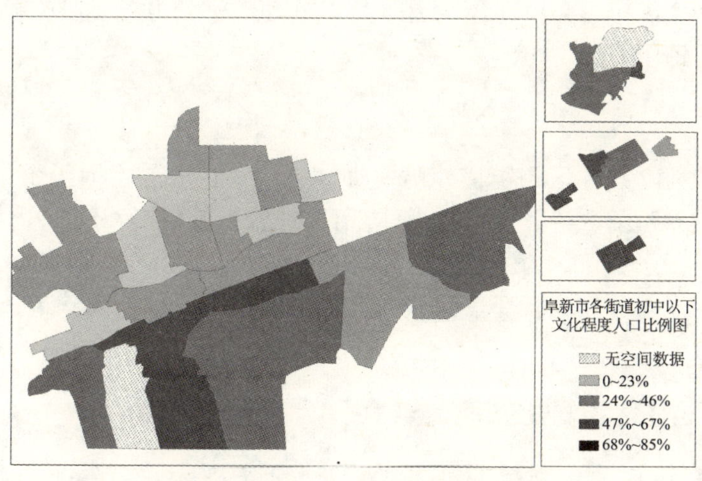

图 6-21　初中以下文化程度人口比例

二、阜新市居住区脆弱性空间分异

笔者认为，居住区的脆弱性是指各个居住区在出现外界扰动时可能造成损失或紊乱的可能性。而这种可能性是由各个居住区自身的内在特征所决定的。由于居住区内部均质化和外部差异化特征的存在，不同居住区的脆弱程度也存在着明显的空间分异。而这种脆弱性分异明显的表征为不同居住区存在的社会问题的不同。可以认为，若某一居住区的居民在收入、就业、居住、教育等方面存在的问题越多，居住区居民抵抗外来扰动的能力越差，那么其所表现的脆弱性就越强，因此可以用不同居住区社会问题的严重程度来衡量居住区脆弱性的强弱。社会问题具有多样性，而脆弱性则是多个社会问题的综合反映，因此脆弱性所能反映的社会问题更为全面和系统。因此，对各个居住区脆弱性的评估应采用综合分析的方法。上文所选的 9 项指标分别从不同的方面反映了阜新市各居住区所面临的社会问题，也较为清晰地描述了各居住区社会问题的空间分异特征，因此，本书应用上述 9 项指标建立脆弱性评估的指标体系，进行居住区脆弱性的评价。

（一）居住区脆弱性评价方法

为了简化分析过程，减少评价指标个数，减少指标相关性、避免信息重叠和克服确定权重的主观片面性，我们采用基于主成分分析的因子分析法来获得若干个主因子，并根据各主因子的得分和因子的方差贡献来确定脆弱性综合得分，即

$$V_i = \sum_{j=1}^{m}\sqrt{\lambda_j}\,p_j\,,\ i = 1,2,3,\cdots,27$$

式中：V_i 为第 i 居住区（街道）脆弱性综合得分；m 为主因子个数；λ 为各主因子的方差贡献（特征值）。这里应用统计分析软件 SPSS 13.0，对上文 9 个指标进行因子分析，为了使因子结构更为清晰，采用方差最大正交旋转法，并把各主因子得分作为新变量保存在数据文件中，并根据公式进一步计算居住区脆弱性。

（二）居住区脆弱性空间分异特征

正交旋转以后，系统自动提取了三个主因子，方差累计贡献率为 76.34%。为了能更多地反映各项指标原来的信息，我们提取了 4 个主因子，如表 6-10 所示，方差累计贡献率为 84.56%，能够很好地解释原始变量所包含的信息，经过 5 次迭代即实现收敛过程，因子结构清楚，也较符合实际。

表 6-10　旋转后主因子特征值及其方差贡献率

项目	特征值	贡献率/%	累计贡献率/%
主成分 1	2.745	30.500	30.500
主成分 2	2.157	23.964	54.464
主成分 3	1.568	17.425	71.889
主成分 4	1.140	12.667	84.556

由表 6-11 可见，第一主因子与初中以下文化程度人口比例、年收入低于 2 万元的家庭比例、月收入低于 1000 元的人数比例、50 岁以上人口所占比例具有较高相关性，反映了居住区的贫困问题、老龄化问题和人口文化素质问题；第二主因子中无业人口所占比例和矿业下岗者人数比例的因子载荷最高，说明第二主因子反映了就业问题；第三主因子与 4 人以上家庭所占比例和人均住房面积低于 15 平方米的比例相关性较高，反映了家庭负担重和居住拥挤的问题；第四主因子仅与住房年限 10 年以上的比例高度相关，反映了住房年久失修的问题。

表 6-11　经正交旋转后的主因子载荷矩阵

项目	主因子 1	主因子 2	主因子 3	主因子 4
初中以下文化程度人口比例	0.869	0.269	0.025	0.124
年收入低于 2 万元家庭比例	0.804	0.399	0.255	0.010
月收入低于 1000 元的人数比例	0.767	0.282	0.248	0.257
50 岁以上人口所占比例	0.636	−0.524	0.071	0.269
无业人口所占比例	0.359	0.878	0.052	0.178
矿业下岗人数比例	0.243	0.875	0.144	−0.152
4 人以上家庭所占比例	−0.021	0.178	0.858	0.190
人均住房面积低于 15 平方米比例	0.338	−0.036	0.809	−0.007
住房年限 10 年以上的比例	0.222	−0.043	0.148	0.946

由各街道各主因子的得分及特征根，根据上文中所列公式，计算出各个街道的脆弱性综合指数，计算结果如表 6-12 所示，并绘制脆弱性空间分异图如图 6-22 所示。

表 6-12　阜新市各居住区脆弱性综合指数

街道名称	脆弱性综合指数	街道名称	脆弱性综合指数
新兴	−3.8532	北苑	0.6419
和平	−1.3357	西苑	0.9226
西山	−0.8925	东苑	−2.4256
河北	−0.5321	中苑	−0.2086
站前	0.8578	学苑	−3.5222
西阜新	−2.5034	华东	−6.4473
五龙	−0.2181	红树	−0.5583
平西	−0.2598	煤海	0.9860
东梁	2.2396	高德	0.4199

续表

街道名称	脆弱性综合指数	街道名称	脆弱性综合指数
城南	0.7291	清河	1.0441
孙家湾	7.2071	艾友	−1.4575
街基	0.6788	六台	3.1135
北部	−1.0220	新北	2.3820
南部	5.7297		

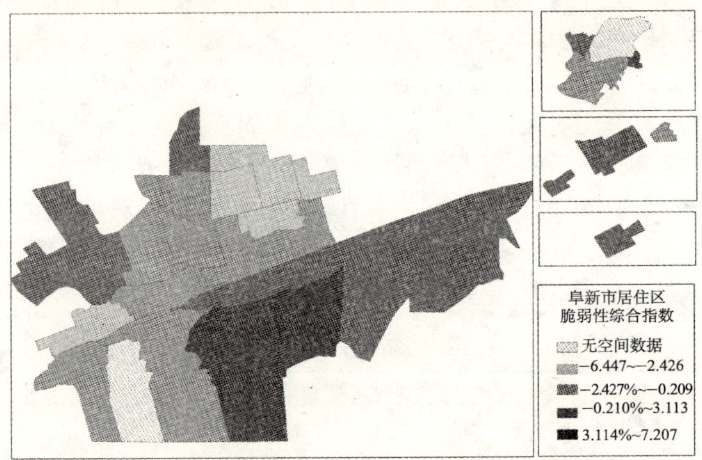

图 6-22　阜新市居住区脆弱性综合指数空间分异

阜新市各居住区脆弱性指数存在着非常明显的空间分异，而且分布规律和特征较为明显。孙家湾街道和新邱区的南部街道脆弱性最高，学苑、新兴、东苑华东和西阜新街道脆弱性最低，而据实地了解，孙家湾和南部街道也是实际问题最为严重的地区，被政府确定为下一阶段棚户区改革的重点，可见脆弱性评价还是较为客观和准确的。笔者认为，从脆弱性指数的空间分布上可以总结出以下几点规律特征。

1. 矿区所在街道脆弱性程度普遍较高

如图 6-22 所示，几个传统的矿业人口相对集中的街区，如主城区的孙家湾、煤海、高德、城南、东梁街道，新邱区的街基、南部街道以及清河门区的清河、新北、六台等街道的脆弱性综合指数均较高。这表明，阜新市矿区所在的居住区生活水平较低、家庭负担重、脆弱程度高的普遍特点。

2. 城市边缘和孤立组团脆弱性趋高

从阜新市脆弱性的空间分布来看，远离城市核心区，越靠近城市边缘的居住区脆弱性越高。尤其是对于矿业城市而言，由于矿业开发而形成的相对孤立的居住组团的脆弱性更强，如北苑、西苑和东梁街道等。

3. 脆弱性低值区倾向于集中

如图 6-22 所示，学苑、东苑、华东和新兴街道属于低脆弱性的居住区，倾向于集中在主城区的东北片区。这些街道内多是政府机关、高校等较为集中的区域，居民收入水平较高、居住条件较好，是阜新市高收入阶层的聚集区。

4. 民心工程惠及的居住区脆弱性明显降低

阜新市在经济转型期间，各级政府推进了多项民心工程，效果最为直观和明显的是棚户区和采煤沉陷区的改造，由政府出资为棚户区居民新建住房和居住区的配套设施。这使得居民的居住条件和生活条件得到了明显改善，部分矿业居住区的脆弱性得到了明显的降低，如五龙、平西和新邱区的北部街道等。

（三）居住区脆弱性空间分异格局的形成机理

研究居住区脆弱性空间分异的最终目的是发现那些具有潜在风险可能的区域，从而制定和实施有针对性的政策和措施，有效地降低相应区域的脆弱性。而降低脆弱性客观上要求我们深入探寻居住区脆弱性产生的原因，从而能够为相关政策的制定提供依据。上文中所选的指标多是反映社会问题的指标，某一项指标的数值越高，说明其在某一方面的问题越严重，而脆弱性是诸多问题的综合表现，倘若某一居住区脆弱性综合指数高，则说明该居住区同时存在较多的问题，或某一方面问题极其严重。因此，居住区脆弱性空间分异规律形成机理应探寻导致某些特定的区域脆弱性程度高，为何某些区域脆弱性相对较低的原因；促使这种格局的形成和发展的影响因素；降低居住区脆弱性的制约因素等。基于这样的考虑，通过仔细研究国内外社会空间分异的相关研究成果，结合阜新市城市居住结构发展变化的实际过程，笔者将阜新市居住区脆弱性的形成机理概括为以下五个方面。

1. 矿产资源开发决定了多数居住区的空间选择

阜新市是一座因矿而建、因矿而兴的城市，即城市的形成过程是因矿产资源的开采而在矿区周边集聚了大量的人口，在此基础上通过产业的延伸、部门和行业的增加，城市功能的不断完善和空间的拓展，从而形成矿业城市。而矿产资源的分布具有空间上的不均衡性，这也决定了因矿而建的居住区呈现出分散式组团分布的特点，例如，阜新市新邱区和清河门区距离主城区均比较远，东梁街道也是因为东梁矿的开发而单独布置。为了节约成本，缩短矿业工人上下班时间，矿区居民点往往缘矿而建，且房屋质量较差，私搭乱建严重，缺少统一规划，因此，矿业的发展在城市建设之初就决定了大多数居民点的空间区位，而居民点的位置一旦确定就会因为“路径依赖”效应的存在而难以发生改变了。

2. “单位制”的住房供应模式形成了居住区分异的基础

在计划经济时代，职工的住房都是由单位统一调度和分配的，职工与单位的关系"是一种单位全面控制、照顾其职工，职工全面依赖、服务于单位的复杂的政治、经济和社会关系"。在"规模合理"、"最小化通勤距离"等理念的指导下，职工的工作单位和居住地之间往往相互临近，城市社会空间的特征表现为单位大院之间的分异，居住空间的质量取决于单位在计划资源分配链上的地位（logan et al.，1999）。像政府机关、大型企业等有条件的单位，可以集中建设住宅区，本单位干部、职工集中居住，为同类居住区的形成创造了条件。这种在"单位制"环境下形成的聚集区，就构成了我国特有的居住区分异的基本单元。阜新也明显表现为上述特点，例如，西阜新街道（西铁街道）是铁路职工聚集地，五龙街道是五龙矿职工的聚集地，而学苑街道则多是高校教职工的聚集地等。这种单位制的住房供应模式，奠定了居住区分异的基础，并在很大程度上决定了居住区分异结构的最终格局。

3. 矿业经济的衰退直接导致了部分居住区脆弱性的提高

矿产资源的枯竭，开发成本上升，阜新市陷入了矿业经济的衰退阶段。各矿业企业及其相关企业纷纷关停破产，大批工人下岗失业，失去收入来源，而由于下岗工人文化水平普遍较低、劳动技能单一，再就业能力较弱，可持续生计的能力趋于减小，脆弱性逐渐增加。而由于长期以来形成的同类聚居的特点，这种脆弱性的增加在空间上也表现出明显的集聚性，主要集中在那些矿业下岗工人较为集中的居住区。矿业的衰退，带来了大量的失业，居民收入水平急剧下降，加之社会保障的缺乏、生活条件的恶劣等问题相互叠加，直接导致部分居住区内部蕴藏着极大的不稳定因素，可以说，矿业经济的衰退是居住区脆弱性增加的直接诱因。

4. 住房市场化供应加剧了居住区脆弱性的分异过程

改革开放以前，在"消除不均"，"公平发展"理念的指导下，阜新市各个居住区内的居民在收入水平和生活条件等各方面均没有明显差别。但随着城市土地市场的开放，尤其是在1998年，我国取消了实行近50年的住房实物分配体制而代之以货币补贴为主的住房货币分配制度，开始全面地实行住房市场的商品化和市场化，这个过程加剧了居住区脆弱性的分异过程。由市场提供的商品住房大多会首选交通便利、毗邻市中心、周边环境优良地段，而且建设的住宅质量好、房屋面积大，相应的住房价格也较高，居住成本亦较高。这样的商品房在城市中只有那些具有较高收入的阶层能够负担，而低收入群体尤其是矿区下岗工人则难以承受巨大的购房和居住成本，这就使得原有居住区中的高收入群体逐渐外迁。而由于市场追求效益的性质也决定有限的社会资源必然优先投向回报率高的高收入人群聚集区，这进一步加剧了其他地区的投入不足的问题。可以说市场化进程的推进直接促进了居住区的两极分化，也加剧了居住区脆弱性的分异过程。

5. 政府和居民的资金瓶颈制约了居住区脆弱性的降低

具有高脆弱性的居住区存在着生活水平低、居住条件差、交通不便利、设施不完善、危险因素多等诸多问题。无论是居住区内的居民还是城市政府都渴望迅速解决这些问题，降低居住区脆弱性程度。但是资金瓶颈是摆在居民和政府面前的最大障碍，直接制约了这种脆弱性的降低。计划经济体制下的各个国有和集体企业，长期以来在国家的指导下从事粗放式的生产和经营，企业负担沉重，长期亏损，这一方面决定了广大工人收入增长缓慢，另一方面也致使地方政府财政收入严重不足。当矿业企业破产倒闭以后，大量企业工人收入来源被切断，难以实现再就业，维持生计已然成为问题，根本无力改变日益恶化的居住和生活条件，使得下岗工人集聚区的脆弱性只能不断增加。在空间上，因为矿业下岗职工占下岗总人数的大部分，因此就决定了矿区所在居住区脆弱性较高的特点。与此同时，由于政府财力极其有限，用以维护社会基本稳定的资金已经非常紧张，也无法独立承担棚户区和沉陷区改造的巨大资金缺口，急需相关部门和各级政府的大力支持。

第四节　阜新市社会系统脆弱性调控对策

脆弱性研究是可持续发展研究的核心领域和前沿领域。脆弱性研究具有综合性和前瞻性，有利于全面、深入地认识系统的内部结构和演化规律。社会系统是人地系统中重要的组成部分，是关系国计民生的根本。社会系统的健康和可持续发展是“以人为本”理念的根本要求，居民生活条件的改善和提高，人口素质的提高等社会系统发展的内涵也是实现可持续发展的最终目的。以脆弱性理论为研究视角，对阜新市社会系统脆弱性变化特征及发生原因进行探究，具有重大的理论和实践意义，也为实现社会系统的可持续发展提供了重要的参考依据。结合上文分析研究，本书提出了以下几点社会系统脆弱性调控对策。

一、着力促进社会系统内生性发展

居民生活水平是社会系统发展状况最核心的衡量指标。只有收入水平的提高和生活质量的改善才能促进和扩大消费，拉动居民在各方面的需求，才能从根本上带动各项社会事业的发展和完善，从而促进社会系统真正意义上的发展。否则单纯依靠外界投入维持的社会系统必然是相对脆弱的。实现社会系统的内生性发展，是“以人为本”理念的最终体现，也是社会进步最为核心的标志。居民生活水平最为显著的标志就是收入水平，因此提高居民收入水平就成为社会系统发展的关键。居民收入来源于经济系统，依靠的是各项接续产业的快速和健康发展。通过有效的政策措施，结合阜新市自身的发展优势，引导和培育壮大接续产业，发展多元经济，促进多重所有制经济共同发展，改变单纯依赖资源开采和初级加工的经济发展模式是进一步发展的必然选择。从2001年阜新市进入经济转型期以来，以现代农业为代表的接续产业得到了快速发展，重点培育了“三大产业基地”建设和装备制造业等六大优势产业。通过经济系统的复苏，使得社会就业压力得到了有效的缓解，居民收入水平稳步提高。尽管阜新市的经济转型取得了巨大进展，尤其是2005年以后，在国家实施振兴东北老工业基地战略的宏观背景下，阜新市的经济社会发展更为迅速。尽管如此，但应该明确，资源型城市社会系统的内生性发展是个极其长期的过程，在短时间内只能做到收入的基本稳定。城市发展欠账多，基础薄弱仍然是其基本特征。居民收入水平低，生活质量差，仍远远落后于辽宁省其他地市。纵观国外的资源枯竭型城市的发展历程，其经济社会转型往往要经过几十年的时间，因此实现阜新经济社会真正意义的转型成功仍需要长时间的努力。此外，随着科学发展观理念的贯彻和落实，阜新市社会系统内生性发展需要全新的视角。

（一）促进生产方式的转变，提高居民收入水平

尽管阜新市接续产业得到了一定程度的发展，但整体产业层级较低，属于劳动密集型的产业居多，劳动者的整体素质仍然较低，相应的工资水平也较低，企业产品科技含量少，附加值低。煤炭产业及其相关产业从业人员仍占总就业人口的较大比重，就业体系受到扰动的可能性仍然比较大，整个社会系统尚处在发展的初级阶段。因此，在发展过程中，应及早考虑产业升级，要着力发展资源和能源消耗低、对生态环境影响小的产业类型，加大科技创新的支持力度，转变经济增长方式，延长产业链，提升企业营利空间，有效地提高居民的收入水平。

（二）加大人才培养力度，不断提高劳动者素质

矿业城市的劳动构成具有典型的特征，主要表现为劳动者技能相对单一、以体力劳动为主、文化程度较低、再就业能力差等特点。另外，就业体系不完善，市场化程度低等都造成了阜新市社会就业层次较低，就业体系相对脆

弱。而劳动者素质及人才储备往往是高端企业落户投资的重要考虑因素之一，因此，阜新市应采用多种措施手段提高劳动者业务素质和技能水平。政府可单独或与各个企业联合对劳动者进行就业指导和就业培训。同时，应加强对教育领域的投资，重视基础教育领域的投资，加强对辽宁工程技术大学等高等院校和各职业技术院校的支持力度。

（三）发展第三产业，拓宽就业渠道

第三产业是拉动就业重要的组成部分，尤其是随着信息化时代的到来，机器设备的更新速度不断加快，劳动密集型产业势必会向资本密集型和技术密集型产业发展，而转移出的劳动力必然要求第三产业尤其是其中的服务行业来接收。总体来说，阜新市第三产业发展滞后，已逐渐成为阜新市社会系统发展中存在的突出问题之一。传统的商贸服务业基础薄弱、投入不足、整体层级偏低；而金融、保险、现代商贸业、物流业等新兴行业发展更为缓慢。可以说，阜新市在第三产业发展速度同沿海发达地区甚至同辽宁省其他地市之间的差距是在逐渐拉大的。因此，应不失时机地促进第三产业快速健康发展。可以考虑在税收、土地、金融等方面给予第三产业发展政策优惠，以促进其发展。

（四）着力提高民众转化思想，增强自主意识

以矿产资源开发而兴起的阜新市，长期以来形成了矿业城市特有的思想意识。尤其是在几十年的计划经济体制下形成的矿业文化，影响着整个经济社会的转型。在资源开发鼎盛时期所积攒下的优越感，以及形成的“先生产、后生活”，“有困难，找政府”，“等、靠、要”等思想长期影响着阜新市民众的思想观念。事实上，从 20 世纪 80 年代开始，各级政府便开始推进经济转型，但均以失败告终，这一方面是体制的原因，另外很大一部分原因是思想认识的阻碍。在进入转型期以后，一些民营企业甚至出现一段时间内无法招聘到员工，原因是众多下岗工人宁可领取政府救助也不能忍受为私人服务的巨大心理落差，更难以接受从事服务行业等职务。此外，居民自主创业意识差、承担失败的勇气不足等都是阜新市经济社会发展的桎梏。因此，政府应该通过加大教育及宣传力度，充分利用新闻媒体、报纸、网络等渠道，广开言论，树立典型，逐渐改变民众的思想观念，为社会系统的发展注入全新的舆论氛围。

二、完善社会系统的功能体系

社会系统是一个结构复杂的巨系统，涉及居民生活的方方面面，需要为

广大民众提供就业、购物、教育、医疗、住房、文化、娱乐、社会保障等多层次、全方位的服务，体现出多种综合的功能。一个城市经济社会发展越快，城市规模不断增加，其社会系统的内部结构越复杂，功能也更为综合多样。阜新市虽然有百年的发展历史，但由于长期在国家指令下进行生产，以及"重生产、轻生活"的思想意识，阜新市社会系统功能层级低，功能不完善，居民生活质量较差。尤其是居住、医疗、教育、保险等直接关系居民生计方面的投入严重不足，居民的基本生活条件得不到充分的保障，从而在出现危机时无法有效应对，使得城市社会系统相对较为脆弱。另一方面，随着全球化、信息化、现代化进程的推进，社会系统的功能必将更加综合化、多样化和个性化，这对于阜新市社会系统功能体系的完善提出了新的要求和挑战。

（一）进一步完善社会系统的基本功能

在转型的过程中，应首先致力于完善社会系统所应具有的基本功能，提高社会系统的服务水平和档次，弥补城市欠账。首先重点发展关乎民生的领域，切实改善居民的居住生活条件，如棚户区改造、社会保障体系建设等；重点加大公益事业投资，保障居民的基本权力，如劳动权、受教育权等，着力提高公共服务水平和促进公共服务均等化；重点要加强针对全体居民的教育投入，推进就业市场体系、消费市场体系、公共卫生体系建设和社会保障体系的建设；不断完善社会系统的功能和服务，为城市的稳定健康和可持续发展提供有力支持。

（二）推进社会系统的功能升级

当今时代，科学技术日新月异，新技术、新方法、新理念逐渐融合到居民生产生活的方方面面。随着全球化、信息化进程的加快，在社会服务领域对于新技术的使用范围不断扩大。互联网的普及、物流技术和体系的完善、通信技术的发展等都从根本上改变了居民的生活方式。文化多元化、服务个性化等最新趋势以及居民自我意识、环境意识、公民意识的觉醒，都要求社会系统能提供的功能和服务不断升级。这不仅要求社会系统在硬件上不断完善，同时也要求社会整体意识、理念、文化等随之改变；不仅需要政府强力的引导和支持，同样需要广大居民的共同努力。这个过程是相对漫长的，但也是不可阻挡的，政府应该致力于加快这个进程的推进，以充分满足居民不断提高的物质和精神需求。

（三）充分发挥社区组织及社会团体的作用，提升社会管理能力

社会系统的良好运行，除了需要有良好的硬件支持以外，内部的运行机

制也至关重要。这其中领导者和组织者的作用直接关系系统运行的好坏。政府当然扮演了重要的角色，起到绝对的作用。但随着时代的发展，社区以及各个社会团体逐渐成为社会系统内部的新的组织形式，并且扮演越来越重要的角色，在社会生活支持网络中发挥着不可替代的作用。因为其与广大居民接触最为密切，最能及时有效地捕捉居民的需求和呼声，从而能提供更具针对性的服务和对策。可以说，未来社会系统的发展，离不开各社区组织和社会团体的共同参与。应建立政府与民间组织互动、互补的体制和机制；政府应探索行之有效的激励机制，积极鼓励和支持社区组织和社会团体的发展，调动社会组织参与社区服务的积极性，促进公共服务社会化；建立监督体系，确保民间组织良性发展，从而提升社会管理和运行水平。

三、构建多元稳定的社会投入体系

如上文所述，阜新市社会系统发展滞后，急需大幅度提升其发展水平，这必然涉及大量的资金投入。而阜新市财力极其有限、资源枯竭等因素导致经济系统所能提供的资金匮乏，社会系统长期投入不足又使得经济系统情况进一步恶化，陷入了恶性循环。从前文分析可以看出，阜新市社会系统资金投入渠道相对单一，而且表现出明显的波动性和不稳定性，从而造成社会系统的脆弱性。因此，建立多元稳定的社会系统投入体系就成为降低社会系统脆弱性、促进可持续发展的客观要求和必然选择。

（一）采取有效措施为企业减负，促进企业的社会投入

阜新市正处在经济转型的阶段，经济发展基础薄弱，尤其是仍然勉强生存的矿业企业面临着开采成本逐渐增加等诸多问题，企业发展负担仍然沉重。因此，应从多个方面采取有效措施为企业减负。例如，在税收政策上，可考虑实施差别的税收政策，促进转型期各个企业降低成本，迅速发展壮大，从而不断提高劳动者工资，促进居民收入水平的提高。另一方面，在保障居民公共利益不减少的前提下，采用诸如BOT等具有创新性的投融资方式，鼓励各个企业投资社会领域，尤其是一些经营效益较好的竞争性领域，不断拓展企业的投资准入空间，引入竞争机制，促进社会利益的最大化，从而最大程度促进教育、卫生、文化、公共服务等公益事业的发展。

（二）着力提高地方财政收入，加大财政转移支付力度

地方财政收入主要来自于地方税收，对资源型城市而言，地方税收税基小，税源少，而支出巨大，造成财政的巨大压力。应从两个方面着手提高地

方财政实力。首先，应采取多种方式增加阜新市地方财政收入。适当允许地方在地方税种、税制方面有所突破，可以考虑在不违反国家相关法规且不会影响总体利益的前提下，在增值税、所得税以及营业税等留成上给予资源型城市以更多的比例，或推进其他相关的税制改革。国家应研究制定适合资源型城市自身发展的税收体制，废除一些不合时宜的税收种类或规定，适当允许其针对地方实际需要增加必要的新税种，如社会保障税、环境保护税等，在保障整体利益的前提下，提高税收增收效益，扩大地方政府的财政收入水平，同时促进生产方式的转变。第二方面，对于阜新市而言，地方政府的财政收入水平较低，社会系统的投入在很长一段时间必须主要依靠国家的财政转移支付。尽管近年来地方财政有了一定发展，但由于税收体制等方面的原因，阜新市地方财政增加很有限，而社会资金需求的不断增加，使得对中央转移支付资金的要求越来越大。当前的阜新正处在转型的关键时期，因此加大转移支付支持力度是必须的。这一方面要求增加转移支付总体规模，另外也应提高一般性转移支付的比例，扩大地方资金使用自主权。此外，国家财政应考虑在国债等发行上，对于像阜新这样的资源型城市以适当的倾斜，安排专门的资金用以支持阜新市经济社会发展。

（三）建立地方财政投融资体系

一方面，国家应鼓励和引导各金融企业尤其是政策性金融机构加强对于阜新市政府的金融支持，主要用于基础设施建设、住房、教育、医疗、文化、环保等民生工程，形成地方财政支出的重要来源之一。另一方面，应积极运用资本市场，发展证券融资方式。可考虑以政府信用为基础筹集资金，推进民生领域建设。应积极争取将阜新市作为试点，推进发行资源型城市转型地方债。一般而言，地方债是以地方政府的税收能力作为还本付息的担保，但应考虑到资源枯竭型城市自身财政收入有限的特点，建议由财政部代发，由国家或辽宁省财政担保，以增加资金的融资规模和信用等级。如果条件允许，也可以通过公开募集城市建设基金，投资一些收益稳定的社会项目，从而进一步拓宽地方政府的融资渠道，拓宽其融资能力，增强地方政府自主发展的动力和能力。

（四）建立社会投入的区域援助机制

资源型城市单独依靠其自身的发展难以走出困境，必须将发展融入其所在的区域中，依靠区域整体的力量促进其快速发展。对于阜新市而言，比较现实和合理的做法是同省内各个城市建立区域援助机制，以作为国家和省级政府财政帮扶的有力补充。援助可采用多样化的方式，以资金援助为主，辅以技术、人才等方面的支持。援助额度及方式由辽宁省政府组织各地市政府进行协商确定，并形成长效机制，促进阜新市社会投入资金的多元化。

四、建立社会系统稳定机制

如前文所述，阜新市社会系统容易受到多重扰动，尤其是在社会系统的资金投入上容易受到多种影响。煤炭产业的发展本身就具有不稳定的特征，极容易受到煤炭的市场价格以及煤炭需求量等多种扰动的影响，而对于资源区域枯竭的地区而言，这种影响又不能通过增加产量等方式化解，从而加重了影响的范围和程度。在很长一段时间内，煤炭产业的发展仍然在很大程度上对阜新市经济系统产生影响，并且通过多种途径将这种影响传导到社会系统，极易造成社会系统的波动。另外，国家对资源型城市的转移支付也具有不确定性，也造成了社会系统投入水平具有多种不稳定因素。资源型城市自身基础薄弱，随时可能面临着其他的不可预知的来自系统内部和外部的多种扰动，从而表现出较强的脆弱性特征。因此，应建立社会系统的稳定机制，以应对各种扰动产生的不利影响。

（一）建立内部稳定调控机制

要建立城市应急管理机制，以应对社会系统突发问题。例如，加大对阜新市人才市场建设的支持力度，完善就业服务制度、项目、功能，提高信息化水平，在全市推进建设种类齐全、层级分明、服务广域的就业市场体系，从而实现劳动信息共享，促进充分就业，及时缓解可能出现的失业人数增加，增强社会系统对经济扰动作用的平抑作用。再如，建立和完善城乡医疗救助体系、弱势群体帮扶机制等，积极推进医疗体制创新，开展济困助残、法律援助和困难家庭子女升学资助等社会活动；积极提供更多公益性岗位，为弱势群体拓宽就业渠道，以增强其抵御风险的能力。

（二）组建社会系统稳定资金

鉴于阜新市社会系统资金流具有不稳定性，为了应对其对社会稳定性造成冲击和影响，应组建社会系统稳定资金，以弥补可能出现的资金缺口，促进社会系统的稳定发展。资金来源应尽可能多样，可由国家和地方共同出资组建，采取逐年积累的方式，每年从国家对地方的转移支付资金中以及地方财政收入中按照一定比例或额度划拨。资金的使用范围应严格限定在弥补财政的支出不足、抑制由于资金流不稳定而产生的波动上，不宜轻易动用。资金的管理可参考证券市场上基金的运作模式，由地方政府将脆弱性缓冲资金交由国有商业银行托管，负责资金的保管和资金使用的监督，由专职从事资金运作的机构来操作和运用资金，目的是实现资金的保值增值。资金的投资可参考社保资金的管理办法，以安全为根本前提，采用有效的风险防范措施。通过政府、银行和资金运作机构相互监督、相互制约，以保障资金的安全。政府应研究制定《社会系统稳定资金管理办法》，明确资金的筹集、拨付、管理、监督、检查、违规操作处置等细则，从而保障脆弱性缓冲基金的安全稳定增加。

（三）建立社会系统资金监管体系

社会系统资金来源和流向多样，资金额度巨大。对于资源型城市而言，系统资金投入作用巨大，保障资金的有效供给和合理使用，对于转型期社会系统健康发展至关重要。因此，应建立社会系统资金流的监管体系，着力提高社会系统资金的使用效益，严格控制挪用、占用、滥用社会投入资金。第一，应促进资金投入的透明化，尤其是财政资金的使用预算及流向等应予以公示，接受公众和媒体等方面的监督。第二，明确资金监管主体，除了以财政部门为主体外，还应加强与审计、纪委、司法机关等多个部门的合作，结合群众及媒体共同监督和管理。第三，创新监管方式，改革资金支付流程。改革以层层划拨的低效率支付方式，将各个单位的财政银行账户统一管理，由财政部门严格按照各个部门和单位的详细预算进行支出，简化支出流程，尽量采取直接到账的方式。第四，实施动态监管。在资金支出之前要由财政部门对项目预算的各项支出进行审核后方可支付，使监督关口前移，同时，要开展定期和不定期的资金使用跟踪调查，详细核对每一笔资金的使用情况，进行账目核对，确保资金使用的真实合理。第五，要加强对社会资金使用的效益评估，应组织专家、社会团体等对社会系统各项资金投入预算进行评估，并接受舆论监督，力促资金流向公众效益突出的民生领域，严控社会资金流向形象工程、政绩工程等项目。对已经发现的社会资金被挪用、占用或滥用造成资金效益极大损耗的，要依法追究主管领导责任并予以查处，从而真正地使社会系统资金的作用得到充分的发挥。

五、着力降低城区居住区的脆弱性

如前文所述，阜新市城市部分居住区存在较高的脆弱性，说明这些人口聚集区存在着收入水平较低、家庭负担重、再就业能力有限、生活条件差等一系列问题，若不能够采取及时有效的措施降低这些区域的脆弱性，任其自然发展下去，会出现所谓的“马太效应”，即这些区域的问题会越来越严重。

一旦出现某些外界扰动，这些区域将会首先受到冲击并较难恢复，可能引发一系列社会问题，从而给对社会系统整体稳定带来威胁。因此，笔者认为，降低城区内各居住区的脆弱性也是促进社会系统可持续发展的必然要求。通过对阜新市社区的实际调研，本书认为可以从以下几个方面降低各居住区的脆弱性。

（一）进一步推进沉陷区治理和棚户区改造等民心工程

通过上文的研究发现，脆弱性较高的地区，其居住条件普遍极度恶化，如孙家湾街道、南部街道等。而与此相对的是棚户区和沉陷区改造后的居民点的脆弱性明显降低，实际走访发现，居民对政府在住房上的帮扶较为满意，居民的居住条件得到了明显的改善。这说明由政府主导的棚户区改造等民心工程对居住区脆弱性的降低具有明显的作用。因此，应按照加强规划、统一组织、集中建设的原则，以上级财政支持为主，多方筹措资金，进一步加大对沉陷区治理和棚户区改造的支持力度，加快各项民心工程的推进力度。

（二）加强高脆弱性地区基础设施的建设和完善

实际走访中发现，脆弱性高的几个街道，在道路交通、商服配套、教育医疗、文化娱乐等设施的配置上存在着严重的缺失，给这些住区的居民带来极大的不便，进一步加剧了本区富有阶层的外迁，也极大地降低了这些区域对外来资金的吸引能力。因此，应加大资金投入力度，着力提高这些区域的基础设施的配套程度，尤其是要加大道路交通的完善以及公共环境的改善。同时，应积极鼓励社会资金的投入，促进这些区域的基础设施的完善。政府应该对于投资于公共服务的企业和个人在土地、税收、信贷等各个方面给予优惠以鼓励其快速发展。

（三）完善社保体系建设，加大对困难区域的帮扶力度

阜新市在转型的 8 年时间中，在社会保障体系的建设上已经取得了较大成效，基本建立了居民最低生活保障制度、基本养老保险制度、基本医疗保险制度等，社保体系得到了很大程度的完善。但目前的社保体系的保障能力较为有限，水平仍然较低，社保投入对于巨大的社保需求来说仍然相对不足。应通过有效统筹，致力于加强社会保障的资金投入力度，着力提高社保水平，尤其是加大对困难群体和困难住区的资金转移力度，促进社会公平。具有高脆弱等级的居住区内的居民，具有收入低、老龄化、受教育程度低等特点，依靠其自身的力量，几乎难以实现再就业和收入的提高，因此，地方政府必须进一步加强对这些区域的帮扶力度，建立困难援助机制，对困难阶层的就

业、医疗、教育等诸多方面给予一定的救助，为低收入群体提供有力的保障。

(四) 促进阶层融合，着力构建和谐居住区

阜新市由于历史的原因，矿区和非矿区之间、原有居住区和新建居住区之间、高低收入阶层之间的空间分异非常明显，在人们的观念里，矿区就是贫困、混乱的代名词。社会阶层的过度分化，尤其是空间上的过度隔离会带来社会隔阂、资源分配不均、不稳定因素增加等一系列问题，对于社会系统的稳定带来威胁，这种现象持续下去是非常有害的。政府应充分意识到这方面的问题，通过城市规划调控、政策引导等多种方式，有效地促进不同阶层的融合。同时应通过加强社区管理，提高社区服务水平和档次，营造轻松舒适的生活环境，促进公共服务的均等化，从而有效地减少居住区之间的两极分化。

参考文献

艾大宾，王力．2001. 我国城市社会空间结构特征及其演变趋势．人文地理，16（2）：7-11.

安妍．2007. 提高政府间转移支付效率构建和谐社会．时代经贸，5（73）：30，31.

冯健，周一星．2003. 北京都市区社会空间结构及其演化．地理研究，22（4）：465-483.

顾朝林，王法辉，刘贵利．2003. 北京城市社会区分析．地理学报，58（6）：917-926.

李鹤，张平宇．2008. 东北地区矿业城市经济系统脆弱性分析．煤炭学报，33（1）：116-120.

李建华．2007. 资源型城市可持续发展研究．北京：社会科学文献出版社．

李黎明，刘伟．2007. 浅析阜新失业问题成因．科技咨询导报，（24）：89，90.

李志刚，吴缚龙．2006. 转型期上海社会空间分异研究．地理学报，61（2）：199-211.

梁冰，刘晓丽，李宏艳．2005. 矿产资源枯竭型城市的生态环境问题——以辽宁省阜新市为例．中国地质灾害与防治学报，16（3）：122-125.

凌荣安．2008. 财政转移支付制度的改革策略分析．北方经济，（8）：68，69.

刘芮葭．2007. 煤炭资源枯竭型城市的环境复杂性研究．煤炭科学技术，35（6）：91-94.

刘文启，刘玉森，阎远航，等．2009. 阜新经济转型七年工作回顾与思考．

那伟．2007. 矿业城市人地系统的脆弱性及其评价体系．城市问题，（7）：43-48.

苏飞，张平宇．2009. 矿业城市社会系统脆弱性研究——以阜新市为例．地域研究与开发，28（2）：70-74.

苏飞，张平宇，李鹤．2008. 中国煤矿城市经济系统脆弱性评价．地理研究，27（4）：907-916.

汪红，汪军，仲维清．2004. 阜新 2000 年社会保障基金问题研究．辽宁工程技术大学学报，6（2）：144-146.

王开泳，肖玲，王淑婧．2005. 城市社会空间结构研究的回顾与展望．热带地理，25（1）：28-32.

王青云．2003. 资源型城市经济转型研究．北京：中国经济出版社．

王志宏，吕秀杰．2006. 辽宁省矿业城市失业与再就业状况分析．中国矿业，15（8）：80-84.

易峥，阎小培，周春山．2003. 中国城市社会空间结构研究的回顾与展望．城市规划汇刊，（1）：21-24.

张文焕，刘光霞，苏连义，等．1990. 控制论、信息论、系统论与现代管理．北京：北京出版社．

郑文升，丁四保，王晓芳，等．2008. 中国东北地区资源型城市棚户区改造与反贫困研究．地理科学，28（2）：156-161.

周春山，刘洋，朱红．2006. 转型时期广州市社会区分析．地理学报，61（10）：1046-1056.

Logan J R. 2002. The New Chinese City：Globalization and Market Reform. Oxford：Blackwell.

第七章　大庆市经济系统脆弱性及调控途径

第一节　大庆市经济系统脆弱性特征及可持续发展条件

一、大庆市概况

（一）基本情况

大庆市位于黑龙江省西南部，松嫩平原中部，哈大齐工业走廊的中心地带。市区位于北纬45°46′～46°55′，东经124°19′～125°12′，东部与明水县、青冈县和安达市、肇东市相连，西部与泰来县及吉林省的镇赉县毗邻，北部与富裕县、依安县接壤，南部与吉林省大安市、松原市及黑龙江省双城市隔江相望。全市总面积21 219平方千米，占黑龙江省总面积的4.5%，其中市区面积5107平方千米，现辖萨尔图、龙凤、让胡路、红岗、大同5区，肇州、肇源、林甸、杜尔伯特蒙古族自治县4县。本区属温带大陆性季风气候，全年平均气温2～5℃，年均降水量471.3毫米；地势平坦，东北高、西南低，地貌表现为波状起伏的平原，但相对高差很小，海拔一般为150米左右，境内地貌单元为低岗和低地两种；大庆地区自然资源极其丰富，石油储量居全国各油田之首，探明天然气储量574.43亿立方米。大庆市境内草原辽阔，水资源丰富，拥有丰富的中药材资源和野生动物资源，自然景观独具特色，拥有湿地、草原、半干旱荒漠等多种自然景观及丰富的地热资源。

（二）社会经济概况

2008 年，大庆市总人口 277.23 万人，其中非农业人口 136.8 万人，城镇化水平为 49.3%，已进入城镇化的快速发展阶段。但区域城镇化水平差异显著，其中市区城镇化水平较高，市域外围地区的城镇化水平较低。

大庆市是全国最大的石油生产基地和石化工业基地，从 1976 年闯过年产原油 5000 万吨大关之后，至 2008 年累计生产原油 19.91 亿吨，到 2002 年连续 27 年年产原油 5000 万吨以上，目前原油产量占全国的 1/5 左右，对我国原油产量、创汇和财政收入影响巨大。2008 年，大庆市地区生产总值 2220.4 亿元，占全省总量的 26.7%，按可比价格计算，比上年增长 12.3%，工业增加值 1839 亿元，同比增长 11.8%，占全省的 53.4%，规模以上工业企业实现增加值 1729 亿元，同比增长 11.5%，在黑龙江省经济发展中具有举足轻重的地位。石油工业、中直石化工业、地方工业分别实现增加值 1448 亿元、160.3 亿元和 225 亿元，分别增长 7.8%、16.5%和 35.0%。

1990 年以来，大庆市经济总量不断增加，2008 年全市 GDP 为 1990 年的 13.1 倍。但相对于全国经济发展速度而言，大庆市经济增长速度却相对滞后。虽然 2008 年大庆市 GDP 增长率为 12.3%，高于全国 3.3 个百分点，但 20 世纪 90 年代以来的绝大多数年份均低于全国平均水平（图 7-1）。

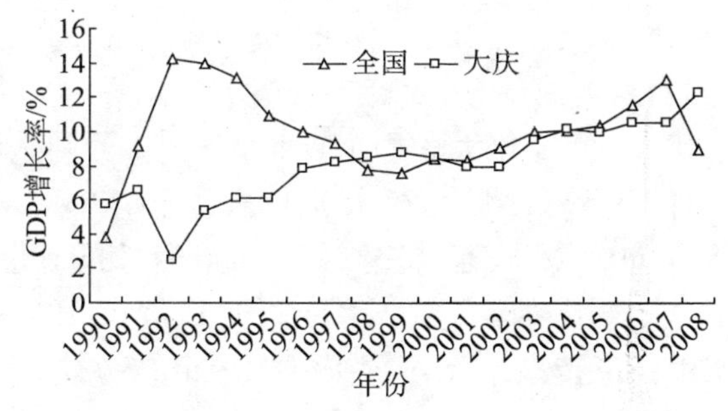

图 7-1　大庆及全国 GDP 增长率变化情况

资料来源：大庆市统计年鉴 2008，大庆市国民经济和社会发展统计公报 2008，中国统计年鉴 2009

长期以来大庆市经济发展严重依赖石油资源，以石油开采业为主的第二产业占有绝对的优势地位。1990 年三大产业的比例为 7.3∶82.5∶10.2，2008 年三大产业结构的比例为 3.1∶85.1∶11.8（表 7-1），其中，第一产业增加值由 12.4 亿元增至 69.2 亿元，而占地区生产总值的比重下降了 4.2 个百分点；第二产业增加值由36.04亿元增加到1548.31亿元，其所占比重增加了2.6个百分点；第三产业发展较快，增加值由17.2亿元增加到262.1亿元，所占比重增加了1.6个百分点。2008年石油和天然气开采业增加值占地区生产总值的比重仍高达65.2%，规模以上工业重点行业中，石油和天然气开采业占工业总产值份额高达78.74%，产业结构高度单一的局面还没有从根本上得到改变，城市经济发展极易受石油价格波动等各种不利扰动的冲击，具有典型的脆弱性特征。1980年以来大庆市产业结构比例有所调整，尽管近年来第三产业比重有所增加，但其比重较第二产业而言仍较小，"一柱擎天"的格局仍未得到根本性改变。

表7-1　大庆市产业结构时序变化（1990～2008年）

项目	1990年		1995年		2000年		2005年		2008年	
	产值/亿元	比值/%	产值/亿元	比值/%	产值/亿元	比值/%	产值/亿元	比值/%	产值/亿元	比值/%
第一产业	12.4	7.3	20.1	4.6	18.4	1.8	42.4	3.0	69.2	3.1
第二产业	139.4	82.5	379.7	86.6	923.0	89.7	1203.5	85.9	1889.1	85.1
第三产业	17.2	10.2	38.5	8.8	88.0	8.5	154.8	11.1	262.1	11.8
合计	169.0	100	438.3	100	1029.4	100	1400.7	100	2220.4	100

资料来源：大庆市统计年鉴2008，大庆市国民经济和社会发展统计公报2008

（三）大庆市经济转型的现状分析

大庆市作为典型矿业城市与所有矿业城市的发展历程一样，也存在着资源赋存由盛到衰的问题，大庆油田的可采储量只剩余30%，产量逐年下降的趋势已成定局，到2020年预计只能维持到年产2000万吨左右（国务院振兴东北办工业组，2006）。2003年大庆原油产量为4840万吨，比上年减少173万吨，这也是大庆自1976年之后，27年来首次低于5000万吨，目前原油产量正以每年150万～200万吨的速度递减，石油开采业的衰退趋势不可阻挡。2005年5月18日，大庆市被国务院振兴东北地区等老工业基地领导小组办公室列为资源型城市经济转型试点，解决好大庆市城市经济转型和可持续发展问题已经迫在眉睫。

大庆市经济转型最重要的是要做好接替产业的发展。近年来，围绕构建全面发展战略新高地，大庆从油气资源优势和产业基础出发，将做大做强石化产业作为结构调整的重点，加快构筑非油经济产业群，在做大做强石化产业的同时，发展壮大其他接替产业，初步形成了石油化工、现代农业、装备制造、新能源和新材料、高端服务等接替产业的发展框架，经济转型和可持续发展工作取得初步成果。到2008年底，石油产业与非石油产业所占地区总产值的比为60.8∶39.2，新的经济格局已具雏形。

经济转型过程中，园区经济已成为大庆市经济发展新的增长极，2009年大庆市20个产业园区工业增加值占全市地方工业增加值的一半以上，随着企业和项目在园区内不断壮大发展，园区经济必将成为未来大庆市接替产业发展的中坚力量。目前，大庆市在高新区设立了软件园、精细化工园、大豆高新工业园、出口加工区、石油石化装备产业园、服务外包产业园、文化创意产业园等一批专业园区，有效地推动了产业聚集。2009年大庆市高新区国家创新型科技园区建设方案正式获得科技部批复，成为东北地区首个国家创新型科技园区，由此完成了由资源驱动型产业园区向创新驱动型科技园区的转变，为大庆市接替产业的发展、经济结构的调整提供了充足的智力支持与技术支撑。

体制与机制问题一直是困扰大庆市经济转型的问题之一。因此，深化改革，体制机制创新是实现大庆市经济转型和可持续发展的根本动力。目前，大庆市支持中央直属的国有大型企业深化改革，创造条件促进大企业加快主辅分离、辅业改制，同时分离中央直属的国有大型企业办社会职能，积极争取中央财政转移支付，大企业承担的教育、公安、消防等职能正逐步移交给地方。

改善生态环境，是经济转型和可持续发展的重要内容。近年来，大庆市实施“百湖治理”，对主城区内的泡泽进行全方位治理改造，水系环境明显改观。实施“百园建设”，全市范围内初步形成星罗棋布的生态园建设格局。加快植树造林、城市绿化和一退三还。坚持“政府调控、市场推进、公众参与”的原则，对污水、废气、噪声、垃圾等城市污染进行综合整治，大庆城市环境质量综合指数达到100%，被评为全国优秀旅游城市。2001年大庆市成为我国内陆首家国家环保模范城，荣获中国人居环境范例奖，并连续3年获得全国城市环境综合整治优秀城市称号。

近年来，大庆市已经开展了一系列的社会经济结构调整优化行动，及时进入了城市转型阶段并取得了一定成效，但是在大庆市经济转型过程中，经济系统的脆弱性或潜在脆弱性制约了城市转型，城市经济在短时间内完全实现转型还较为困难。

二、大庆市经济系统脆弱性特征

石油城市一般都是“先油后城”，即城市完全是因为石油资源开采而出现的，城市的主要功能是向社会提供石油以及石油产品。因此石油产业的发展状况对城市的兴衰具有决定性的影响。石油城市高度单一的产业结构使其经济发展受到有效资源自然递减和市场波动的严重制约，极易受到冲击，具有典型的脆弱性特征。石油资源的成因决定了大部分石油城市分布于脆弱生态区，石油资源的开采又导致了人类活动对其的高强度干扰，因此石油城市的脆弱性既属于结构型脆弱性，又属于人类活动胁迫型脆弱性。

人地系统是由地理环境和人类社会两个子系统交错构成的复杂的开放的巨系统，内部具有一定的结构和功能机制（吴传钧，2008）。地理环境与人类社会作为人地系统的两个子系统一直在不断发展，两者既对立又统一，既相互促进又相互制约。石油城市人地系统是一个开放式复杂巨系统，包括自然环境子系统、社会子系统、经济子系统，石油城市人地系统脆弱性通过其子系统的脆弱性及其耦合作用体现出来。经济系统作为人地系统的核心受到社会系统和自然系统的深刻影响，同时经济系统的脆弱性是衡量城市经济发展水平的一种重要度量，主要体现在经济总量、经济效益、经济结构三个方面。经济系统的脆弱性也是石油城市人地系统脆弱性的主要方面之一。

作为我国最大的石油生产基地和最重要的石油化工基地，大庆市是伴随着石油资源的开发、矿区经济的发展而壮大起来的。在大庆市发展的不同时期，其为国家国民经济和社会发展做出了重大贡献。近年来，随着石油资源的不断开采及原油产量的战略调减，矿业城市存在的共性矛盾和问题开始显现。城市经济、社会、资源、生态等方面在取得了巨大发展的同时，其经济、社会、自然子系统亦表现出一系列脆弱性特征。但大多数情况表明，大庆市经济系统的脆弱性往往是众多矛盾的主要方面，是其可持续发展的制约因素。实际上，城市自然一经济一社会系统的脆弱性不是孤立发生的，它们紧密联系，互为因果，构成了整体城市系统的脆弱性。要实现城市可持续发展，首先就要减少发展的脆弱性，提高经济系统的适应性及恢复力，然后在此基础上提出相应的可持续发展模式，这对于大庆市的可持续发展具有重要意义。

（一）大庆市经济系统面临诸多扰动因素

城市经济系统脆弱性是经济系统在扰动作用下所表现出来的一种属性，大庆市经济系统面临的扰动因素具有数量多、发生频率高、扰动强度大的特点，是城市经济系统脆弱性的重要体现。大庆市石油开采与加工对环境造成了严重的污染与破坏，人地关系矛盾非常突出，其社会经济发展与资源环境的保护及改善之间通常缺乏有机的协调，很容易诱发系统内部的各种扰动，而且大庆市经济系统受到的扰动既有来自于系统内部的扰动因素，也有源于外部的扰动因素。自1960年发现石油资源，经历了50年的开发，根据中国矿业网的界定，目前大庆已经进入开采的中年期。数十年大强度的石油资源开采，极大地消耗了大庆的自然资源，尤其是石油资源，已经面临枯竭的危险。油气资源的不断开采对大庆市自然资源及景观生态环境破坏严重，同时油气产业的发展造成了相当程度的环境污染，环境压力空前，城市自然环境系统非常脆弱，可持续发展面临严峻挑战。

长期油气资源的开采导致了大庆市自然系统脆弱性增加，资源环境的恶化又反作用于城市的经济系统，对社会经济发展构成了强烈的扰动和制约。目前大庆市石油可采储量只剩余 30%，而近年来每年的新增探明储量只有 3000 万吨左右。大庆主力油田在“六五”和“七五”期间，储采系数分别为 1.09 和 0.99，“八五”末期下降为 0.75。大庆老油田基本处于高负荷状态开采，而外围油田综合含水率逐年升高，更增加了原油生产的难度。按 1995 年综合含水率 87.5%计，每生产 1 吨原油相应有 7 吨水产出；2000 年综合含水率高达 90%以上，每生产 1 吨原油将有 9 吨多水产出，工作量成倍增加，开采难度加大（张米强，2006）。可采储量的减少，开采成本的大幅上升对大庆市以石油开采与加工为依托的经济发展模式产生强烈的扰动，城市经济发展势头变缓，下岗失业、城市贫困等问题较严重。

由于我国经济快速增长，对石油的需求量与日俱增，石油需求缺口越来越大，石油供给安全面临严峻的挑战。近年来，随着国际油价剧烈波动和供给来源的不稳定性，进口石油资源的安全性问题日益严重。据中国石油天然气集团公司的预测，到 2020 年，中国石油消费量至少需要 4.5 亿吨，预测缺口 2.5 亿吨，届时石油的对外依存度有可能接近 60%（刘立力，2004）。大庆市作为我国重要的石油生产基地，是石油供给的重要来源地，国内经济社会快速发展对石油资源的强烈需求和石油对外依存度的逐年上升客观上加快了石油资源开采，也对大庆市可持续发展产生重要影响，是大庆市经济系统外部的重要扰动因素之一（苏飞，2010）。此外，国家政策调整以及城市外部经济要素供给条件改变等城市外部因素也会对大庆市经济系统构成强烈的扰动。

（二）大庆市经济系统具有高度敏感性与不稳定性

敏感性表明系统及系统内部各个要素对其环境变化所作的反应程度，是脆弱性表现的指征之一。敏感性程度与施加于系统的扰动强弱及类型有关。大庆市经济系统在产业结构单一、下岗失业、生态环境恶化等多重扰动作用下的敏感性程度较高，主要表现在以下几方面。

1. 产业结构重型化、单一化，导致经济系统敏感性程度偏高

2008 年大庆市三大产业增加值占地区生产总值比重为 3.1∶85.1∶11.8，油与非油经济比例为 60.8∶39.2，公有制经济与非公有制经济比例为 83.2∶16.8。按照经济发展的一般规律，当一个城市或地区在人均 GDP 跨越 5000 美元过程中，第一产业增加值占 GDP 比重大致在 10%以下，第二产业增加值占 GDP 比重大致为 35%～45%，第三产业增加值占 GDP 比重大致为 46%～64%，而 2008 年大庆市第二产业增加值比重为 85.1，高于此标准

40%～50%，第三产业增加值占GDP比重为11.8%，低于这一标准34%～52%，凸显矿业城市的特点。大庆市作为我国最大的石油城市，同时也是我国传统计划经济体制和粗放式增长方式体现最显著的城市之一，在资源短缺和市场竞争力下降的威胁之下，产业结构畸形问题显得尤为突出。大庆市是因油而生、因油而建的资源型城市，石油开采及深加工在城市经济中占据主导地位，是大庆市的主导产业或支柱产业，城市发展与经济增长过度依赖石油资源的开发，可以说石油经济主导着城市的经济命脉。大庆市的产业结构单一化、重型化，第二产业主导地位突出，第三产业发展缓慢且不完善，这必然导致投资结构、人才结构、技术结构等经济结构构成要素单一，进一步导致城市经济系统的脆弱性上升。市域的四县产业结构现代化程度偏低，产业结构偏重农业，第二、三产业欠发达，结构性矛盾突出。大庆市是全国第二产业比重最高、第三产业比重最低的城市之一，这种单一的“孤岛经济”形势，势必造成城市经济系统的脆弱性极高，经济多元化发展严重滞后。石油资源是不可再生资源，即使石油开采技术不断创新，也不可避免地面临产量减少的现实，而石油产业的兴衰又对其他相关的产业产生很大的影响，城市经济系统面临外界扰动的能力较弱，系统的敏感性程度偏高。

2. 下岗失业问题突出，社会出现不稳定因素

长期以来，大庆市依赖石油资源开采形成了高度单一的产业结构及与之相应的就业结构，劳动力就业过于集聚于石油资源产业中，加之可采石油资源的减少导致石油开采和加工企业开工不足，对劳动力的需求直线下降，大批职工下岗失业，城镇登记失业率不断增加（图7-2），就业和再就业压力巨大。2001年末，全市工业企业从业人员总数为27.3万人，其中石油、天然气开采及石油化工行业从业人员为21.2万人，占工业从业人员总数的77.8%，其他行业仅占22.2%。从企业规模看，6家中央直属的国有大型企业从业人员为24.3万人，占工业从业人员总数的89.2%，其余工业企业从业人员数仅占10.8%。近年来，石油企业在改革中实施产业结构调整和企业“减员增效”措施，下岗分流了一部分职工，给大庆市就业再就业造成了巨大压力和复杂的社会矛盾。大庆市的6家大型石油企业原有职工34.55万人，在油田产业结构调整和企业改制重组后，存续企业职工为17万人，分流职工为17.55万人，分流职工超过原有职工的1/2。由于分流职工的文化程度偏低，年龄偏大，职业技能单一，加之长期计划经济体制下形成的“等、靠、要”的就业观念严重，很多下岗人员不愿意或不能够获得新的工作机会，使得他们缺乏其他必要的生活来源，部分居民的生计陷入困境。据统计，2005年大庆市的贫困率为9.2%，虽然低于东北地区其他矿业城市，但也高于全国3.94%的平均统计比重（郑文升等，2008）。同时，由于城市功能缺失及单一的产业发展压缩了产业发展空间，限制了产业转型与劳动力就业再就业领域的扩大，使得下岗分流职工转移到其他产业就业非常困难，进而诱发社会不稳定因素。大庆市曾发生过下岗分流职工群体抗议及上访事件。目前，大庆需要就业和再就业人数达 8 万多人，每年还有 2 万多大学毕业生，转业军人和新增劳动力需要安置，大庆市从事石油经济职工约 30 万人，占全市职工总数的 70%，随着原油产量下降，吸纳就业能力将不断降低，同时大庆农村地区还有约 40 万剩余劳动力需要转移（赵东昌等，2007），城市就业再就业形势十分严峻。巨大的就业压力以及由此引发的离婚、辍学、犯罪等社会问题，已经并将长期对大庆保持社会稳定构成极大的威胁。

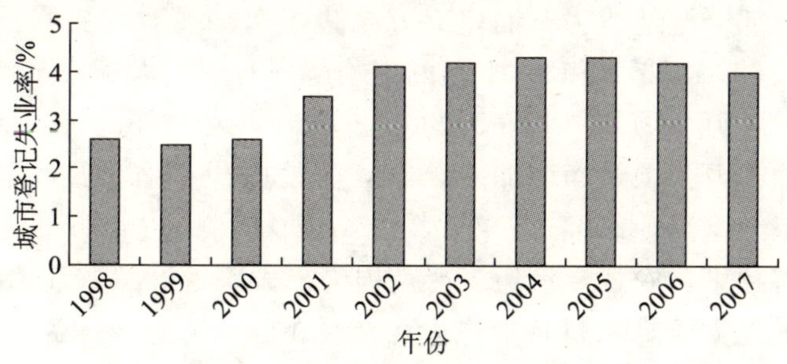

图 7-2 大庆城镇登记失业率情况

资料来源：大庆市统计年鉴 2008

3. 经济发展的生态环境基础脆弱

由于油田开采和人为破坏，造成了大庆生态环境的严重恶化。在油田开发过程中，修建油田公路、埋设各种管线、挖掘引水渠和排污渠、建筑油水泵站及厂矿办公场所等，占据了大面积草原，将草原条块分割，裸地面积扩大。油田在钻井、修井、洗井等生产过程和生产事故所跑、冒、排放的落地原油、洗井废水、废弃泥浆以及倾倒的各种垃圾等都对油田上的植被、土壤和水体造成了不同程度的污染。

目前，大庆市森林覆盖率仅为 9.1%，全市草原退化总面积达到 49.49 万公顷，占草场总面积的 71.8%；沙化土地面积达到 70 多万公顷，占土地总面积的 33%；盐碱化土地面积达到 33 万公顷，占土地总面积的 16%。据统计，1982 年，全市草原面积 84 万公顷，到 2000 年已经减少到 68.9 万公顷，约减少了 18%。油田区草原“三化”面积已达到 84%以上，由于草原“三化”，植被发生逆行演替，质量变劣，覆盖度降低，生产力下降，产草量由平均亩产干草 150 千克降至 50 千克，严重制约了畜牧业的发展。

由于石油、石化工业生产和农业生产大量用水，以及本地区干旱少雨，市区地下水年超采量近 1 亿立方米，西部地区已经形成超过 55 万公顷的区域地下水位降落漏斗，漏斗中心地下水位最大降深达36.7米。水资源极度匮乏，水质污染严重，市区内有55个泡沼已成为工业和生活污水的纳污池，其中有3个成了石油化工污水的储存泡，受污染水面达到2.48万公顷。

研究表明，大庆市域内景观格局总体特征表现为破碎化程度较高，且有增加的趋势，其中建设用地、草原和湿地3种景观类型破碎化程度最高、变化最快。湿地面积比例由1978年的26.47%减少到2001年的18.16%，景观类型斑块平均面积由299公顷/个减小到195公顷/个，湿地减少已是大庆景观变化的突出特征之一，同时由于干旱缺水以及石油开发、农业灌溉用水量增加等原因，致使湿地水位下降较快。扎龙湿地由于长期缺水，导致湿地面积明显减少。部分湿地成为石油化工污水储存泡，湿地功能明显减弱（臧淑英等，2005）。据1986年和2001年的卫片解译对比，大庆市不计盐沼的湿地总面积由63.27万公顷减少到45.13万公顷，净减少28.7%，而同期盐沼面积增加到19.00万公顷，净增加44.1%，湿地面积萎缩、湿地景观破碎化的趋势明显（王继富等，2005）。

自然灾害频繁，农业经济遭受严重损失。大庆地处黑龙江西部的干旱区，年均蒸发量远远大于降水量，加之人为活动的破坏，生态环境十分脆弱。据统计①，全市平均每年约有90%以上的土地受到各种自然灾害的影响，因春旱农田、草原受害面积在70%以上，在林木缺少的风沙危害区，每年因春季风害毁种的农田面积约占播种面积的10%；因夏季干热风农田受害面积约占播种面积的40%以上；因早霜造成的农业减产面积约占播种面积的5%以上。

（三）大庆市经济系统适应性与恢复能力较差

大庆市经济系统在面临外界扰动时表现出的适应性与恢复能力较差，经济系统自身缺乏应对扰动影响的能力，表现在以下几方面：

第一，大庆市长期以石油资源开采及粗加工为依托的发展模式导致产业结构呈现着刚性，在面对石油产量下降及国内外石油价格波动等变化时，表现出较低的适应能力，城市经济转型非常困难。大庆市是伴随石油生产而发展起来的矿业城市，从1960年石油勘探开发大会至今50年来，为国家建设提供了大量的石油资源，同时也形成了石油工业一支独立的刚性经济结构。大庆石油采掘业增加值占全市工业增加值的比重始终在80%以上，最高甚至达到95%以上。近年来，随着原油产量不断降低和经济结构的不断调整，石油采掘业增加值所占比重虽有所下降，但仍占绝对优势。2008年，石油采掘

---

① 资料来源于2006年《大庆市生态市建设规划》。

业增加值所占比重仍高达78.74%，第二产业增加值占GDP的85.1%。尽管20世纪90年代大庆市开始集中精力大力发展“两非”经济，大力推进产业升级，并取得了初步成效，使得大庆“非油”经济占全市经济的比重由2000年的22.9%升至2008年的39.2%，但石油经济产值仍占全部工业产值的六成以上，地方工业和私营经济发展不足，尚不能成为拉动城市经济发展的主导力量。目前，大庆市积极发展第三产业，2008年分别实现旅游收入19.6亿元和服务外包收入52.3亿元，但二者总收入仅占2008年地区生产总值的3.4%，所占比重仍非常小，对城市经济发展的带动作用有限。

第二，随着石油产量的逐年下降，地方财政收入亦会受到影响，虽然短期内由于原油价格上升弥补了产量下降给城市经济带来的负面影响，但长期来看，大庆市经济仍会受到原油减产的冲击，进而影响地方财政收入（表7-2）。大庆市财政至今不是完整的一级财政，没有完整的财政收入。2007年大庆市地方财政赤字达16.2亿元，财政收入减少及财政收支的巨大差额使地方政府的行政效能显著下降，政府无法为地方经济的发展和基础设施建设提供资金，城市功能不健全，服务功能弱，替代产业培育投入不足。同时无力为下岗失业人员提供再就业安置和培训等，使城市经济的发展面临巨大的压力，导致城市经济系统的适应性与恢复力较低。

表7-2 大庆市地方财政收支情况 （单位：万元）

项目	2001年	2002年	2003年	2004年	2005年	2006年	2007年
地方财政收入	210 512	256 257	269 712	411 313	409 420	461 790	559 264
地方财政支出	250 440	262 500	295 128	436 869	542 185	606 779	721 301
地方财政赤字	−39 928	−6 243	−25 416	−25 556	−132 765	−144 989	−162 037

注：以上数据为市辖区，不包括外县。

资料来源：中国城市统计年鉴2002～2008

第三，大庆市居民的消费购买能力相对较低。虽然大庆市人均GDP较高，但由于资本大量流出，大庆市的消费率和投资率水平一直偏低。2004年大庆市最终消费为186.7亿元，占地区生产总值的15.1%，固定资本形成总额为297.3亿元，占地区生产总值的24.0%。与全国、全省的平均水平相比，大庆的消费率要低40%～45%，投资率要低10%～12%。2004年大庆地区可支配收入为327.2亿元，仅占地区生产总值的26.4%，说明虽然地区生产总值较高，但实际可支配额度却较少，直接影响了大庆市人均可支配收入的水平，导致与人均GDP处于同水平的城市相比，大庆市的购买能力相对偏低（表7-3）。居民人均可支配收入与人均GDP的比例体现了居民从经济发展中所得到的好处的大小，2004年大庆市居民人均可支配收入与人均GDP的比例为0.3，比全国平均水平低0.6，表明因财富的大量转移，大庆市居民生活水平并未从经济发展中得到应有的提高（宋彦超，2005）。

表 7-3 大庆市主要经济发展指标

年份	人均 GDP /元	社会消费品零售总额 /万元	人均地方财政收入 /元	职工平均工资 /元	登记失业率 /%
2001	42 886	192.70	1 864.09	17 652.70	3.5
2002	40 683	97.95	2 230.07	17 679.66	4.1
2003	43 927	108.02	2 285.69	19 702.05	4.2
2004	47 667	130.02	3 393.67	22 616.80	4.3
2005	53 199	206.82	3 346.85	24 524.38	4.3
2006	60 493	252.20	3 682.83	26 980.53	4.2%
2007	67 161	301.97	4 362.77	29 681.00	4.0%

资料来源：中国城市统计年鉴 2002～2008

第四，城市社会保障所需地方和企业配套资金严重匮乏，社会保障制度不完善，职工技能单一，民众的危机应对能力较差 。社会保障体系包括社会保险、社会救助、社会福利、优抚安置和社会互助、个人储蓄积累保障。社会保障体系是社会的“安全网”，它对社会稳定、社会发展有着重要的意义。伴随着石油资源逐步枯竭，城市产业结构进行调整，大量工人下岗、失业、转岗，给社会带来不稳定因素，严重影响城市经济结构转型。而目前包括大庆市在内的石油资源型城市相应的社会保障体系均不完善、保障总体不足、有关各方责任划分不清、相关法制建设滞后。

第五，资源型企业应对资源枯竭趋势的能力匮乏。资源型企业在资源型城市占有举足轻重的地位，资源型企业的发展在很大程度上影响着城市的发展，资源型企业的产业结构调整足以影响资源型城市的产业结构的变动。因此，面对不可再生资源逐渐枯竭的必然趋势，资源型企业的应对措施对资源型城市的整体经济发展有着至关重要的影响，而目前很多资源型企业由于缺乏应对资源逐渐枯竭的能力，导致资源型企业应对措施滞后（苏飞，2010）。

三、大庆市经济可持续发展条件分析

作为我国最大的石油生产与石化工业基地，大庆市除了受到国家的重点扶持以外，其自身的比较优势也较为明显，虽然城市经济系统存在一定程度的脆弱性，但其经济基础与可持续发展条件明显优于其他矿业城市。

（一）区位条件相对较好

大庆市位于黑龙江省西部，哈大齐工业走廊中轴，是黑龙江西部的交通枢纽，东南距黑龙江省省会哈尔滨 159 千米，西北距齐齐哈尔市 139 千米，区位十分优越。大庆市的铁路、公路、管道、水运等综合交通运输网络较为发达，境内滨洲、通让铁路交会，连接哈大齐三市的 G015 国道等公路网络已经形成，基本形成了以大庆为中心的经济带。通过滨洲铁路，从大庆市可以到达蒙古和俄罗斯，经松花江黄金水道也可直达俄罗斯，地缘和区位优势明显。作为哈大齐工业走廊的核心区域，大庆市正在结合利用好盐碱地的用地方针，培育特色鲜明的产业集群。

（二）资源较为丰富

大庆市是世界上少有的油气资源富集区。据探测，大庆市地下蕴藏着100亿～150亿吨石油储量，可供开采的石油储量为80亿～100亿吨；天然气总储量为8580亿～42 900亿立方米。大庆油田自1960年开发以来，探明含油面积4415.8平方千米，石油地质储量55.87亿吨，探明含气面积472.3平方米，天然气含伴生气储量574.43亿立方米。此外，大庆市拥有优良的农牧业和旅游业发展条件。市域内草原辽阔，草原面积为84万公顷，草质优良，可供发展畜牧业及与畜牧业相关的食品、制革、纺织、医药工业，进而形成草原经济系列。境内湿地面积为120万公顷，湿地景观类型丰富，芦苇面积6.6万公顷，再加上多处历史人文遗迹，成为发展旅游业的有利条件。这些为大庆市经济转型和替代产业发展创造了条件。

（三）城市经济规模基数较大，综合竞争力较强

50年的石油经济给大庆市打造了一个优于其他城市的雄厚经济基础。由于石油经济的拉动，城市经济可持续发展能力较强。

大庆市一些经济指标处在全国前列，远高于全国平均指标。据有关权威部门统计，2008年大庆实现GDP 2220.4亿元，在全国318个地级城市中排名第17位，人均GDP 80 092元（11 532美元），在全国地级城市中排名第6位，居东北地区城市之首，成为黑龙江省唯一入围前20名的城市。在2008年国家统计局组织的全国百强城市综合实力评比中，大庆市名列第23位，在进入百强的资源型城市中位居第一位。2008年10月11日公布的2007年度“中国纳税百强”排行榜，在独立企业属地纳税五百强排行榜中，大庆油田有限责任公司以352.14亿元纳税额连续第八次蝉联榜首位置，被美国《福布斯》杂志评为中国内地最适合开办工厂的10个城市之一（田红娜，2009）。2009年，在中国294个城市综合竞争力排名当中，大庆市跻身国内50强，名列第47位，其中，经济效益竞争力排名第13位，经济规模竞争力名列第25位，收入水平竞争力排名第39位（倪鹏飞，2010）。

（四）矿业城市转型日益受到国家和地方政府的重视

随着矿业城市引起的经济、环境、社会问题日益突出，国家和社会对矿

业城市的地位、作用和转型问题也越来越重视，并制定了一系列重大的战略措施。中共中央、国务院《关于实施东北地区等老工业基地振兴战略的若干意见》明确提出，要研究建立资源开发补偿机制和衰退产业援助机制，促进资源型城市经济转型和可持续发展。党的十六大报告提出“支持以资源开采为主的城市和地区发展接续产业”，党的十七大报告中指出，“要帮助资源枯竭地区实现经济转型”，并在财政金融、人才、税收等方面出台相关政策、措施扶持矿业城市经济转型。为了更好地探索我国石油城市经济转型和可持续发展，国务院于 2005 年 5 月批准大庆市作为石油类资源型城市经济转型试点，并给予一定政策、资金、项目等方面的支持，大庆市随后也相应地提出了经济转型的总体思路，并研究制定了试点方案。

第二节　大庆市经济系统脆弱性产生原因

矿业城市资源枯竭问题以及城市经济可持续发展与转型问题，历来是相关学者及决策者关注的热点问题。然而，对于矿业城市所存在的问题，要想寻求切实可行的可持续发展模式与对策，首先要清楚，是什么导致了矿业城市经济系统存在脆弱性，它的产生原因是什么。只有清楚了这个问题，相关研究才能有针对性地提出解决问题的对策。毋庸置疑，大庆市人地系统脆弱性主要体现在经济系统脆弱性方面，而且不同时期，其脆弱性程度也不尽相同。经济系统是城市人地系统的核心，其脆弱性主要体现在经济总量、经济效益、经济结构三个方面。但大庆市的经济基础雄厚，经济起点较高，在经济总量与经济效益方面要远远好于其他类型的矿业城市。从经济总量上看，2008 年大庆市 GDP 达到 2220.4 亿元，在全国矿业城市排名中居首位。经济效益方面，2008 年大庆市财政收入达到了 99 亿元，科技对经济的贡献率达到了 47.8%，工业效益综合指数、投入产出比，大庆均位居全国第一。因此，大庆市经济系统的脆弱性更多源于经济结构、资源的不可再生性以及国家宏观政策等方面。

一、刚性产业结构是导致脆弱性的主要因素

大庆市产业结构呈现出显著的刚性是导致经济系统脆弱性的最主要因素。建城初期，国家把大部分人力、物力和资本都集中注入石油开采业，其经济

增长过度依赖石油资源，未能顾及其他产业的发展，形成了单一的刚性产业结构（图 7-3）。刚性的产业结构本身具有脆弱性，而在发展初期，脆弱性的一面并没有清晰的显现出来，其原因是开采初期丰富的石油资源和低廉的开采成本。但是随着资源的枯竭，开采成本的上升，这一刚性产业结构的种种脆弱性明显表现出来，石油工业本身已经不能独自支撑整个地区经济。刚性产业结构造成城市的经济对某一产业的依赖性过大，产业结构的多样性差。城市是一个复杂的巨系统，依靠单一的产业维持系统平衡，稳定性差。产业结构单一、加工链条短、过分依赖于区域外部对本地区原材料等初级品的需求，那么该地区对外部市场条件的改变必然较为敏感，城市经济也对这个产业的敏感性加强。在这种情况下，外部环境的变化和石油工业的细微变化，都会使经济系统的波动性变大（王士君等，2010）。

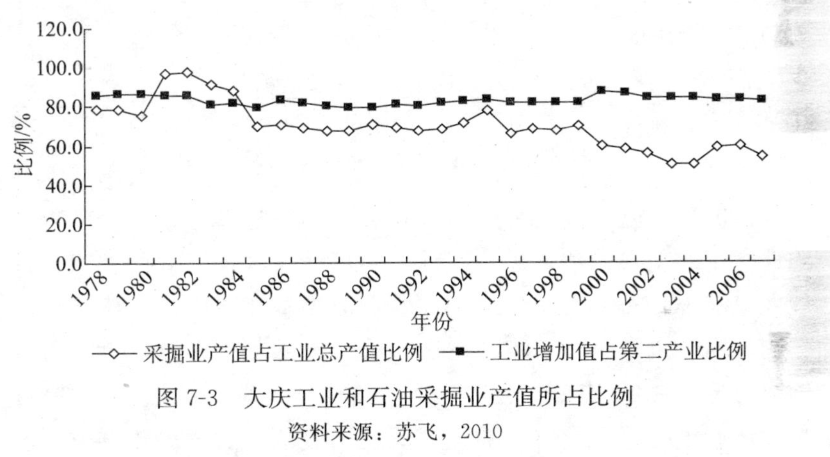

图 7-3 大庆工业和石油采掘业产值所占比例

资料来源：苏飞，2010

二、石油资源的日益枯竭放大经济系统的脆弱性

石油城市从建立、发育、成长直至衰退有着特殊的规律和周期，而这种规律很大程度上取决于石油产业的生命周期（图 7-4）、石油资源的采掘和保证程度，可以说石油城市的生命周期与石油产业经济发展的周期息息相关。石油是不可再生资源，石油资源开采业呈现“开发—上升—稳定—下降—枯竭”的发展周期，而以石油产业为支柱产业的石油城市的生命周期规律，几乎与石油产业生命周期同步。按照产业生命周期理论，处于衰退期石油城市的发展前途有两种可能：一种是石油城市在石油稳产期间，没有做好城市接替产业的发展和产业转型，城市经济发展高度依赖石油产业，随着石油资源的枯竭，经济转型失败，城市经济也随之不断衰退，致使“矿竭城衰”，这一类石油城市其经济系统脆弱性程度随石油产量的减少而逐渐增强。另一种是

石油城市在产业发展初中期或石油高产稳产期，利用城市较雄厚的经济基础和较好的技术、人才优势，带动其他产业的发展，逐步发展壮大非石油型支柱产业，减少城市经济对石油产业的依赖程度，完成产业和城市的转型。石油城市在石油资源枯竭前，就已培育形成新的经济增长点，即使将来资源枯竭，城市仍然能实现可持续发展。这种情况下城市经济系统脆弱性经历先高后低的过程。

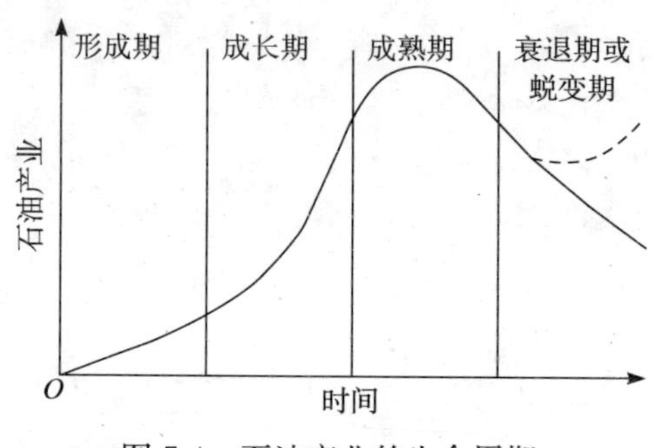

图 7-4　石油产业的生命周期

脆弱性的存在是系统内部的、与生俱来的一种属性，系统内部特征是系统脆弱性产生的主要的和直接的原因，而扰动与系统之间的相互作用使其脆弱性放大或缩小。石油资源枯竭导致的石油经济衰退则是大庆市经济发展必然面临的，同时也是对大庆经济发展影响最为深刻的一种扰动。石油资源的日益枯竭对于石油城市来说是一个致命的打击，城市的发展根基发生动摇，其他相关产业也随着石油资源的枯竭而逐渐衰落。石油城市在发展初期，资源丰富，开采量或增量大，城市经济总量迅速增长，石油城市固有的脆弱性被经济快速发展暂时掩盖。而随着石油开采量的衰减，对城市发展的支持力逐渐下降，城市经济增长减缓或停滞或下降，此时，积累的许多社会问题和环境问题越来越严重，如基础设施不足、绿地稀缺、地面沉降和土壤污染等问题（刘晓艳等，2006）。这些问题的出现增大了城市社会系统的脆弱性，同时反作用于城市经济系统，导致经济系统脆弱性的放大。这一情况表现为城市发展中的常规性问题在这一特殊时期变成为难以克服的顽疾。

石油是不可再生的矿物资源，其开采规律决定了石油只能是越来越少，直至枯竭。按中国矿业协会的界定，大庆市的发展阶段已经步入中年，实际上大庆油田也已进入开采中期，至 2008 年累计采出原油 19.5 亿吨，年产 5000 万吨以上持续了 27 年，在世界同类油田中创造了奇迹。但从 1997 年产量创最高纪录 5600.9 万吨以后，产量开始逐年战略性递减，到 2003 年产量为 4840 万吨，首次低于 5000 万吨，2008 年产油量为 4020.1 万吨（图 7-5）。

对于因油而生的大庆而言，石油产量的逐年减少，同时接替产业发展并不完善，城市经济系统的脆弱性由此更加显现。

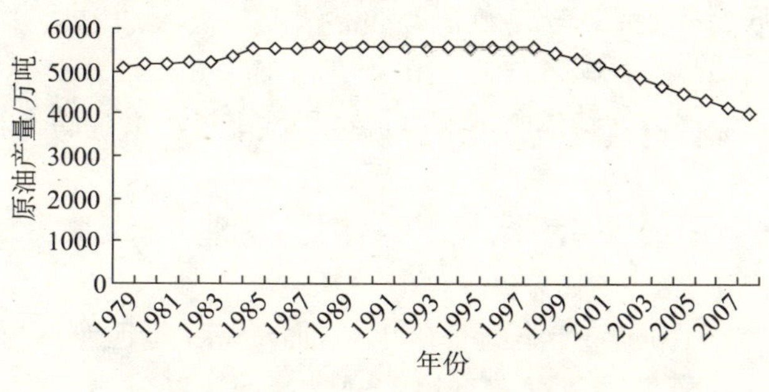

图 7-5　1978～2008 年大庆市原油产量

资料来源：2009 年大庆市统计年鉴

三、石油开采成本提高加剧经济系统脆弱性

如果说石油资源日益枯竭是经济系统脆弱性的“放大镜”，那么石油开采成本不断攀升无疑是经济系统脆弱性的催化剂。在经济全球化和开放型资源经济体系背景下，石油开采技术不断进步，给石油城市带来了巨大的外部压力。虽然较其他类型的矿业城市而言，石油城市的经济效益相对较好，经济基点较高，但由于近年来石油探明和采掘技术提高，可采储量逐年递减，开采成本攀升，原来的优势资源在与国际进口资源的竞争中处于相对劣势的地位，石油城市赖以生存与发展的基础受到威胁，导致城市经济系统脆弱性增强。大庆市为世界上少见的特大型砂岩油田之一，主力开采区的可采储量采出程度已达 77%。原油可采储量越来越少，开采难度加大，开采成本上升（杨会臣和蒋光慧，2002）。1998 年大庆油田老油区生产费用达 300 亿元，比 1995 年增长 37.7%，而原油产量比 1995 年下降 18.6%，吨油成本由 1973 年的 12.76 元增加到 1998 年的 499.7 元，上升了 38 倍。同时，大庆市在城市经济发展中能源浪费严重，单位 GDP 能耗过高。近年来能源消耗量占生产总量的 36%左右，全年能耗总价值占生产成本的 39%，比全国平均水平高出 30 个百分点（臧淑英等，2005）。大庆市石油储量增量增长速度远跟不上原油开采量，储采比不断下降，1985 年储采比为 16，到 2004 年降至 8.5。近几年，每年新增探明可采储量 3000 万吨左右，采出量 4500 万吨左右，储采严重失衡，原油产量以每年 150 万～200 万吨的规模实施战略调减。而且在长期开采之后，随着油田的逐渐老化，目前已进入高含水后期开采阶段，原油含水率增大，生产难度加大。根据油田 2001 年的综合测评资料显示，油田

的综合含水率已经高达87%，一些主力油田的综合含水率达到90%，开采条件变差。由于石油勘探技术不断提高，近年新发现9亿吨储量，但均分布在外围油田，渗透率低、产能低、丰度低，资源品位差。大庆油田从自喷采油到注水采油再到助剂采油的变化，不仅使工作难度增加，开采成本也越来越高，这些原因导致石油产业经济效益不断下降，加重了城市经济系统的脆弱性。

四、接替产业发展不完善，产业转型困难

接续产业是指在原有产业的基础上，前向或后向延伸而形成的产业链。替代产业是指与原资源产业没有直接关联的产业，通常也不大可能是新的资源产业。目前，大庆市仍是以石油资源的开采及粗加工为主，主要为原油、大宗化工原料及大宗有机合成材料，产业链条短，产业间关联简单，大部分产品附加值较低，成本高，缺乏竞争力。面向油田生产和基本建设的企业也大都产量低，产值规模小。大庆市在发展接替产业时还面临与非矿业城市的竞争，限制了其接替产业的发展。2008年，大庆石油采掘业占全市经济比重仍高达65.2%，地方财政收入75%左右来源于石油采掘业，石油经济仍占主导地位。尽管近年来接替产业发展速度加快，但总规模仍然不大，2008年地方工业增加值占全市工业增加值的比重仅为12.2%，拉动经济增长能力有限。

国有石油企业实行高度集中管理，计划统定、产品统销、资金统筹，各地的中直企业独立经营权十分有限，地方政府对于石油资源并没有处置权，这些均使大庆市在延伸产业链时面临种种难题。据相关报道，大庆的原油高含蜡低含硫，很适合生产高质量的润滑油。但在中石油的整体规划中，并没有将润滑油列入在大庆市的重点发展方向，使大庆市润滑油项目长期受阻。另外，大庆市的资产专用性强而导致大量沉淀成本，使产业难以退出市场，而且也因自身的产业地位难以动摇，使其所有产业的资源要素无一例外地向石油资源产业倾斜，即使是新兴产业，也受制于石油资源产业发展状况而缺乏竞争力，从而造成产业转型困难。一方面是石油资源越来越少，另一方面是接替产业的发展较为缓慢，在二者的作用下，城市经济系统应对不利扰动的能力逐渐降低，其脆弱性不断增强。

五、国家产业政策与市场制度的影响

国家宏观的产业政策及市场制度对大庆市有着巨大的影响。石油资源产业作为成本递增、效益递减型产业，随着资源不断开发其生产难度加大，产

量递减和成本提高是必然趋势，在目前的地域分工格局中，在总体上石油供不应求、国家强调石油尽可能替代进口的宏观背景下，大庆市又不得不为了保证国家的原油供应、保证其庞大的产业规模正常运转而保持产量和大量资金的投入。这种状况无疑会加速石油资源的枯竭和石油采掘业的衰退。大庆市长期处于计划经济体制下，承担诸多社会职能的国有资源型大企业具有较强的挤出效应，抑制了竞争，缺乏对市场的快速反应能力和结构转换能力，技术进步缓慢，资产增值能力低，条块分割的行政管理方式和粗放的发展模式根深蒂固，短期内很难改变。

我国石油城市大都形成于计划经济体制时期，长期的计划经济导致城市缺乏应对石油经济衰退的必要积累。大庆起源于20世纪60年代大庆油田的发现，基于当时高度集中的计划经济体制环境，一方面按照国家计划指令，尽量提供更多的石油资源满足国家经济建设需要；另一方面又按照计划价格长期低价对外输出初级产品，高价从其他地区购进生产资料和生活资料，造成大庆市经济效益的双重失血，使其地区积累能力弱化。大庆在向国家输出大量石油的同时，还累计上缴了上万亿元的税收收入。进入市场经济时期，国家仍然拿走了石油税收的绝大部分，地区积累能力依然弱小，城市基础设施建设长期不足，不仅难以发展新兴产业，也难以为培育新兴产业创造投资环境。石油资源作为国民经济的重要战略资源，由于它对国民经济各个部门运行有重大影响，即使在经济体制市场化改革的相当长时期内，石油工业作为计划经济的“最后疆域”，仍未能理顺石油资源价格，造成石油企业大面积的“政策性亏损”（赵玺玉和金光日，2005）。这种“双倒挂”体制造成的价格扭曲，不仅造成了石油资源各关联产业利益分配不均，而且因石油资源渐趋萎缩，城市的自身积累薄弱，为资金投入不足埋下了隐患，进而使城市经济系统脆弱性加剧。因此，大庆市要想降低经济系统的脆弱性，实现可持续发展，最根本的措施还是在于产业政策及体制改革。

六、可持续发展外部援助机制不完善

长期以来国家的财税政策给大庆市的发展背上了沉重的负担，现有的财政转移支付制度也缺乏补偿城市历史欠账的稳定渠道保证，对大庆市一直缺乏合理补偿，虽然国家提出资源开发补偿和衰退产业援助等长效机制，但由于相关的政策正处于试验阶段，并没有形成稳定制度。大庆市是资本大量流出的区域，据测算，2004年大庆市净流出的资本约为755亿元，有98%以上是石油及石化原料等初级产品（宋彦超，2005）。资源与所创造的利润被国家指令性调拨，使大庆很难延长自身的产业链条，大量附加经济价值流出，而大庆市并没有得到包括政策、资金、人才和技术在内的适当补偿，缺乏应对外界不利扰动的条件与途径。作为中国石油天然气股份有限公司的全资子公司，大庆油田有限责任公司的收入和利润由股份公司统一支配。2004年油田公司向股份公司上缴的利润达603亿元。油田公司利润的单方向转移，既无账面凭证，也无受益方的认可，实质上是国家通过资源分配政策将大庆市的利益转让给其他享受优惠政策的区域。

大庆市的税收负担一直较重，宏观税负是指一个地区税收收入占地区生产总值的比重，即国家以税收形式从各地区集中的财富总额及其比率，反映了国家对各地区经济社会职能控制能力的强弱。据测算，2004年大庆税收总额达到364.8亿元，宏观税负为29.4%，比全国平均水平高10.6个百分点，比云南省高14个百分点，比黑龙江省高17.9个百分点，甚至比广东省还高7.1个百分点，表明大庆市属于宏观税负较重的地区（宋彦超，2005）。但在税收分配比例上，大庆市享有的份额却很低。2004年广东的地方财政收入占税收收入的比重为39%，上海市及黑龙江省为48%，而西部的云南、贵州两省则高达58%。大庆市地方财政收入占税收收入的比重仅为12%，比云南、贵州两省低46个百分点，比上海市及黑龙江省低36个百分点，甚至比广东省还要低27个百分点，大庆市并未从高额税收中得到应得的财力支持。

第三节　大庆市经济系统脆弱性评价及结果分析

一、大庆市经济系统脆弱性评价

（一）评价方法

脆弱性评价是当前脆弱性研究的一项重要内容，也是脆弱性研究面临的重要挑战之一。脆弱性评价方法分为定性分析与定量评价两大类，定性分析是定量评价的基础（刘燕华和李秀彬，2007）。近年来，国内外开始重视脆弱性定量评估方法的研究，尤其在气候变化脆弱性、自然灾害脆弱性、生态环境脆弱性、食物安全脆弱性、公共健康脆弱性等领域开展了大量研究，主要有综合指数法、模糊物元法、图层叠置法、情景分析法、投入产出法、脆弱性函数模型、数据包络模型、神经网络模型、分形理论、突变理论等，脆弱性评价方法与评估模型日益多样化，并取得了丰硕的研究成果。

基于石油资源优势而形成的单一石油型产业结构对石油城市经济发展起着主导作用。因此，在众多影响石油城市经济发展的扰动因素中，石油资源供应能力的变化对其经济可持续发展的扰动较为突出。依据石油城市经济系统脆弱性内涵的界定，对石油城市经济系统脆弱性的评价将从石油城市经济系统应对可采石油资源储量变化的敏感性，以及可采石油资源储量逐渐枯竭的应对能力两方面进行。城市经济系统脆弱性与系统对不利扰动的敏感程度成正比，与系统应对不利扰动的应对能力成反比。石油城市经济系统对可采石油资源储量变化的敏感性越低，且面临石油资源逐渐枯竭时经济系统表现出的应对能力越强则其脆弱性越低，据此构建石油城市经济系统脆弱性评价模型为 ESV＝f（S，R），其中，ESV 表示经济系统脆弱性，S 表示为经济系统敏感性，R 表示经济系统应对能力。

本研究采用综合评价法计算经济系统脆弱性指数，计算公式为

$$\mathrm{EVI}_i=\sum_{j=1}^{10}w_j y_{ij} \qquad (i=1, 2, \cdots, 12; j=1, 2, \cdots, 10) \qquad (7\text{-}1)$$

式中：EVI_i 为第 i 研究单元经济系统脆弱性指数，值越大表明经济系统越脆弱；y_{ij} 为第 i 研究单元的第 j 个评价指标的标准化值，w_j 为第 j 个评价指标的权重系数。

基于对城市经济系统脆弱性内涵的理解，依据脆弱性评判的两个层面，选取反映对石油资源依赖程度的两个指标及外贸依存度予以衡量敏感性；应对能力的衡量要从城市的经济、社会、环境三方面综合考虑，主要是对可持续发展能力的测度，因此选取以下 10 个指标作为经济系统脆弱性研究的指标体系（表 7-4）。

表 7-4　大庆市经济系统脆弱性评价指标体系

目标层	准则层	代码	指标	单位	性质
经济系统脆弱性	敏感性	ES_1	采掘业产值比重	%	+
		ES_2	采掘业从业人员比重	%	+
		ES_3	外贸依存度	%	+
	应对能力	ER_1	人均 GDP	元	−
		ER_2	地方财政自给率	%	−
		ER_3	第三产业增加值比重	%	−
		ER_4	固定资产投资密度	万/平方千米	−
		ER_5	三废综合利用产值	万元	−
		ER_6	实际利用外资能力	%	−
		ER_7	社会商品零售总额	万元	−

（二）数据标准化

由于各指标初始值的量纲、数量级以及指标的正负取向均有较大的差异，

在对经济系统进行脆弱性评价前，首先要对评价指标初始数据进行标准化处理（表 7-5）。

对于正向指标：

$$y_{ij}=\frac{x_{ij}-\min x_{ij}}{\max x_{ij}-\min x_{ij}} \tag{7-2}$$

对于负向指标：

$$y_{ij}=\frac{\max x_{ij}-x_{ij}}{\max x_{ij}-\min x_{ij}} \tag{7-3}$$

$$(i=1，2，\cdots，12；j=1，2，\cdots，10)$$

式中：y_{ij} 为评价指标标准化值；x_{ij} 为评价指标的原始值；$\max x_{ij}$ 为某一评价指标的最大值，$\min x_i$ 为某一评价指标的最小值；i 为评价样本数；j 为评价指标个数。

表 7-5　评价指标标准化值

年份	ES_1	ES_2	ES_3	ER_1	ER_2	ER_3	ER_4	ER_5	ER_6	ER_7
1996	0.7871	1.0000	0.1674	1.0000	0.5012	0.6757	1.0000	0.7284	0.6885	1.0000
1997	0.9332	0.5582	0.1116	0.9231	0.0449	0.5946	0.9293	0.7992	0.8925	0.9655
1998	0.8624	0.2509	0.1030	0.8989	0.0068	0.2162	0.8520	0.7721	0.6365	0.9324
1999	1.0000	0.2010	0.1631	0.8131	0.0441	0.3243	0.8400	0.7908	0.8594	0.8918
2000	0.4925	0.0000	0.0129	0.5480	0.0000	1.0000	0.8589	0.8537	1.0035	0.8643
2001	0.4167	0.0202	0.0086	0.5179	0.0480	0.8108	0.8568	0.6648	0.9365	0.8014
2002	0.2656	0.0130	0.0000	0.5651	0.2632	0.3784	0.8484	0.7614	0.8802	0.7324
2003	0.0035	0.0065	0.0386	0.4971	0.2476	0.1351	0.8109	1.0000	0.8735	0.6629
2004	0.0000	0.0108	0.1588	0.4156	0.0497	0.0000	0.7426	0.2907	0.7822	0.5114
2005	0.4448	0.0940	0.4893	0.2979	1.0000	0.2973	0.5493	0.1185	0.7136	0.3972
2006	0.4573	0.1142	0.7210	0.1449	0.6497	0.2703	0.2946	0.0000	0.5948	0.2322
2007	0.1797	0.1063	1.0000	0.0000	0.4755	0.0541	0.0000	0.8640	0.0000	0.0000

（三）权重的确定

运用综合评价法对经济系统脆弱性进行评价时，指标权重系数的确定对评价结果会产生直接的影响。目前指标权重的确定方法有很多种，可以分为主观赋权法和客观赋权法两大类，主观赋权法主要有层次分析法（AHP）、模糊聚类法等，但主观赋权法一般存在着较大的主观随意性。客观赋权法是指根据客观原始数据信息的联系强度或各指标所提供的信息量来决定指标权重的大小，如熵值法、因子分析法、复相关系数法等。在信息系统中的信息熵是信息无序度的度量，信息熵越大，信息的无序度越高，其信息的效用值越小；反之，信息熵越小，信息的无序度就越低，其信息的效用值就越大。熵值法是利用评价指标的固有信息来判别指标的效用价值，从而在一定程度上避免了主观因素带来的偏差（苏飞和张平宇，2009）。由于各样本数据收集完整，本研究选取客观赋权法中常用的熵值法确定指标权重（表 7-6）（王靖和张金锁，2001）。

表 7-6 各评价指标权重

ES_1	ES_2	ES_3	ER_1	ER_2	ER_3	ER_4	ER_5	ER_6	ER_7
0.0988	0.0995	0.0985	0.1017	0.0996	0.1018	0.0998	0.1018	0.0995	0.0990

二、结果分析

（一）脆弱性等级划分

目前，城市经济系统脆弱性评价研究尚处于起步阶段，脆弱性等级划分可供参考的研究成果也较少。借鉴现有研究成果（李鹤，2009；苏飞和张平宇，2009；李博，2008；那伟，2008），采用等间隔分级法在（0，1）范围内将脆弱性评价指数值等间隔划分为 5 组（表 7-7）。

表 7-7 经济系统脆弱性等级划分

经济系统脆弱性指数（ESV）	ESV＜0.2	0.2≤ESV＜0.4	0.4≤ESV＜0.6	0.6≤ESV＜0.8	0.8≤ESV＜1.0
脆弱性等级	低度脆弱	较低脆弱	中等脆弱	较强脆弱	强度脆弱

（二）评价值的计算

权重系数确定之后，根据公式（7-1）运用指标的权重值与该指标的标准化值的乘积作为该项指标的评价值，并通过加权求和求出经济系统脆弱性的评价值（表 7-8）。

表 7-8 1996～2007 年大庆市经济系统脆弱性评价值

年份	脆弱性指数	敏感性指数	应对能力指数	脆弱等级
1996	0.6676	0.1605	0.5071	较强脆弱
1997	0.6201	0.0994	0.5207	较强脆弱
1998	0.5367	0.0642	0.4725	中等脆弱
1999	0.5648	0.0779	0.4869	中等脆弱
2000	0.5018	0.0082	0.4936	中等脆弱
2001	0.4502	0.0084	0.4418	中等脆弱
2002	0.4495	0.0038	0.4458	中等脆弱
2003	0.4795	0.0121	0.4674	中等脆弱
2004	0.3475	0.0478	0.2997	较低脆弱
2005	0.3851	0.1576	0.2275	较低脆弱
2006	0.3636	0.2280	0.1356	较低脆弱
2007	0.4614	0.3066	0.1548	中等脆弱

（三）评价结果分析

通过计算得出大庆市1996～2007年经济系统脆弱性指数，由此可以看出经济系统脆弱性的演变特征（图7-6）。分析大庆市12年的数据，得出大庆市经济系统的脆弱性呈现出波动型下降的趋势，但仍处在脆弱状态。目前大庆市经济系统的脆弱性并不明显，主要原因是大庆市经济发展速度仍然较快，石油产业的发展仍然较为迅猛，城市经济系统的应对能力较强。虽然石油产量有所减少，但是由于基数大，城市经济发展惯性等因素所致，对脆弱性的影响很小。

1996～2007年的12年，大庆市经济系统敏感性由0.1605增至0.3066，表明大庆市经济系统对不利扰动的敏感性整体上呈现出上升趋势，但具有一定的波动性（图7-6），可以分为两个阶段：①1996～2002年波动下降阶段，敏感性指数由1996年的0.1605下降至2002年的0.0038。这一时期大庆油田通过全面实施“稳油控水”等工程技术手段，使综合含水率有所降低，同时加快三次采油工业化步伐，提高中低渗透油层采收率，使得大庆油田年产原油稳定在5000万吨以上（苏飞，2010），但石油开采业产值占全市工业总产值比重由1996年的65.78%下降至2002年的55.39%，石油开采业从业人员占全市从业人员比重由20.73%下降至7.08%，表明原油战略性减产对大庆经济发展造成的潜在的影响开始显现。②2003～2007年快速增长阶段，主要原因是大庆油田在连续27年年产原油5000万吨之后，原油可采储量越来越少，开采难度加大，开采成本不断攀升，主力油田的综合含水率高，原油产量开始以每年150万～200万吨规模战略调减，到2003年产量为4840万吨，首次低于5000万吨，2007年产油量为4169.8万吨。与此同时石油开采业从业人员比重由2003年的6.99%上升至2007年的8.37%，因此在此期间敏感性指数呈现上升态势。

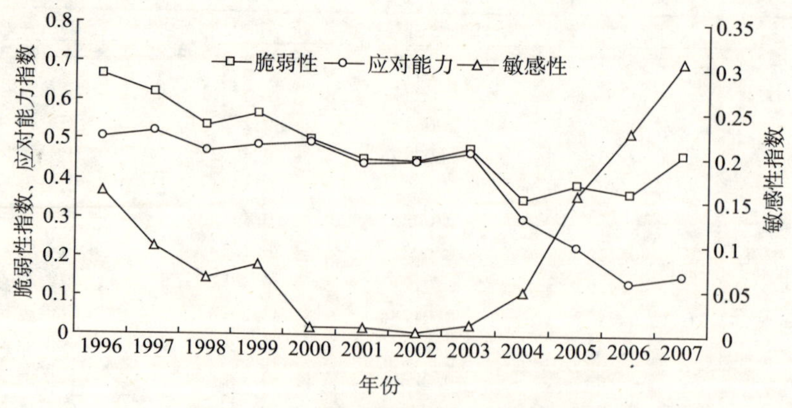

图7-6　大庆市经济系统脆弱性演化趋势

1996～2007 年，大庆市经济系统应对能力指数（应对能力指数越高表明系统应对能力越低）不断降低，系统应对不利扰动的能力不断增强，虽然在此期间敏感性指数呈现先低后高的态势，但由于近年国际原油价格不断攀升（图 7-7），使石油开采业产值比重不断增加，弥补了原油战略减产对经济总量及经济发展带来的负面影响，系统应对能力不断增强。近年来，大庆市积极调整产业结构，大力发展石化工业、延伸产业链条，同时积极发展现代农业、装备制造、新能源和新材料、高端服务等接替产业，地方工业快速增长，服务业及高新技术企业快速发展，刚性产业结构问题初步改观，系统应对不利扰动的能力逐渐增强。

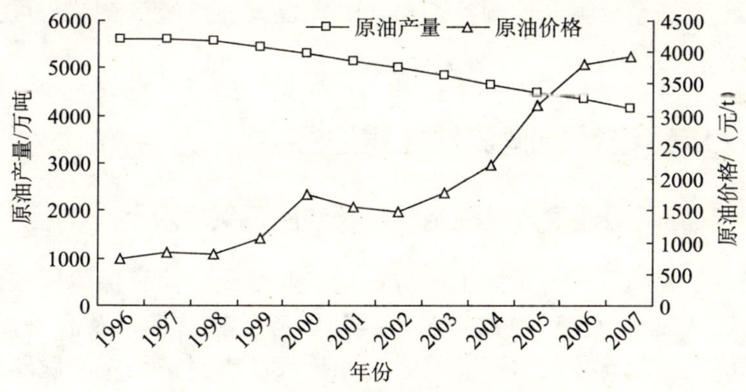

图 7-7　大庆市原油产量和原油价格变化

资料来源：大庆市统计年鉴 2008

大庆市经济系统脆弱性指数由 1996 年的 0.6676 降至 2007 年的 0.4614，表明经济系统的脆弱性程度整体上呈现不断下降态势，但具有一定的波动性，可分为两个阶段：①1996～2004 年波动下降阶段，1996 年大庆市经济系统脆弱性指数最高，至 2004 年脆弱性指数降至最低值 0.3475，这一时期经济系统应对不利扰动的能力虽不断增强，但整体较弱，加之系统的敏感性呈缓慢波动下降趋势，导致经济系统的脆弱性程度下降缓慢，脆弱性程度较高。②2005～2007年小幅上升阶段，这一时期虽然大庆市应对不利扰动的能力不断增强，但随着石油资源的不断减产及近年来国内外石油市场价格变动、国家政策调整等，对大庆市经济系统的不利扰动不断增加，经济系统敏感性快速上升，敏感性程度较高，导致这一时期经济系统脆弱性出现小幅上升趋势，但仍处于中等脆弱水平。

第四节　大庆市经济系统脆弱性调控途径

大庆市作为我国最大的石油城市，如何破解发展困境，实现成功转型，探求其可持续发展模式是当前迫切需要研究的问题。基于脆弱性研究视角，探寻大庆市经济系统脆弱性调控途径，对实现大庆市经济转型与可持续发展具有重要的启示意义。

一、大庆市经济系统脆弱性规避途径

（一）实施资源适度开发战略，延长油田开采年限

大庆市是我国最大的石油生产与石化工业基地，为了保障国家的石油资源供给，过度强调原油产量的增长，石油资源日趋枯竭以及后备资源不足，对城市经济发展的支撑能力不断减弱，导致大庆市经济系统的脆弱性不断增加，严重影响城市的可持续发展。大庆市是因油而生的城市，石油经济一直是城市经济发展的重要依托，若想降低经济系统的脆弱性，规避城市可持续发展面临的种种问题与矛盾，应实施石油资源适度开发战略，减缓对石油资源的消耗速度，对石油产量加以控制并对资源合理利用，延长石油资源的开采年限，为城市经济系统转型争取充裕的时间，提高经济系统应对不利扰动的能力，实现城市的可持续发展。大庆市近几年原油产量稳定在4000万吨左右，平均每年减产150万～200万吨，到2020年，大庆市原油年产量预计将下降到2000万吨。战略性减产正是本着油气资源的最优消耗，寻求资源开发强度与经济规模效益之间的最佳结合点，延长大庆油田的服务年限，这样既为研究后续的全新采油技术和寻找新的油气资源及城市经济转型赢得时间，同时又可规避原油产量的剧烈波动对城市经济造成的影响。

（二）建立石油开采业的反哺机制

由于石油资源的不可再生性，石油产业的衰退是一种必然趋势。发展接替产业是大庆市可持续发展的必由之路。因此，国家应针对包括大庆市在内的石油城市建立相应的反哺机制，尽快制定产业结构转换援助政策，鼓励选择、发展石油替代产业，扶持并促进非石油产业的发展。制定适度的财政援

助政策，在价格、财税、投资等方面给予优惠和倾斜，如建立替代产业培育专项基金，提高石油城市的财政转移支付比例，抓好城市和油田的环境治理与保护，提高就业和社会保障，以规避大庆市出现经济结构调整乏力的局面，缓解石油开采业衰退对城市经济发展造成的影响。

（三）把握石油产业生命周期，准确掌握经济转型时机

城市经济发展对石油资源的高度依赖是造成大庆市经济系统敏感性的重要内在因素，尽早实现城市经济的多元化发展，可以降低城市经济子系统对石油开采业衰退的敏感性。石油资源是不可再生资源，伴随石油开采由兴到盛再到衰的演变轨迹，单纯以石油产业为支柱的城市也会有着相似的发展轨迹，以致矿竭城衰。但是，如果大庆市在资源衰退之前或资源的高产稳产期，利用资金、技术、人才等优势，主动考虑优化产业结构、培育替代产业，着手进行经济转型，带动其他行业和第三产业的发展，逐步把重点转移到培育其他支柱产业上，减少对资源的依赖度，这是规避“矿竭城衰”，降低城市经济系统对石油开采业衰退的不利响应的最佳时机。这样，在石油资源走向衰竭之前，城市经济已有新的经济增长点和支撑点，仍能保持旺盛的生命力和经济活力，顺利地跳出一般石油城市的生命周期，在较高的起点上，对城市的自然资源、经济资源、社会资源、人力资源进行优化与重组，从而获得石油城市经济的可持续发展（沈镭和程静，1999）。

二、大庆市经济系统脆弱性拮抗途径

（一）加强石油资源勘探，减缓资源衰竭速度

大庆市应制定科学规划，依靠科技创新，不断提高石油资源探明储量，加大主力油田的采收率和提高难采储量的动用率，增加后备资源储量，确保原油生产长期稳定，减缓油气资源衰竭的速度。大庆油田不仅有较大的资源潜力，还有世界领先的开发技术，随着多元复合驱、多元泡沫驱、微生物驱等聚驱后接替技术的成熟完善，油田采收率还将进一步提高，为油田可持续发展提供有力支撑。据测算，松辽盆地北部石油资源储量为 90.26 亿吨，而目前只探明了 57 亿吨；预测天然气资源储量为 1.17 万亿立方米，目前探明率不足 5%，到 2020 年，大庆油田仍是中国最大的油田。因此，依靠科技进步，加大油气资源勘查力度，减缓资源衰竭的速度，能够为培育和发展新型支柱产业赢取充裕时间和资金支持。

（二）设立油气资源勘探风险专项资金，加大“四低”油田开发力度

目前，油气资源的勘探费都是由石油企业承担，虽然油气勘探能够获得高回报，但同时也存在着高风险，受成本限制等因素的影响，能够用于勘探的资金十分有限，制约了在新地区、新领域勘探的进展，影响了石油后备储量的增加。因此，需要相关政府部门尽快设立油气资源勘探风险专项资金，并向大庆更多地倾斜，从资金上加大支持力度，保证大庆市所需要的勘探资金的投入。同时，大庆市周边及深层约有6亿吨“四低”油田储量（即低产、低渗、低效和周边低丰度油气资源），多分布在周边贫困地区，目前开发规模、勘探投入等都相对较小，需要进一步加大投入力度进行勘探开发。国家有关部委可以允许采取多种方式加大“四低”油田的勘探开发力度，同时也要放宽对“四低”油田的开发限制，允许和支持大庆油田公司、石油管理局与地方组建独立法人企业，联合开发“四低”油田，充分开发利用石油资源，增加原油产量，适当延缓石油资源枯竭对城市经济发展造成的冲击（苏飞，2010）。

（三）延伸产业链条，提高产品附加值和资源转化收益率

大庆市油气资源丰富，若想实现可持续发展，首先要依托油气资源，大力发展下游石化产业，优化石化产品结构，延伸产业链条，发展聚烯烃、有机化工原料、石蜡、化纤等深加工产业链和精细化工产品，努力做大做强石化产业，建设世界级石化产业基地。同时，合理使用天然气资源，把天然气利用作为拉动大庆工业经济增长的重要途径，走好资源开发—资源初加工—资源深加工—延长产业链的发展道路，由“油经济”变成“油化经济”，提高产品附加值和就地资源转化收益率，增强产业资金积累能力和发展后劲，降低原油产量下降对城市经济造成的影响，这对于大庆市经济系统脆弱性而言是一种有效的拮抗途径。其次，适当提高石油炼化能力。大庆市年炼化能力为1200万吨左右，适当扩大炼化能力，可以弥补石油开采量下降而带来的经济损失。尽管大庆市自身石油资源日趋枯竭，从长远发展来看，大庆市可以从外部输入资源进行加工。中石油已与俄罗斯管道运输公司签署原则协议，双方将在俄罗斯远东原油管道一期工程的基础上，共同建设和运营从俄罗斯远东城市斯科沃罗季诺经中国边境城市漠河到大庆的中俄原油管道。管道建成后，俄罗斯石油公司将与中国签署新的长期原油购销合同，从而实现俄罗斯与中国长期原油贸易的合作目标。石油管道中国支线从2008年开始建设，支线管道的运输能力为每年1500万吨石油。

三、大庆市经济系统脆弱性适应途径

（一）大力培育替代产业，提高城市经济可持续发展能力

大庆市经济系统脆弱性主要体现在经济结构方面，畸形的产业结构严重制约了城市的可持续发展，导致城市经济发展受到可采石油资源逐渐枯竭和资源市场波动的影响较大。在石油资源不断减少的情况下，要想降低经济系统的脆弱性，实现可持续发展，应改变不合理的产业结构，从石油产业“一柱擎天”的现状向石油、石化和其他产业协调发展的格局转变，使新的替代产业成为城市主导和支柱产业，才能避免城市经济发展因为油气资源的枯竭而衰败。大庆市应大力培育和发展新型支柱产业，改变城市对石油资源依存度过高的局面，实现单体石油资源优势向多元整体经济优势的转变，这也是提高大庆市经济系统适应性的有效途径。但如何在以石油开采为主导的产业基础上，发展有竞争力的替代产业群是该途径面临的最大挑战。

大庆市发展替代产业可以考虑以下几个方面：一是以高新技术为先导，发展其他非油工业。加快资源主导型经济向科技主导型经济转化，大力培育发展农产品加工、机械和电子、纺织和皮革、新材料和橡胶、新能源等产业，努力扩大非油工业规模。充分利用现有产业基础和资源优势，在东部城区加快大庆市国家高新技术产业开发区建设，大力发展高新技术产业。二是发展石油石化装备制造业。作为资源型城市的大庆市，在谋求可持续发展的过程中，可将发展石油石化装备制造业作为壮大替代产业规模、提升产业核心竞争力的一项重要举措，通过发展石油石化装备制造业带动通用装备业，把装备制造业发展成大庆市的重要替代产业。在西部城区加快推进大庆经济开发区建设，重点发展装备制造业，打造石油石化装备研发制造基地。在当今世界能源短缺形势下，国家提出了大庆油田要保持原油产量 4000 万吨直到 2020 年，“十一五”期间油气生产和石化大项目建设总投资达到 1600 亿元，其中直接装备投资在 500 亿元左右，未来几年大庆市每年的石油石化装备需求将在 150 亿元左右。大庆市应以哈大齐工业走廊建设为契机，大力支持油田装备企业在做大做强的基础上，积极建好装备制造产业园区，打造专业化生产基地，重点发展采油装备、钻井装备、炼化装备三大优势产业群，同时积极发展石油装备、社会通用性装备。三是发展现代农业和现代服务业。以畜牧业为重点，以产业化为引领，提高农业专业化、市场化、现代化水平。运用现代经营方式改造提升传统服务业，大力推进具有比较优势和较大增长潜力的旅游业发展。依托现有服务外包骨干企业，建设服务外包专业园区，大力发展石油工程技术服务、软件开发与信息服务、专业服务等服务外包产

业。积极培育金融保险、现代物流、信息咨询等现代服务业。努力形成以非油工业为主体，以现代农业和服务业为补充的替代产业发展框架。

（二）完善城市功能，促进城市向综合型城市转变

大庆市的形成和发展强烈地依赖于石油资源，由此决定了城市的职能较为单一，综合发展程度低，城市的其他产业、基础设施、市政工程并不完善，无法完成经济的自组织和自服务功能，也无法真正承担对外服务、集聚和扩散的区域功能。而提高石油城市综合发展程度的重要途径是完善城市功能，大力培植石油开采业以外的其他产业部门，积极发展新兴第三产业，加快完善城市经济功能；调整户籍政策和人才政策，增强城市集聚功能；建设大型专业市场，增强城市辐射功能；加快城市基础设施建设，完善城市基础功能，特别是加大连接哈尔滨、长春、齐齐哈尔、绥化等周边城市的交通网络规划与建设。建设出口加工区铁路专用线和集装箱货场、扩建独立屯站，提升铁路运输能力。通过交通运输体系建设，确立大庆市的交通枢纽地位和区域中心城市地位（王晓，2009），使大庆市由资源型城市向综合职能城市转变。

（三）加大政府的援助和支持力度

大庆市为国家的经济建设作出了巨大贡献，同时也积累了诸多矛盾。要解决石油资源开发过程中所积累的种种矛盾，既要充分发挥市场配置资源的基础作用，也离不开以政府为主导的政策体系的支撑。在现有条件下，仅仅依靠城市的自身力量和市场手段，难以实现转型。特别是长期处于计划经济体制下的大庆，经济转型更需要政府的政策支持。因此，国家和地方政府应出台倾斜政策：一是对开采贫矿、尾矿在税收方面给予优惠政策。国家为扶持东北老工业基地发展，出台了相关财政税收优惠政策，石油企业在加速折旧等方面逐步受益。但大庆市的主力油田已逐步进入高含水阶段，并动用了外围的特低渗透、特低丰度的油田。这些贫矿、尾矿的开发投资大、生产成本高、投资回收期长。建议国家相关部委按照西部大开发政策或国家扶持老少边穷地区的政策，对油气田企业在对贫矿、尾矿开发上给予优惠政策（苏飞，2010）。二是要研究建立大庆市资源开发补偿机制。通过采取建立资源开发补偿资金等一整套补偿措施和扶持办法，支持油气资源勘探与合理开发、保护和恢复被破坏的地质环境和生态环境以及经济转型。资源开发补偿机制的核心，是因石油资源开发带来的收益在不同利益主体之间合理分配。为解决这一问题，需要建立政策体系，构架“资源所有权管理体系、资源收益分配协商制度”。三是建立衰退产业援助机制。通过财税扶持、资金和项目支持、减轻企业负担等方式，对石油产业进行直接援助，或通过政策引导和支

持发展接替产业进行间接援助，促进城市经济转型。国家及地方政府应尽快制定石油产业结构转换援助政策，鼓励选择、发展石油替代产业，扶持并促进非石油产业的发展。

参考文献

陈静生，蔡运龙，王学军．2007. 人类-环境系统及其可持续性．北京：商务印书馆．

大庆市社会科学界联合会课题组．2007. 关于推进大庆石油资源型城市经济转型的研究报告．大庆社会科学，140（1）：158-161.

大庆市人民政府．2006-12-05. 大庆市生态市建设规划．http：//www. daqing. gov. cn/zfgw/szfwj/4819. shtml. 国务院振兴东北办工业组．2006. 东北地区资源型城市可持续发展战略与规划研究．

方修琦，殷培红．2007. 弹性、脆弱性和适应——IHDP 三个核心概念综述．地理科学进展，26（5）：11-22.

李博．2008. 东北地区煤炭城市脆弱性与可持续发展模式研究．长春：中国科学院东北地理与农业生态研究所硕士学位论文．

李鹤．2009. 东北地区矿业城市人地系统脆弱性评价与调控研究．长春：中国科学院东北地理与农业生态研究所博士学位论文．

李鹤，张平宇，程叶青．2008. 脆弱性的概念及其评价方法．地理科学进展，27（2）：18-25.

刘立力．2004. 中国石油发展战略研究．石油大学学报（社会科学版），20（1）：1-6.

刘晓艳，史鹏飞，孙德智，等．2006. 大庆土壤中石油类污染物迁移模拟．中国石油大学学报，30（2）：120-124.

刘燕华，李秀彬．2007. 脆弱生态环境与可持续发展．北京：商务印书馆．

那伟．2008. 辽源市人地系统脆弱性与可持续发展研究．长春：东北师范大学博士学位论文．

倪鹏飞．2010. 2010 年中国城市竞争力蓝皮书：中国城市竞争力报告．北京：社会科学文献出版社．

芮明杰．2005. 产业经济学．上海：上海财经大学出版社．

单长明，秦秀君，张敬梅．2003. 大庆市：就业及失业情况分析．统计与咨询，（1）：25.

沈镭，程静．1999. 矿业城市可持续发展的机理初探．资源科学，（1）：44-50.

宋彦超．2005. 大庆市从 GDP 流动及财富分配上看经济发展之得失．统计与咨询，（6）：8，9.

苏飞．2010. 石油城市人地系统脆弱性研究——以大庆市为例．长春：中国科学院东北地理与农业生态研究所博士学位论文．

苏飞，张平宇．2009. 石油城市经济系统脆弱性评价——以大庆市为例．自然资源学报，24（7）：1267-1274.

苏飞，张平宇．2010. 基于集对分析的大庆市经济系统脆弱性评价．地理学报，65（4）：

454-464.

苏飞，张平宇，李鹤．2008. 中国煤矿城市经济系统脆弱性评价．地理研究，27（4）：907-916.

孙艳峰，龚昕．2010. 基于生命周期理论的资源型城市转型研究．黑龙江对外经贸，（1）：109，110.

田红娜．2009. 中国资源型城市创新体系营建．北京：经济科学出版社．

王海勤．2006. 中国石油城市可持续发展模式研究．哈尔滨：哈尔滨工程大学博士学位论文．

王继富，刘兴土，陈建军．2005. 大庆市湿地退化的生态表征与保护对策研究．湿地科学，3（2）：143-148.

王靖，张金锁．2001. 综合评价中确定权重向量的几种方法比较．河北工业大学学报，30（2）：52-57.

王士君，王永超，冯章献．2010. 石油城市经济系统脆弱性发生过程、机理及程度研究——以大庆市为例．经济地理，30（3）：397-402.

王晓．2009. 大庆经济转型的对策研究．大庆社会科学，（6）：13-18.

吴传钧．2008. 人地关系地域系统的理论研究及调控。云南师范大学学报（哲学社会科学版），40（2）：1-3.

杨会臣，蒋光慧．2002. 大庆市与石油石化大企业可持续发展探讨．大庆社会科学，（4）：24，25.

臧淑英，黄樨，郑树峰，等．2005. 资源型城市土地利用变化景观过程响应———以黑龙江省大庆市为例．生态学报，25（7）：1699-1706.

张建军．2007. 大庆工业发展的八大趋势．大庆社会科学，（2）：14-22.

张米强．2006. 我国资源城市可持续发展若干问题研究．天津：天津大学博士学位论文．

赵玺玉，金光日．2005. 我国石油资源渐趋萎缩城市的产业转型及对策．石油大学学报（社会科学版），21（5）：1-4.

赵东昌，于文英，赵万双．2007. 关于加快推进大庆资源型城市实现可持续发展的调研报告．大庆社会科学，（4）：20-31.

郑文升，丁四保，王晓芳，等．2008. 中国东北地区资源型城市棚户区改造与反贫困研究．地理科学，2（2）：158-161.

第八章　辽源市人地系统脆弱性与可持续发展对策

辽源市是吉林省的煤炭生产基地，是东北地区重要的煤炭类矿业城市。然而经过长期开采，到20世纪90年代末期，辽源市域内的煤炭资源已经接近枯竭，并由此而产生一系列的经济、社会及生态问题。近年来，辽源市加快了产业结构调整和经济转型的步伐，经济社会情况有了较大的改善。本章分析了辽源市人地系统脆弱性的表现、影响因素，并选择1990～2007年的样本，对辽源市人地系统脆弱性进行了定量评价，在此基础上提出了辽源市可持续发展的若干对策。

第一节　辽源市人地系统脆弱性的表征

一、辽源市概况

（一）自然地理概况

辽源市位于吉林省中南部，地处东辽河、辉发河上游，长白山区向西部松辽平原过渡地带，以丘陵为主，间有少量低山，属低山丘陵，北靠吉林省伊通、磐石两县，南邻辽宁省清原县，东与吉林省梅河口市接壤，西与辽宁省西丰县毗邻，地理坐标为东经124°56′～125°50′，北纬42°18′～43°14′。辽源市南北长104千米，东西宽82.2千米，全市面积为5139平方千米，现辖两县、两区，即东丰县、东辽县、龙山区和西安区，共有37个乡镇，其中建制镇有22个。

全市属于半湿润中温带大陆性季风气候。一年四季分明，春季干燥多风，夏季湿热多雨，秋季气爽温凉，冬季严寒低温。全市年平均气温5.2℃，年平均降水量为666毫米，蒸发量1490.2毫米。平均无霜期139天。全市土地利用程度高，土地垦殖面积大，利用率达96.55%，发展工农业生产具有丰厚的自然条件和物质基础，所辖的东丰和东辽两县均为国家商品粮生产基地（辽源市地方志编撰委员会，1995）。

辽源市已发现的矿产33种，其中查明储量的16种，但是只有煤、水泥用石灰岩、建筑石料、矿泉水具有一定优势，伊利石、沸石、膨润土、瓷土具有潜在优势（辽源市国土资源局，2003）。

（二）社会经济概况

2007年，辽源市总人口达到123.40万，其中非农业人口为55.77万，人口自然增长率为2.51‰。辽源市建成区面积仅为220平方千米，人口为47.75万，市区人口密度偏大。近年来，辽源市人口增长呈下降趋势，一方面是人口的自然增长率降低，另一方面是人口的迁出大于迁入，人口机械增长为负值。

近年来随着国有企业改组改造，出现了大量的下岗工人，尤其是煤炭产业的下岗工人，但是这些工人劳动技能单一、文化素质低下、年龄偏大、再就业十分困难；同时农村新增剩余劳动力增加、工作岗位需求量大、造成了人口与就业之间的严重矛盾。

作为国家资源型城市经济转型试点城市之一，近年来辽源市抓住了国家振兴东北老工业基地和支持资源枯竭型城市发展接续产业的历史机遇，提出了“全力打造新材料主导产业、大力发展健康产业、改造提升传统优势产业，大力发展金融保险业、信息产业、社会服务业和农林牧渔服务业”全新的发展思路，将新材料产业、健康产业、传统优势产业作为接续产业重点发展。新材料产业逐步形成了主体框架，健康产业已经成为辽源市未来的强势产业和支柱产业，传统优势产业呈现了新的生机和活力，辽源市经济产业结构逐步摆脱了对煤炭产业的依赖，经济产业结构不断优化，经济转型不断深化。2006年，新材料产业、健康产业和传统优势产业三大产业共实现工业总产值131.6亿元，占全市工业总产值的比重达82.1%，增长46%。以煤炭开采为主的资源依托型产业结构已开始向市场导向型多元产业结构转变。2007年辽源市实现地区生产总值（GDP）216.50亿元，三大产业结构比率为14.8：

54.2∶31.0；全口径财政收入完成13.90亿元，地方财政收入6.25亿元。

二、辽源市人地系统脆弱性特征

（一）经济系统脆弱性特征

1. 经济规模小，抵抗扰动影响能力弱

城市经济规模是影响城市经济发展的重要因素之一，经济规模过小必然导致城市经济缺乏竞争力，经济系统的敏感性大；另外，经济规模小的一个直接后果就是城市财政收入低，而财政收入低又会造成地方政府对城市经济的宏观调控能力弱，从而降低经济系统的应对能力。2007年辽源市地区生产总值总量和财政收入占GDP的比重均处在吉林省各地市州的末位（表8-1），是吉林省经济总量最小的城市。除了人均固定资产投资处在第三位以外，其他指标均处于吉林省的下游水平，与东北地区主要城市之间的经济发展水平差距更大。辽源市经济总量小，经济发展竞争力弱，是辽源市经济系统脆弱性的重要特征（表8-1）。

表8-1 辽源市与吉林省各地市经济发展比较

城市	人均GDP/元	GDP/万元	人均固定资产投资/元	人均社会商品零售总额/元	第二产业比例/%
吉林省	19 383	55 232 490	12 389	7 415	46.84
长春市	28 132	20 890 859	16 332	10 434	49.28
吉林市	23 277	10 080 128	17 191	8 990	44.94
四平市	14 267	4 752 497	4 931	4 741	34.68
辽源市	17 546	2 165 000	13 531	4 887	51.17
通化市	15 559	3 536 277	11 458	5 778	49.69
白山市	18 273	2 374 523	12 065	5 997	54.43
松原市	21 710	6 073 494	9 590	5 894	57.55
白城市	11 279	2 286 120	6 292	4 703	40.61
延边州	14 104	3 073 592	10 627	6 534	44.80
位次	5	8	3	7	5

资料来源：吉林省统计年鉴2008

2. 煤炭资源面临枯竭，主导产业衰退，三大产业结构变化波动大

自20世纪90年代末辽源市境内煤炭资源逐步枯竭，2000年辽源市煤炭资源储量不足1000万吨。1987～2001年，作为辽源市支柱产业的煤炭工业呈现大幅衰退趋势，因此导致第二产业比重下降和三大产业结构比例的异常变化（图8-1）。

1985～1993年，辽源市的第二产业和第一产业产值比重波动性的下降，而第三产业比重不断上升。1994～2000年，第三产业成为辽源市的产业结构的主体，所占比重不断稳定上升，第一产业和第二产业比重不断对应着波动变化，呈下降的趋势，三大产业结构呈现剧烈的波动状态。这种异常变化均是由于煤炭工业衰退的扰动而造成的。2005 年以后，接续产业得到了发展，三大产业结构才逐渐恢复到与辽源市经济发展阶段相适应的水平上来。

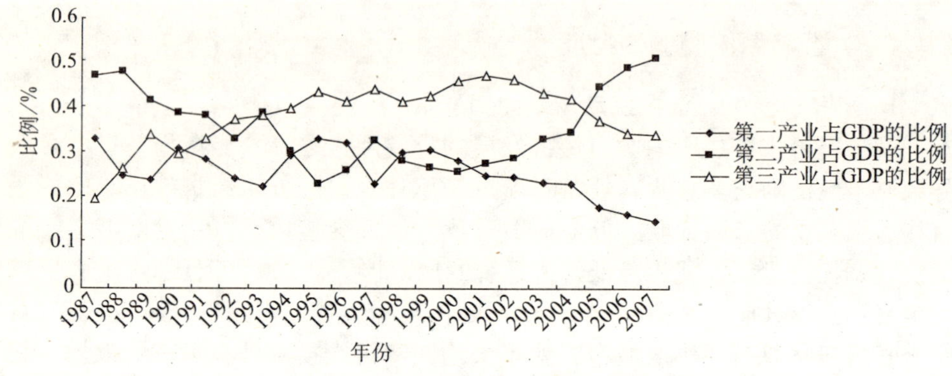

图 8-1　辽源市三大产业结构变化（1987～2007 年）

资料来源：辽源统计年鉴 2007

（二）社会系统脆弱性特征

1. 城市贫困问题严重

居民生活水平低下，是矿业城市社会发展比较普遍的问题。辽源市受到经济发展落后的影响，居民收入来源少，且不稳定，生活水平普遍偏低，造成社会发展的不稳定。

通过比较辽源市历年的城镇居民支配收入情况可以看出（图 8-2），从 1990 年以来辽源市的城镇居民收入一直低于全省的平均水平。1990 年辽源市城镇居民可支配收入为 1109.04 元，吉林省城镇居民可支配收入为 1230.1 元。辽源市城镇恩格尔系数为 57.28，吉林省为 52.4，辽源市城镇居民收入和消费水低于全省平均水平。2000～2002 年辽源市城镇居民可支配收入比吉林省平均水平低 1000 多元，直到 2007 年，辽源市城镇居民可支配收入已经接近吉林省平均水平，城镇恩格尔系数与吉林省平均水平相当。辽源市职工的平均工资始终低于吉林省平均水平，1990～2007 年辽源市与吉林省平均工资水平的差距逐渐拉大。

2. 城镇失业率高

辽源市煤炭行业从业比重一直高于 18%，甚至超过 30%。煤炭产业工人多年仅从事井下采煤及相关工作，技能单一，自身缺乏更多的从业技能，寻找就业的机会和能力匮乏。同时长期以来矿业职工对企业的依附性很强，市场就业和自主就业的观念尚未形成，导致了矿业职工在下岗之后很难实现自主再就业。下岗职工的再就业矛盾十分突出，已经成为影响社会问题的重大

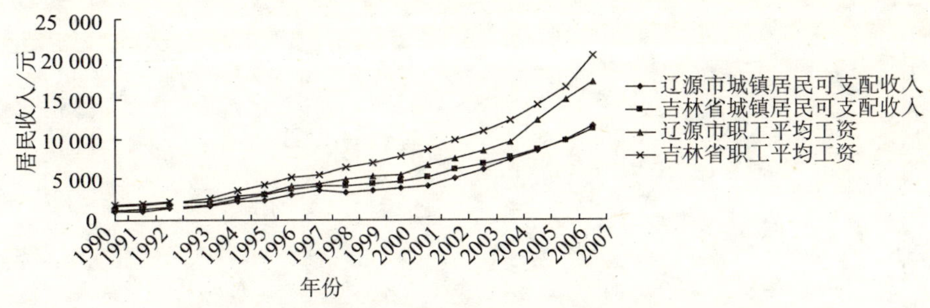

图 8-2 辽源市与吉林省城镇居民收入比较图

资料来源：吉林省统计年鉴 1991～2008，辽源市统计年鉴 1990～2007

问题，严重影响当地经济发展和社会稳定。

衰退的煤炭产业对社会系统的扰动作用导致辽源市的高失业率，低就业率。1993～2002 年，失业人口数量不断上涨，且速度明显加快。按登记失业人口计算，辽源市失业人数从 1993 年的 36 人，增加到 2002 年的 11 920 人，2005 年城镇登记失业人数达到 32 636 人，失业率为 4.4%（郝莹莹，2004）。伴随着接续产业的不断壮大，从 2006 年开始辽源市的就业环境也开始逐步转好，2007 年城镇登记失业人数为 10 726 人，失业率也降到 3.57%。

3. 城市化质量低

辽源市的城市化质量低源于资源型城市经济社会发展的特点。煤炭产业的兴起吸引了大量的人口，煤炭产业推动辽源市的工业化发展，导致工业化发展进程具有突发性，易变性，不稳定性等特点，工业化发展层次较低，工业化进程只是处于发展的初级阶段，大量人口从事煤炭开采，在统计中将其作为非农业人口，实际上这些人口并没有完全实现城市人口的转变，很多人既是农民又是煤炭工人，当煤炭产业发展处在低谷时期，企业一般会通过减员方式提高效益，这些临时性工人由于失业又转为农村人口。根据图 8-3 可以看出 1985～1997 年辽源市城市化率处于不断上升态势；1998～2001 城市化水平不断下降，2002 年出现小幅上升。2005 年辽源市的城市化率上升，达到 31.43%。城市化水平的下降说明辽源市经济发展缓慢，对于周边地区的带动作用弱，工业发展没有给予城市化足够的动力。这种依靠矿产资源产业推动的城市化与工业化发展进程波动性强烈，增大了城市社会系统的敏感性。

（三）自然系统脆弱性特征

1. 水土资源安全保障形势严峻

1）水资源严重短缺，河流污染严重

辽源市是个严重缺水的城市，人均水资源占有量 600 立方米，是全省人

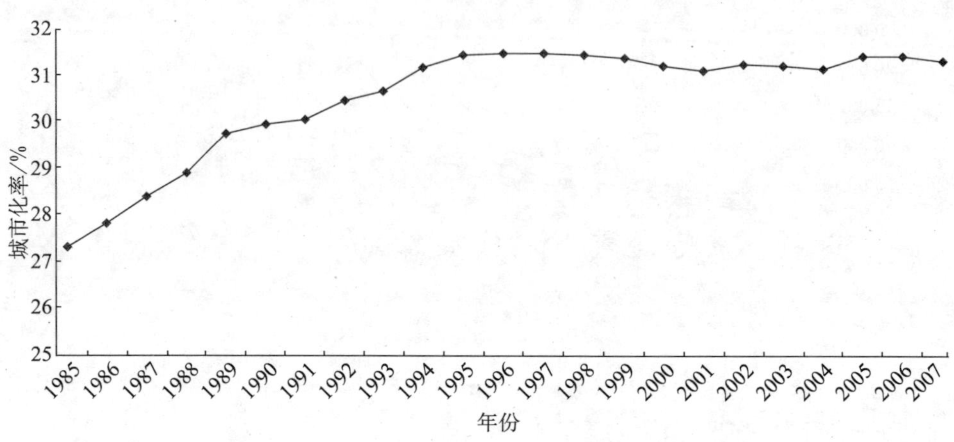

图 8-3 辽源市城市化率变化（1985～2007 年）

资料来源：辽源市统计年鉴 2005、2007

均水平的 1/4，是全国人均水平的 1/8。城区人均水资源占有量仅 67 立方米。近年来，由于连续干旱少雨，且分布不均，降雨量比多年平均降水量少 40%左右，造成为城市供水主要水源的杨木、大良、仁合水库，一直处于死库容以下运行，缺水十分严重。水资源严重短缺，不仅制约了城市的工农业生产，也影响了城市居民的正常生活，而且随着城市人口的增加，各项社会事业的发展，对水资源的需求量逐年增加，已经成为威胁辽源市经济社会可持续发展的严重问题。辽源市的城市生活用水量 1990～2007 年一直低于全省平均水平，人均家庭用水量在吉林省各地级市中处于后位，省内其他城市的人均家庭用水量大多是辽源市的几倍。水资源的严重短缺是辽源市自然系统内部不稳定性重要特征。

辽源市主要河流东辽河受工业污染十分严重，大多数地表径流都受到了不同程度的污染，全市河流水域的污径比超过了 70%。重度污染水域集中于城区段并且有机污染突出。其中东辽河辽源段、沙河东丰段等的水体基本无功能可言，主要污染物严重超标数倍甚至数十倍，辽源市主要的供给河流东辽河已经成为吉林省污染严重的河流之一。同时主要河流有机污染结构发生了变化。2003 年，生活污水污染物占污染物比例已经达到 50%以上，生活污水已经成为水污染的主要来源。

2）土壤侵蚀增加，水土流失严重

辽源市位于东辽河和辉发河上游，汇水区域狭小，水资源量有限，河流自净能力极低。整个市域属于低山丘陵区，原始植被已被破坏，加之不适当的农业耕作，水土流失严重。而长期的煤炭开采，造成部分地区土地塌陷，已经不适于作为城市建设用地。过度的农业生产不仅破坏了土壤的肥力，也对水土造成了一定程度的污染，生态环境恶化局面没有从根本上得到遏制。

全市现有水土流失面积为2790平方千米，经过多年治理，全市治理水土流失面积1200平方千米，现在还有1590平方千米尚待治理，日趋严重的水土流失使黑土层正逐渐变薄，由20世纪50年代的50～60厘米降低到现在的20～30厘米，导致土壤贫瘠，河床抬高，水库淤积，降低防洪标准，加剧了洪涝乃至干旱和风沙灾害，破坏了自然景观。

2. 生态与环境问题突出

辽源市主要生态环境问题包括城市环境综合污染、地表水有机物污染和生态破坏。在人类活动的影响和干扰下，生态环境破坏严重，生态与环境系统的敏感性高。

1）市区环境质量较差

辽源市区大气环境质量较差，空气中总悬浮颗粒物日均值超标率仍保持较高水平，年日均值超过国家二级标准，TSP超标严重，大气污染类型正从煤烟型向煤烟、机动车废气和扬尘污染混合型转变；地表水功能区达标率低于50%，城市生活污水负荷超过工业污染负荷，饮用水源地的污染没有得到根本解决，城市污水收集率和处理率低，出境断面地面水COD浓度超标近1.5倍，东辽河下游化学需氧量、氨氮、生化需氧量均严重超标，属于劣五类水质。

2）生态与环境问题错综复杂

辽源市生态与环境问题主要表现为：一是水土流失严重，全境水土流失面积占土地面积的36%。二是森林结构不合理，涵养水分与防护能力差，农村生态破坏加重。三是矿山生态环境问题比较严重，主要有采空区地面沉陷、占用和破坏土地、三废排放与污染及矿井地质灾害等问题。采煤沉陷区致使多个村庄及住宅、市政设施、医院、学校、工厂遭受严重破坏，且有加重趋势。现有各类露天开采矿山146个，占用和破坏林地、耕地等土地面积达30平方千米。露天采煤常造成不稳定斜坡、崩塌、滚石等地质灾害。

3）生态环境治理落后

城市生态环境治理长期处于滞后状态。环境治理投资占GDP的比重低，与吉林省内其他城市相比差距大。2007年吉林省城市建成区绿化率为31.25%，辽源市仅为25.45%。低于全省的平均水平6个百分点。工业废水达标率和烟尘去除率均低于全省的平均水平。城市生态环境建设、居民的生活环境建设落后，必然造成城市的生态环境差。生态环境质量差，缺乏优美良好的城市形象，已经严重制约了吸引外部援助的能力。

第二节 辽源市人地系统脆弱性的影响因素

一、经济系统脆弱性的影响因素

经济系统脆弱性影响因素既有自身发展存在的问题，也有社会、自然系统的影响因素，但是外部干扰是造成经济系统脆弱性的重要原因。结合脆弱性理论分析，将造成经济系统脆弱性的影响因素分为敏感性因子、应对能力因子两部分，认为系统脆弱性的形成是敏感性和应对能力相互作用、相互制约形成的。

（一）经济系统敏感性因子

1. 煤炭产业发展的不稳定性

辽源市是由于本地的煤炭产业而兴起发展起来的，经济发展对煤炭产业存在很大的依赖性，相当长时期内一直以煤炭产业作为城市的主导产业，而其他非煤产业发展缓慢，产业结构单一。目前，辽源市境内煤炭资源接近枯竭，辽源矿业集团由煤炭工业部管理改为吉林省煤炭管理局和辽源市共管，通过开发域外煤炭资源，使企业得以生存和发展，延伸了煤炭产业。煤炭产业是辽源市传统优势产业，同样是转型时期重点发展的产业，对辽源市的经济发展依然存在着较强的扰动作用，是辽源市经济系统的敏感性主要因子。

从辽源市煤炭产业的发展变化情况看，煤炭产业增加值和总产值在辽源市的产值结构中仍占据着重要的地位（图 8-4），这说明了煤炭产业对辽源市经济系统的影响程度依然十分深刻。20 世纪 90 年代末期煤炭产业增加值占工业增加值和 GDP 的比重达到最高，2000 年以后，由于煤炭产业在域外资源的支持下得到延伸，使煤炭产业产值有所提高，煤炭产业影响一直在延续，接续产业发展的不稳定，使辽源市对煤炭产业的依赖短期内难以改变。在市场经济体制下，能源市场价格已经放开，煤炭进入能源市场自由竞争，极易受国内外能源市场波动影响。而辽源市长期以煤炭开采与洗选为主导产业，几乎没有对煤炭产业进行下游产业的开发，产业链条短，投入产出的效益差，受到煤炭产量和煤炭价格制约，煤炭产业发展必然处于不利的地位，从而也导致辽源市经济发展极易受到城市内外的影响和干扰而发生波动。同时煤炭产业自身的产业关联度低，限制了辽源市产业经济联系，对外的经济要素流动不活跃，难以受到发达区域的经济辐射，使辽源市在整个区域内的劳动地域分工和经济地域运动过程中处于极为不利的地位。

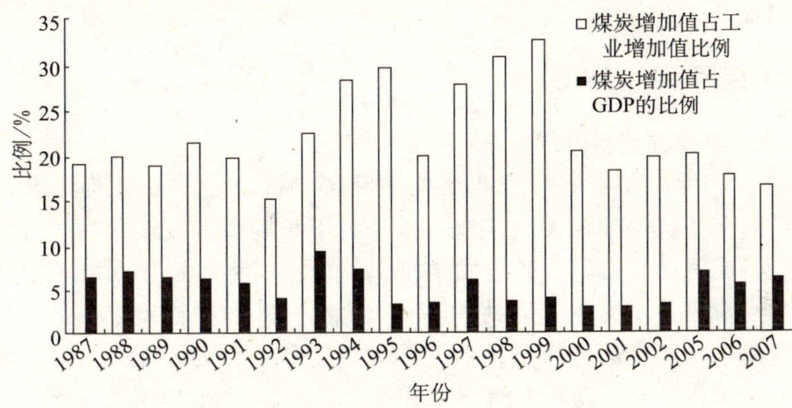

图 8-4 辽源市煤炭产业产值结构变化（1987～2007 年）

资料来源：辽源市统计年鉴 2007

2. 计划经济体制的影响

东北地区是国家在计划经济时期重点建设的地区，同期在东北地区布局发展了众多矿业城市，用来满足当时国家经济建设对能源的需求，计划经济体制对东北地区矿业城市发展历程有着极为深刻的影响。计划经济时期，资源型企业利润全部上缴国家，国家宏观上控制煤炭价格，使煤炭的价格严重偏离其价值。原材料产品低价调出，其他工业品高价调入，造成了矿业城市的经济利益双重流失，很难形成资本积累，从而使资源型企业无力进行产业结构升级，更无力解决遗留下来的社会问题。辽源市 20 世纪 50 年代的煤炭产量占全国煤炭总产量的 5%，为当时国家经济建设作出了巨大贡献。但长期的利益缺失使其缺少资本的积累，在资源枯竭的情况下，很难凭借自身的力量进行结构调整发展接续产业，延续城市经济发展。

在计划经济体制管理和粗放经济增长方式条件下，矿业城市的功能就是为国家提供矿产品及其初加工产品，资源的产运销主要通过国家指令性计划来调控。矿业城市主导产业单一，主体企业是采矿业和材料加工业，而绝大多数的采矿业和原材料加工业在所有制上是国有企业，在规模上是大型企业（朱训，2002）。这些国有大型企业是城市经济的主体，矿产业是地方政府财政的主要来源，城市发展高度依赖企业，企业功能与城市功能高度同构和混合，约束了矿业城市的综合协调发展，以数量扩张开发为主，按照“有水快流”的思路，只注重能源的产量，忽视资源的保护性开发和矿业城市的建设。

这些管理体制上的误区，加速了资源的开采速度，也加速了矿业城市的衰退进程。而辽源市与东北地区其他的矿业城市相比，城市规模小，煤炭储量有限，而且开发的历史较早，资源出现枯竭的时间早，经济社会发展停滞问题出现的早，而自身的接续产业发展缓慢，所以辽源市在资源衰退期，经济发展举步维艰。

（二）经济系统应对因子

1. 产业结构调整与升级

2005年以后，辽源市的产业结构不断得到优化，产业结构逐渐趋向合理。使辽源市经济得到较大的恢复。但是由于长期经济发展落后，经济总量的不足，造成了辽源市经济竞争力水平仍然处于劣势。近年来种植业结构得到了优化，畜牧业发展势头强劲，逐渐成为第一产业中比重最高的行业，推动了农业产业化经营进程稳步发展。同时，辽源市确定的三大产业：新材料工业，传统优势产业（纺织、汽车零部件和建材等），健康产业（医药和食品加工）作为辽源市的接续产业发展较快。第三产业的行业结构不断升级优化，各类新兴行业都得到了发展，第三产业的财政贡献率不断提高。从辽源市转型过程和成效来看，不断优化产业结构，实现产业的多元化发展，提高产业的综合发展能力，是辽源市经济系统应对能力的主要方面。

2. 吸收外部援助的能力

经济系统应对能力还取决于外部的援助程度。辽源市煤炭产业的兴起和发展是计划经济时期完全按照国家的指令和投资建设的，价格、销售、利润等都由国家确定，同时国家对于辽源市其他的经济社会发展问题提供资金援助。随着国家经济体制转型，国家不再控制价格，但是投资主体逐渐多元化，国家对辽源市提供的资金援助也减少。但是，长期的计划经济体制和单一的煤炭开采使得辽源市经济发展过分依赖国家的投资，一旦失去了国家投资的有力保证，经济发展即陷入了困境。市场经济体制下，城市经济发展在很大程度上依靠吸引外资的能力，而辽源市产业结构曾经长期以煤炭产业为主导，区际经济联系少，接受外部经济辐射的能力弱，自身的经济社会地位不突出，造成辽源市对国家的项目和投资不具有吸引力，同时也影响了吸引外资的能力。而辽源市工业中的其他行业发展水平较低，且多数为产品附加值低的劳动密集型行业，市场竞争力弱，缺乏吸引外部援助的能力和优势，自身也缺乏对外资的有效使用能力。1990～2002年辽源市经济发展一直处于缓慢停滞的状态，而城市区位条件较差，城市软硬环境建设落后，缺乏对外资的吸引力。2003年以后在国家政策和资金项目的支持下，辽源市依靠国家投资和项目，加快了经济转型和接续产业的发展，吸引外资能力增强。

3. 人力资源与技术创新能力

人力资本是地方经济竞争力和发展潜力的重要影响因素。辽源市经济发展不景气，城市对人才缺乏吸引力，同时自身缺乏高等院校，导致自身培养人才的能力不强。长期以来科技实力弱，技术创新能力严重不足，科技进步对地区生产总值的贡献率偏低。

辽源市长期处于专业技术人才短缺的状态，人才资源总量小、增量不足，结构不合理。许多优秀的科技人员和技术工人纷纷到外地谋职，高校毕业生和各类人才来辽源就业的人数很少，专业技术人才和企业管理人才严重缺乏，据 2003 年统计数据，仅被调查的 80 户承担接续产业项目企业，专业技术人才缺口就达 1200 多人。人员技术水平低，产品质量差，成本高，企业缺乏市场竞争力。科技是第一生产力，人才是掌握技术的载体，只有通过人才运用高新技术对传统产业进行技术和设备的更新，才能不断提高企业竞争力和活力。目前，辽源市缺乏足够的专业技术人员，更缺少创新型的技术人才，现有的人才远不能适应经济社会发展的需要，现代企业管理、项目开拓人才不足，自主创新、技术转化和市场营销的专业人才和农村实用人才严重短缺，人才结构与经济结构不相匹配，成为经济社会发展制约因素。

二、社会系统脆弱性影响因素

（一）社会系统敏感性因子

1. 煤炭产业的衰退与安全生产

煤炭产业对辽源市社会系统的扰动影响主要体现在单一的产业结构造成社会就业结构单一，大量工人从事资源型行业，导致从业人员就业技能缺乏多样化。据统计，2007 年辽源市煤炭产业单位从业人员数为 24 449 人，占辽源市单位从业人员比例为 26.62%，可以看出辽源市城市就业对煤炭产业的依赖程度依然很高。这种过分依赖煤炭产业的就业结构，受到煤炭产业本身发展的不稳定和波动性的影响，从业人员具有较高的失业风险。从事煤炭产业的工人由于工作和生活环境的恶劣，导致其劳动素质的低下，在下岗之后，再就业十分困难，逐渐成为社会的贫困弱势群体中的一部分，也直接威胁着社会的稳定。此外，煤炭开采属于高危行业，工作环境恶劣，对人体健康有极大的危害，工伤事故时有发生；尤其是重大矿难事件具有突发性和极大的破坏性，成为社会发展的强烈扰动因素，需要相当长的时间才能完成对企业经济系统和城市社会系统的恢复与重建。

2. 企业体制改革的社会影响

在计划经济体制下，辽源矿务局属于煤炭工业部属企业，企业的主管权力在国家，企业跟国家工业体系连在一起而与辽源市没有隶属关系，长期以来矿务局经济自成体系，与地方中小企业脱节，没有形成优势互补。计划经济的条块分割，使企业和政府成为“两张皮”，两者都从各自的利益出发，各自为政，缺少必要的协调统一。计划体制下资源型企业“政企不分”、“企业办社会”使其背上了沉重的社会负担，为社会问题的产生埋下隐患。企业的国有形式使其在行政体制上同地方政府分离，结果导致企业在规模扩展的同时也建立了一整套的社会服务体系，包括医疗、教育和通信等相关服务部门，造成了城市建设资源的浪费。在企业衰退的同时，这些附属部门由于缺少了经济支持而面临困境，给地方经济发展带来了巨大的社会负担。辽源矿区地处辽源市西安区，所有公共基础设施相对独立，学校、医院、供水、供暖、林业和人防等一应俱全，企业负担就业人员达4263人。一旦矿区倒闭，这些公共部门将由地方政府接管和安置，给地方政府带增加了新的负担。

3. 文化观念落后

辽源市社会系统的脆弱性有着地方文化观念因素。东北文化的封闭性、保守性等特点限制了辽源市的振兴和发展。尤其是改革开放以来，辽源市出现了经济发展速度缓慢，多数工业企业运行困难，失业下岗的工人不断增多，产生这种现象的文化原因在于文化观念的封闭性和保守性。在经济发展方面表现出经济总量小、体制旧、机制死、结构老、依赖自然经济基础、小农意识强烈、缺乏创造性、缺乏足够的竞争意识和风险意识。

（二）社会系统应对能力因子

1. 构建完善的社会保障体系

建立健全社会保障体系，是经济社会协调发展的必然要求。一定的经济社会发展水平是社会保障制度顺利运行的基础，而社会保障制度的运行与完善状况又会对经济社会发展产生巨大的反作用。在辽源市城市经济转型的过程中，建立完善的社会保障体系，增加社会保障财政支出，才能保证社会稳定的发展。目前，辽源市社会保障体系发展不完善，尤其是在国有企业改制带来的大量下岗工人的社会保障方面，处于一种极度脆弱的状态，社会保障体系不完善已成为制约辽源市社会系统应对能力的重要原因（辽源市国土资源局，2003）。

辽源市没有建立起覆盖广、种类全、多层次的社会保障体系，社会保险资金来源渠道单一，远不能满足社会保障的需要。社会保险覆盖面窄，征缴扩面困难重重。绝大部分已参保企业效益不好，迟缴、少缴、拒缴现象多，大量民营企业、外资企业、个体工商户等从业人员仍游离于企业养老保险之外。医疗保险费欠缴较多，基础管理不够健全，医疗保险基金支出的合理性得不到有效保证，失业保险基金存量不足，保障功能较弱。(辽源市国土资源局，2003)。

2. 塌陷区改造治理

辽源市由于长期煤炭开采造成的塌陷区和下岗贫困居民的棚户区分布广泛，持续时间长，积累的社会问题严重。通过塌陷区的改造使塌陷区居民迁移危险区，改善居民居住环境，是增强辽源市社会系统应对能力的重要举措。2003年辽源市在国家振兴东北老工业基地战略的推动下，国家、地方和企业三家共同对辽源市全部棚户区开始实施改造。截至2006年底，新建仙城、煤城新村、四合及四合小区扩建工程的3个居住小区，建筑面积627 120平方米，安置居民10 452户；新建幼儿园、学校、医院等配套建筑，建筑面积99 100平方米;货币补偿安置受损住宅1239户（辽源农村居民774户，梅河城乡居民465户）；维修加固住宅427 530平方米，复垦土地2 140 000平方米；并对部分受损的医院、道路、水管、供电线路和通信线路进行加固维修。矿区棚户区改造对于恢复辽源市社会发展稳定有重要的作用，改造塌陷区和棚户区，是提高人民生活水平的主要方面。对于经济发展、社会稳定也有重要的意义，是提升社会系统应对能力的主要措施。社会的发展是建立在经济实力增强的基础上，原有平房社区环境的解体，转变为楼房的集中社区管理方式是社会发展进步的体现，是提高社会系统应对能力的主要方面。因此，棚户区改造既是提高社会发展的重要措施，同时又要兼顾居民的实际情况，减少不必要的损失，才能真正解决棚户区改造问题，提高人们的生活质量，实现社会发展的进步和稳定。

随着棚户区改造的不断深入进行，在棚户区改造的过程中也出现了新的社会问题，需要研究新的对策。比如，活化升级的问题，即地面塌陷是不断发生的过程，目前以某一个调查期限为截止时间的做法显然忽略了塌陷势必有进一步发展的趋势；在“连户住宅”中实行“间苗式”搬迁，在群众中引起了不必要的矛盾；“间苗式”搬迁不仅要求继续维护剩余住户的水电供应设施，增加了成本，而且对日后的复垦造成了明显的困难；对留下的住户实施“简单维修”的操作难度很大，把资金发放到住户手里难以保证目标的实现，而由政府统一维修又会遇到各户维修标准难以把握的情况。此外，整体搬迁，出现了许多群众住不起房子的现象。由于原有的住房的拆迁，破坏了原有居民的生活方式，从平房到楼房，住户会在燃料、冬季取暖、自来水、物业以及日常生活消费方面增加生活成本，从“拣煤”取暖到交纳采暖费一项所增加的支出，就已经使部分搬迁户难以承受。辽源市政府因此也采取了放弃对搬迁户转让居住权的限制，使一部分的搬迁户可以在其他的地方购置平房，最终实现搬迁。但是安置平房小区的位置是形成转让居住权市场的客观条件，如果安置小区的位置偏远，也不会有人购买。由于居民大多数为煤矿的下岗工人，再就业困难，生活收入来源有限，搬迁进入楼房之后居住成本相对增加，出卖房屋居住权的住户较多，大量的搬迁户出卖楼房，选择安置小区的平房，也使安置小区再度成为新的棚户区。

3. 基础设施建设

城市基础设施建设情况一定程度上反映了城市社会发展进步的程度，只有通过不断加强城市建设的投资，才能有效改善城市环境，提高城市居民的生活环境和质量，是社会系统应对能力的主要影响因素。辽源市城市建设的投资不足，基础设施建设落后，同时采煤塌陷区、工业污染、生活垃圾等严重影响了城市居民的生活环境和城市外在形象，也导致了城市吸引外资能力弱。辽源市长期作为煤炭生产基地，只注重工业生产，城市基础设施的建设、规划、经营和管理等没有得到应有的重视，城市规划相对薄弱。规划中受到行政区划的束缚，对路网连接带来了很多不便。城市路网建设不够完善，缺乏对外联络的主要交通干线，贯通境内唯一的铁路是四平—梅河口线。而市内的道路比较分散，没有形成循环畅通的城市道路网。城市供水能力弱，城市环卫设施陈旧，数量不足，城市生活垃圾露天堆放，生活垃圾处理率仅为20%左右，同时水电气设施不健全，不配套，给人们生活带来极大的不便。公共绿地和城市广场建设水平不高，缺少大型的科教文体等公用设施。同时，矿区与市区长期的条块分割，造成城市基础建设的混乱，呈现城乡交错混杂的局面，城市综合功能不完善，既影响城镇居民的生活环境和生活水平，又使外部投资缺乏良好的环境。

4. 城乡一体化发展

城乡一体化是我国现代化建设和城市化发展的一个新阶段，城乡一体化就是要把工业与农业、城市与乡村、城镇居民与农村居民作为一个整体，统筹谋划，通过体制改革和政策调整，促进城乡在规划建设、产业发展、市场信息、政策措施、生态环境保护、社会事业的一体化发展，改变长期形成的城乡二元经济结构，实现城乡在政策上的平等、产业发展上的互补、国民待遇上的一致，让农民享受到与城镇居民同样的文明和实惠，使整个城乡经济社会全面、协调、可持续发展。目前辽源市城市空间结构的二元化现象严重，中心城区与周边区域的经济社会发展联系不密切，反映在城乡发展水平上就是典型城乡二元结构。城乡居民收入差距是反映城乡二元结构重要方面。1988年以来，农民收入水平有较大水平的提高，但是相对城镇居民收入水平，增长速度缓慢，城乡差距拉大。1988～2007年辽源市城镇居民收入由

755 元增加到 11 693 元，而农村收入则由 546 元增加到 4275 元（图 8-5），城镇收入年均增长为 576 元，而农村收入年均增长为 196 元。

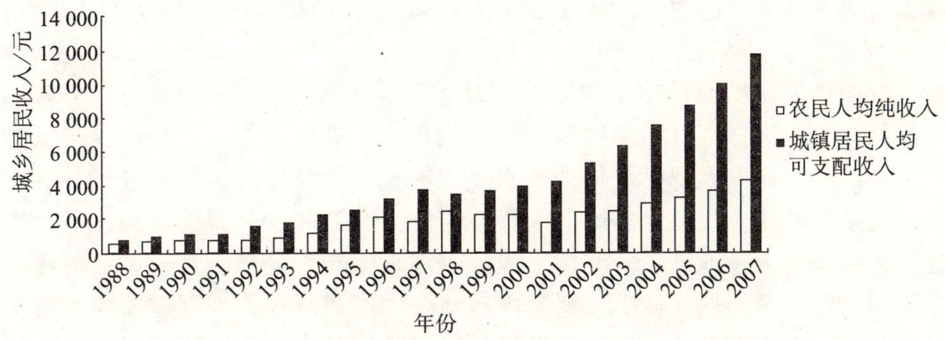

图 8-5　辽源市城乡居民收入比较（1988～2007 年）

资料来源：辽源市统计年鉴 2007

目前辽源市城乡二元结构现象比较严重，城乡一体化发展程度较低，种植业是农民的主要经济来源，城镇居民随着辽源市经济发展水平的提高，工资收入水平也不断提高，在短期内与农民的收入差距会逐渐拉大。只有通过不断增加辽源市居民收入，才能提高人们生活水平，增强整个社会系统的外部抗干扰能力。

三、自然系统脆弱性的影响因素

（一）自然系统敏感性因子

1. 煤炭开采

煤炭开采是人地相互作用最为激烈的活动之一，对城市生态系统扰动作用强，容易造成城市生态系统强烈的敏感性响应。城市生态系统是一种人工改造的生态系统，由于内部和外部扰动共同作用，使城市生态系统的脆弱性较强。在城市发展过程中，一般城市所赋存地区的地质结构基本没有发生变化，只是外部扰动的方式和强度在改变，一旦外部扰动因素消失，城市生态系统可以恢复到原来的状态。而煤炭城市由于不断有大量的煤炭和岩石采出，导致地质结构破坏加剧、外部扰动作用不断增强，在内外因素的双重作用下，其城市自然系统较其他类型城市具有更强的脆弱性。

辽源市长期的煤炭开采对辽源市的地质构造、地貌类型、森林植被、水土资源都造成了极大的破坏，主要表现在破坏地质构造、扰动水循环、破坏森林植被、污染城市生态环境等方面。

煤矿开采改变了矿区地层和岩石的构造，改变了岩石的应力条件分布，导致地质结构变化（如形成冒落带、裂隙带和沉降弯曲带等），断层活化充水，地面开裂、沉降和塌陷等。煤矿开采后形成的采空区成为充水和储水体，严重破坏了原生的地质环境，这种破坏是单向的且具有不可恢复性。

煤炭型矿业城市的地下水系统在煤矿开采扰动下，导致其输入、输出、系统结构、内部作用过程和功能以及环境等要素的巨大变化，从而引起区域生态系统的变化。大规模疏排地下水将引起地下水位下降，区域补给、径流和排泄条件转化及地表水与地下水相互作用方式的改变。目前辽源市每年因地下采煤排出大量地下水，破坏了地表水循环系统，使地表水通过裂缝渗入地下，河流水系的流量减小，甚至出现地表水断流现象。而辽源市的水资源大部分来自于河流的补给，受到煤炭开采扰动以后，水资源拥有量更是急剧下降。

同时，煤炭开采还导致矿区原有植被的破坏，水土流失、土壤侵蚀和退化，进而对区域生态环境和农业生产构成强烈扰动。辽源市开禁之前的森林保存良好，森林覆盖率原有比率较高，曾经达到80%以上。随着辽源市不断的煤炭开采和毁林开荒，境内的森林资源覆盖率不断下降，森林涵养水源和固定土壤能力逐渐丧失，造成了土壤有机质的流失，土壤贫瘠给农业生产造成不利影响。

2. 接续产业的环境污染

目前辽源市的接续产业定位为传统优势产业、新材料工业、健康产业“三大产业”，“三大产业”的不断发展壮大，对城市经济起到了很大的推动作用，但同时接续产业也对区域生态环境产生了新的污染问题。由于境内煤炭产业的衰退，煤炭开采对辽源市生态环境的影响逐渐减弱。但是随着传统优势产业、新材料工业、健康产业的不断发展壮大，辽源市生态环境遭受了新的污染，城市生态环境污染程度不断增强。传统优势产业主要包括：建材、纺织和煤炭开采等；新材料产业主要包括：特种合成纤维材料、高性能特种合金材料、复合材料、新型建筑材料和有机高分子材料等；健康产业主要是医药、食品加工业。这些产业中传统优势产业和新材料产业中多数行业三废排放量较大，据统计，1999 年辽源市工业废水产生量 345.28 万吨，废水排放达标率为 54.56%，工业废气排放量为 82.11 亿立方米，二氧化硫的排放量为11 843.96万吨，固体废物产生量为 55.86 万吨。2007 年辽源市工业三废的排放情况是：工业废水处理量为 203.83 万吨，达标率提高到 50.1%，工业废气治理设施处理能力 310.68 万立方米，工业固定废弃物达标率 50.08%。通过 1999 年和 2007 年数据对比可以看出，辽源市接续产业的发展在带动区域经济发展的同时，也给生态环境带来新的扰动。

3. 农村生产生活污染

辽源市农业种植面积广泛，农业生产对生态环境的扰动主要体现在土地利用的结构、强度和类型，大面积的毁林开荒造成水土流失、土壤质量下降等自然灾害。辽源市农业生产力不发达，农业生产方式比较落后，化肥和农药的利用率不足30%，并缺乏相应的农田管理技术，造成了化肥、农药引起的面源污染日益突出。此外，新城镇、新农村建设并未完善环境治理设施配套，成为影响区域生态环境的新的问题。

（二）自然系统应对能力因子

1. 生态环境治理

目前，加强工业“三废”的治理，有助于提高辽源市生态环境系统的应对能力。农业生产要改变粗放式的生产方式，增强对土地的合理利用与保护。要加快转变经济增长方式，严格执行国家要求的节能减排标准，提高资源利用率，减少污染物的排放。加大环境治理投资力度，加强东辽河流域的环境治理工程。

2. 水土资源调控

辽源市河流少，流域面积小，地表涵养水的能力不足。辽源市年降水分配不均，主要集中在夏季的7月、8月，4月、5月为旱季，降水少，气温回升很快，蒸发量大，容易造成春季干旱。而夏季降水的不稳定，导致水资源拥有总量的波动变化。辽源市必须大力兴建水库，提高辽源市的蓄水总量，从而调节水资源的季节分配，同时兴建调水设施，实现区域间的合理调配。

土地资源的存量和质量是生态环境恢复的基础，对于保持城市生态系统的稳定具有重要作用。随着人口增加，社会经济不断发展，城市建设不断扩展，辽源市的耕地面积不断减少，未开发土地资源也越来越少，当务之急就是提高土地资源的利用率，进而提升单位面积土地的承载能力。

3. 恢复森林生态系统

森林生态系统对辽源市生态环境的恢复具有重要影响，由于煤炭开采的破坏和其他土地利用类型的侵占，辽源市境内森林覆盖率不断下降。2005年，辽源市森林覆盖率为34.8%。随着城市发展的需要，辽源市对生态环境的恢复和治理逐渐重视，森林生态系统是保护城市生态环境的主要屏障，提高森林资源保有量，能够有效抵御外部的干扰，提高自身的应对能力。

第三节 辽源市人地系统脆弱性评价

一、辽源市人地系统脆弱性评价过程

（一）脆弱性评价方法与指标体系

1. 脆弱性评价的方法

1）评价思路

敏感性和应对能力是人地系统脆弱性函数的两个自变量。矿业城市人地系统脆弱性必须从它的敏感性和应对能力两方面，综合考虑敏感性和应对能力的表现才能对各评价因子的脆弱性给予较为全面的评价。因此，建立矿业城市人地系统脆弱性评价指标体系，要对每一评价因子都从这两方面给出考核指标（Gallopín et al.，2006；Janssen et al.，2006；Turner et al.，2003）。通过调查、数据分析以及专家评判，对具体的人地系统各评价因子给出基准值作为敏感性和应对能力评价的依据。针对不同的脆弱因子制订出相应的敏感性，应对能力强、中、弱评定规则和计算公式，通过与基准值的对比最终确定各脆弱因子的敏感性和应对能力等级。分析矿业城市人地系统的系统因子，在系统因子的确定上必须要选择那些能够完整准确反映矿业城市人地系统状况，代表所评价的矿业城市人地系统特点的系统因子进行脆弱性评价，同时要注意所选取的系统因子概念明确、容易获取和有足够的数据量，即简明性和可操作性。

辽源市人地系统脆弱性的评价可分为三个层次，首先对各个子系统敏感性和应对力进行评价是评价的最底层，也是重要的基础评价。这一层次的评价方法主要采取熵权系数法，通过熵值计算确定各个指标的权重，进行加权求和得出结果；其次根据建立的数学模型和基础层次评价得出的数值，进行计算得出各个子系统的脆弱性；最后，通过层次分析法，对各个子系统在整个系统中的重要程度进行打分，得出权重，计算出最高层次评价结果，即人地系统脆弱性的评价结果。

2）熵权指数法的评价原理

熵是信息论中的重要概念，是系统无序程度的度量，它表示从一组不确

定事物中提取信息量的多少。信息熵定义为

$$H(x) = -\sum_{i=1}^{m} p(x_i) \ln p(x_i)。$$

一般地，决策中某项指标的指标值效用数值越大，信息熵 $H(x)$ 越小，该指标提供的信息量越大，该指标的权重也应越大；反之若某项指标的指标值效用值越小，该指标的权重也应越小（孙世民，2005）。因此，可以根据各项指标测度值的效用值，利用信息熵可以计算出各指标的权重，通过对原始数据的标准化处理，进行加权求和得到人地系统子系统的脆弱性、敏感性、应对能力数值，并最终得出人地系统脆弱性的变化情况（徐建华，2002）。具体步骤如下：

第一步，计算第 j 项指标下第 i 年的指标值比重，$p_{ij} = x_{ij} / \sum_{i=1}^{m} x_{ij}$；

第二步，计算第 j 项指标的信息熵，$E_j = -(\ln m)^{-1} \sum_{i=1}^{m} p_{ij} \ln p_{ij}$，$(j=1, 2, \cdots, n)$，若 $p_{ij}=0$，则 $p_{ij} \ln p_{ij} = 0$；

第三步，计算第 j 项指标的效用值，$D_j = 1 - E_j$，$(1 \leqslant j \leqslant n)$；

第四步，计算第 j 项指标的权重，$W_j = D_j / \sum_{j=1}^{n} D_j$；

第五步，对各项指标进行加权求和，计算各个指标的数值。

信息熵的常数仅与系统的样本数 m 有关。信息熵公式表示：①信源输出后每一个消息（或符号）所提供的平均信息量；②信源输出前信源的平均不确定性；③变量 X（系统）的不确定性（谢赤和钟赞，2002）。

2. 模型构建及指标体系

1）数学模型

系统脆弱性由系统敏感性和应对能力相互影响，相互制约，共同作用形成的。脆弱性是敏感性和应对能力作用程度的函数。通过以上分析建立脆弱性的评价模型为：$V_i = S_i / R_i$。其中，V_i 为系统 i 的脆弱度；S_i 为系统 i 的敏感性；R_i 为系统 i 的应对能力。

通过上述模型计算出各个子系统的脆弱性程度，对人地系统脆弱性进行综合评价，得出辽源市人地系统脆弱性评价的结果。

2）指标体系

根据脆弱性内涵与定义，结合辽源市的实际情况，建立辽源市人地系统脆弱性的评价指标体系（表 8-2）。

表 8-2 辽源市人地系统脆弱性评价指标体系

总目标层 A	目标层 B	准则层 C	指标层 D
辽源市人地系统脆弱性 A	经济系统脆弱性 B_1	系统敏感性 C_1	煤炭业增加值占 GDP 比重 D_1；煤炭业从业人员占全部从业人员比重 D_2；国有企业产值比重 D_3；煤炭业产值占工业总产值比重 D_4
		系统应对能力 C_2	人均 GDP D_5；第一产业增加值 D_6；第二产业增加值 D_7；第三产业增加值 D_8；农业总产值 D_9；规模以上工业产值 D_{10}；固定资产投资 D_{11}；社会商品零售总额 D_{12}；财政自给率 D_{13}；工业劳动生产率 D_{14}；银行贷款 D_{15}；非国有工业产值 D_{16}；实际利用外资 D_{17}
	社会系统脆弱性 B_2	系统敏感性 C_3	矿区人口比重 D_{18}；农业人口总数 D_{19}；百万吨煤死亡率 D_{20}；城乡二元结构指数 D_{21}；城镇失业人数 D_{22}；人口自然增长率 D_{23}；市区人口密度 D_{24}
		系统应对能力 C_4	城镇居民人均收入 D_{25}；城镇居民恩格尔系数 D_{26}；农民纯收入 D_{27}；非农业人口比重 D_{28}；客运量 D_{29}；货运量 D_{30}；邮电业务总量 D_{31}；人均用电量 D_{32}；人均日用水量 D_{33}；人均道路面积 D_{34}；医院床位数 D_{35}；人均居住面积 D_{36}；财政教育支出 D_{37}；社会保障支出 D_{38}；公共图书册数 D_{39}
	自然系统脆弱性 B_3	系统敏感性 C_5	废水排放量 D_{40}；SO_2 排放量 D_{41}；烟尘排放量 D_{42}；固体废物产生量 D_{43}；水土流失面积 D_{44}；粉尘排放量 D_{45}
		系统应对能力 C_6	市区绿化面积 D_{46}；建成区绿化率 D_{47}；废水达标率 D_{48}；固体废物达标率 D_{49}；森林覆盖率 D_{50}；人均水资源量 D_{51}；人均耕地面积 D_{52}；人均环境建设资金 D_{53}

（二）脆弱性评价结果

选择 1990～2007 年的样本，运用熵权系数法，进行加权求和，结合敏感性、应对能力与脆弱性的关系函数，对辽源市经济、社会和自然系统脆弱性进行评价分析，得到各个子系统敏感性、应对能力和脆弱性的演变轨迹，结果如表 8-3 所示。

表 8-3 辽源市人地系统脆弱性评价结果

年份	经济系统			社会系统			自然系统		
	敏感性	应对能力	脆弱性	敏感性	应对能力	脆弱性	敏感性	应对能力	脆弱性
1990	7.77	1.89	4.10	8.33	1.81	4.63	9.05	4.51	2.01
1991	7.30	1.92	3.81	6.63	1.93	3.43	5.72	4.24	1.35
1992	6.23	2.45	2.55	7.18	2.18	3.29	5.69	4.71	1.21
1993	9.51	3.05	3.12	7.65	2.69	2.85	5.44	4.59	1.18
1994	8.04	3.14	2.56	6.35	2.97	2.14	5.18	5.46	0.95
1995	5.42	3.06	1.77	6.75	3.96	1.70	5.82	4.84	1.20
1996	5.25	4.60	1.14	6.35	4.88	1.30	5.42	5.27	1.03
1997	6.84	4.93	1.39	6.35	5.23	1.21	5.80	5.00	1.16
1998	6.02	3.74	1.61	5.18	5.52	0.94	4.28	5.98	0.72
1999	6.18	4.35	1.42	5.47	6.30	0.87	5.31	6.63	0.80
2000	5.38	5.54	0.97	6.19	4.91	1.26	4.99	5.92	0.84
2001	4.90	6.77	0.72	4.40	6.99	0.63	4.71	7.03	0.67
2002	4.83	8.39	0.58	5.42	8.53	0.64	5.42	6.87	0.79
2003	4.75	9.88	0.48	5.90	8.38	0.70	5.00	6.38	0.78
2004	4.43	14.17	0.31	5.91	11.07	0.53	6.97	5.33	1.31
2005	4.25	22.14	0.19	5.96	17.53	0.34	8.05	6.09	1.32
2006	3.88	23.17	0.17	5.78	18.24	0.32	7.17	5.75	1.25
2007	3.61	26.96	0.13	5.52	22.36	0.25	7.53	5.39	1.40

（三）人地系统脆弱性综合评价

人地系统脆弱性是经济系统、社会系统、自然系统共同作用的结果，是三者之间相互作用的函数。首先，采用层次分析方法确定各个子系统脆弱性的权重，将目标权重与指标数值的乘积作为人地系统脆弱性的数值；然后，采用加权求和方法求出人地系统脆弱性评价值。

1. 权重的确定

通过层次分析法，根据重要程度进行专家打分，建立判断矩阵，确定各个指标的权重，并作一致性检验（徐建华，2002）。经济、社会、自然系统脆弱性的权重结果表 8-4 所示。

表 8-4 人地系统子系统脆弱性权重

A	B_1	B_2	B_3	W	一致性检验
B_1	1	2	3	0.53 897	$\lambda_{max}=3.01$
B_2	1/2	1	2	0.29 723	CI=0.0046
B_3	1/3	1/2	1	0.16 380	CR=0.007<0.1

2. 计算结果

根据经济系统、社会系统、自然系统的权重值，通过加权求和得到辽源市人地系统脆弱性的变化值，人地系统脆弱性的评价结果如表 8-5 所示。

表 8-5 人地系统脆弱性评价结果

年份	1990	1991	1992	1993	1994	1995	1996	1997	1998
脆弱性	3.92	3.30	2.55	2.72	2.17	1.66	1.17	1.30	1.26
年份	1999	2000	2001	2002	2003	2004	2005	2006	2007
脆弱性	1.15	1.04	0.69	0.63	0.60	0.54	0.42	0.39	0.37

二、辽源市人地系统脆弱性评价结果分析

(一)经济系统脆弱性评价结果分析

根据经济系统脆弱性数值的变动(图 8-6),将演化过程分为三个阶段。

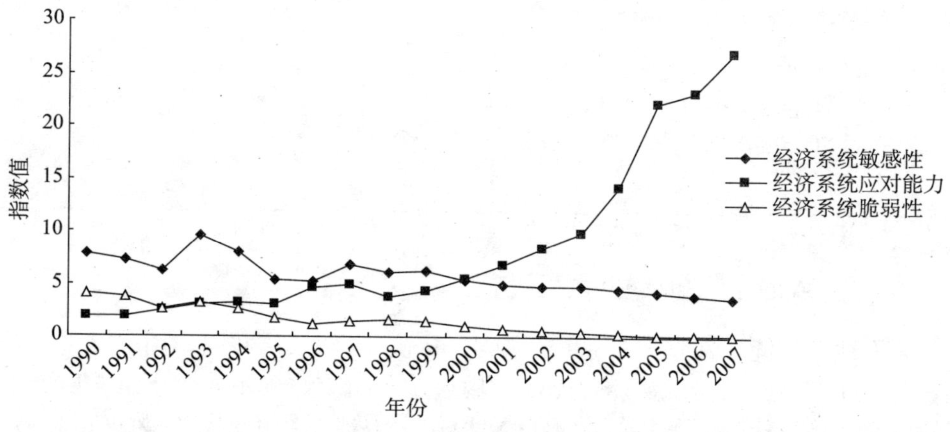

图 8-6 经济系统脆弱性演变过程

(1)1990～1994 年,这个时期辽源市经济系统属于高敏感性、低应对能力的高脆弱性时期。1990 年辽源市经济系统脆弱度最高,达到 4.11,1994 年辽源市脆弱性降为 2.56,这段时期平均脆弱度为 3.23,平均敏感性为 7.77,平均应对能力为 2.49。该阶段辽源市经济系统敏感性处于主导地位,期间煤炭资源出现枯竭,煤炭产业开始衰退,原有国有企业面临改革,接续产业规模弱小,内部结构和外部环境对经济发展的扰动作用较强,同时自身经济产业层次低,结构不合理,产品附加值低,缺乏竞争力,经济系统应对能力较弱,脆弱性程度明显。

(2)1995～1999 年,经济系统脆弱性有所下降,1995 年脆弱性为 1.77,1999 年将为 1.42,降幅较小。期间脆弱度平均值为 1.515,敏感性为 5.94,应对能力为 5.17,属于高敏感性、中应对能力的较高脆弱性。这一时期辽源市境内煤炭资源接近枯竭,煤炭市场经济不景气,煤炭产值不断下降,国有企业改革不断深化,辽源市经济发展在资源枯竭和体制改革深入的影响下,

应对能力波动上升，对外部条件变化的敏感性出现阶段性增强，经济系统脆弱性总体处于下降态势。

(3) 2000～2007年经济系统脆弱性表现为快速下降，2007年经济系统脆弱性达到最低，仅为0.1337。这一时期平均脆弱性度为0.543，应对能力为11.15，敏感性为4.76，为高应对能力、低敏感性的低脆弱性。这段时期受境内煤炭资源枯竭的影响，煤炭开采成本增加，产值下降，在国家的政策推动下，国有企业经历了改革历程，国有工业产值比重大幅度下降，使经济系统敏感性因素扰动作用不断下降；同时，在国家政策和资金的支持下，确定了重点发展的接续产业，国有企业改革成效显著，处于衰退后的振兴阶段，并取得了显著经济效益，经济实力增强，经济系统的应对能力不断增强。2003年以来，辽源市煤炭产业在国家政策的带动下得以恢复和发展，辽源矿业集团所辖的域外煤矿发展迅速，煤炭产值迅速提高，但是由于煤炭开采活动发生在域外，产生的经济效益对辽源市经济发展的贡献较大，一定程度上提高了辽源市经济系统应对能力。

对脆弱性因素影响程度分析，加剧经济系统敏感性的因素中，煤炭增加值占GDP比重和国有企业产值比重的影响作用最大，煤炭产业增加值占GDP比重反映了煤炭产业对经济结构扰动影响，国有企业产值的比重反映计划经济体制的扰动程度，可以看出减少煤炭产业增加值，促进非公有经济发展，是降低经济系统的敏感性重要手段；促进经济系统应对能力的因素中，固定资产投资、工业劳动效率、非国有工业产值、利用外资比重较高，因此提高这些指标的总量，是增强经济系统应对能力的重要措施。在整个研究阶段，以2000年为分界点，2000年之前，经济系统敏感性大于应对能力，2000年之后，应对能力大于敏感性。经济系统的敏感性和脆弱性都呈现波动下降的趋势，经济系统应对能力呈现较为稳定上升趋势。

（二）社会系统脆弱性的评价结果分析

从社会系统脆弱性指数演变特征来看（图8-7），研究期内辽源市社会系统脆弱性可划分为三个演变阶段。

(1) 1990～1997年，社会系统敏感性程度呈现波动下降，应对能力表现为缓慢上升。这段时期社会系统敏感性平均值为6.95，应对能力平均值仅为3.21，脆弱性平均值为2.57，社会发展在外部扰动下表现出了较强的敏感性，社会系统自身应对能力较弱，脆弱性程度很高。受资源枯竭和国企改革的双重扰动，国有企业处于停产和半停产的停滞状态，下岗失业人数开始不断增加，社会保障体系不健全，城镇居民生活水平普遍偏低。同时，煤炭生产效率下降，安全事故频发，使社会发展处于不稳定的状态，社会系统表现

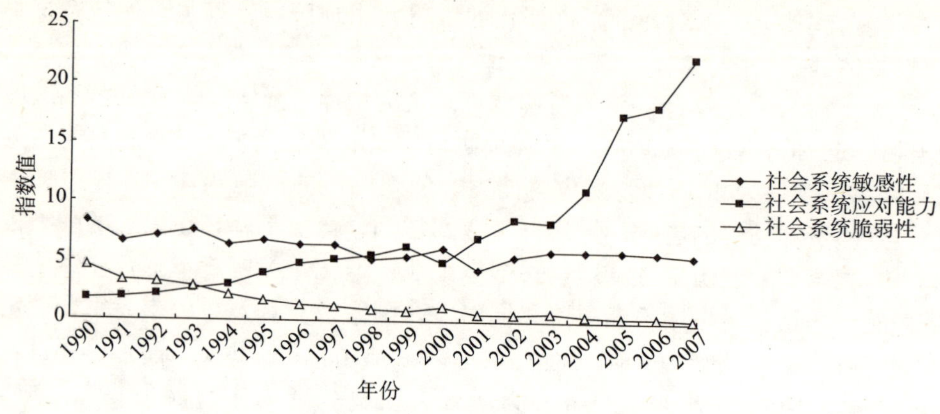

图 8-7 社会系统脆弱性演变过程

出资源枯竭型城市典型的社会问题。

(2) 1998～2002 年，辽源市社会系统敏感性平均为 5.33，应对能力平均值为 6.45，脆弱性平均值为 0.87，社会系统的敏感性出现上升趋势，在国家政策的推动下，应对能力提升相对较快，影响程度超过了敏感性，社会系统脆弱性程度有小幅下降。这一时期国家继续深化国企改革和体制转轨，并相应地出台了一系列的保障政策，建立了企业资产重组、下岗工人失业等社会保障制度，一定程度上缓解了城市社会问题。但是，短期内辽源市下岗工人急剧增多，煤炭企业长期拖欠工人工资，基本处于停产和半停产状态，城市再就业压力较大，仅能依靠低保维持生活，社会问题比较突出。

(3) 2003～2007 年，辽源市社会系统敏感性呈现波动下降态势，社会系统应对能力得到了快速提升，社会系统脆弱性逐年下降。2003 年以来，国家正式出台了振兴东北老工业基地和支持矿业城市经济转型政策，辽源市作为首批转型试点成为受益城市之一，经济社会发展获得了巨大的财政支持，在国家政策和资金的支持下，辽源市通过招商引资、引进高新技术项目、建立高新技术园区，完善城市基础设施建设，重新优化城市布局，进行棚户区和塌陷区的改造，确立了三大接续产业并不断发展壮大，成为辽源市经济发展支柱产业，经济社会发展增长速度跃居吉林省第一位，城市经济转型成效明显，提高了辽源市社会系统的应对能力。但是，辽源市经历了煤炭产业衰退和国有企业破产重组等经济社会变动，目前仍处于经济衰退的振兴期，短期内难以吸纳更多的就业人口，原有城镇失业累计人数不断增加，农村新增劳动力加剧了就业矛盾。城市社会系统敏感性的调控仍需一个较长的过程。

(三) 自然系统脆弱性的评价结果分析

1990～2007 年，辽源市自然系统脆弱性的演化经历了两个阶段（图

8-8），1990～2001 年，辽源市自然系统脆弱性呈现震荡减弱的趋势，到 2001 年其脆弱性指数达到最小，这期间，辽源市域内煤炭资源日趋枯竭，煤炭产业也随之日渐衰落，其对自然系统的扰动作用也随之减小。2002～2007 年，辽源市自然系统脆弱性呈现震荡增强的趋势，这主要是因为接续产业的快速发展，成为一个新的扰动因素，并且这种扰动作用呈现逐年增强的态势。辽源市自然系统脆弱性指数最大值出现在 1992 年，其次是 2007 年，最小值出现在 2001 年。

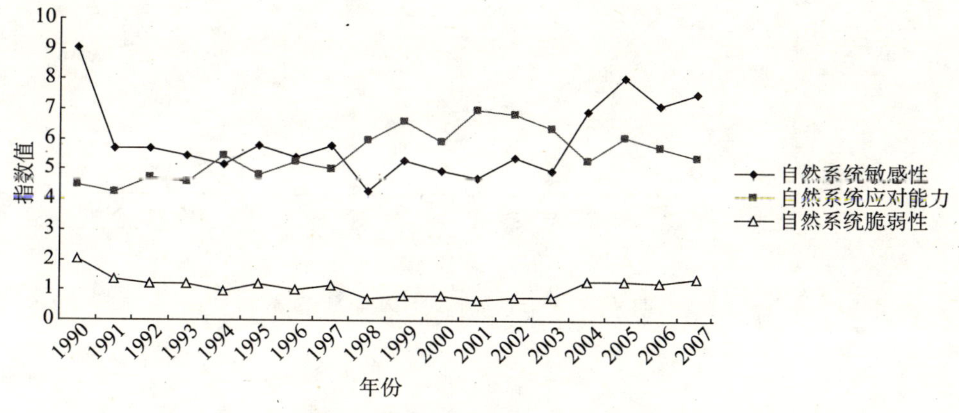

图 8-8　自然系统脆弱性演变过程

从辽源市自然系统脆弱性的影响因素来看，在影响自然系统敏感性的因素中，二氧化硫排放量、水土流失量、固体废物产生量的影响作用均较大；在影响自然系统应对能力的因素中，人均城市环境建设资金的影响作用最大。另外，辽源市自然系统的敏感性指数与应对能力指数具有极强的相关性。

辽源市自然系统脆弱性的评价结果与经济转型发展过程较为一致。转型前期，由于煤炭资源枯竭，煤炭产业衰退，经济发展对自然系统的扰动效应逐步减轻，自然系统脆弱性指数表现为逐渐减小的趋势；转型后期，由于接续产业的逐步发展壮大，经济呈现快速发展的局面，经济发展对自然系统的扰动效应逐步增强，脆弱性指数也随之增大。

（四）人地系统脆弱性的总体评价

由图 8-9 可以看到，1990～2007 年，辽源市人地系统脆弱性呈总体下降的趋势，这主要源于辽源市人地系统的三个子系统的脆弱性均呈现总体下降的趋势。1990～1992 年辽源市人地系统脆弱性持续下降，1993 年，辽源市人地系统脆弱性为 2.72，高于 1992 年的 2.55，虽然此期间辽源市自然、社会子系统的脆弱性仍然呈下降趋势，但由于经济系统脆弱性的增大，导致整个人地系统脆弱性的增大。1993～1996 年，辽源市人地系统脆弱性持续下降，

1997 年人地系统脆弱性数值则高于 1996 年，这主要是由于此期间经济子系统的脆弱性及自然子系统的脆弱性均呈增长的趋势，1997 年后，虽然个别年份，社会、自然子系统的脆弱性呈现出增长的态势，但辽源市人地系统脆弱性的数值则是逐年减小。

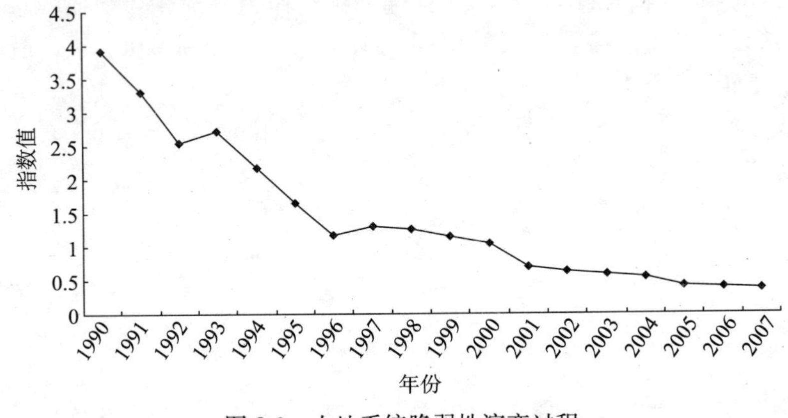

图 8-9　人地系统脆弱性演变过程

第四节　辽源市人地系统可持续发展对策

一、经济系统可持续发展对策

（一）优化产业结构和布局，提高产业素质

煤炭产业在辽源市国民经济中长期居于主导地位，伴随着煤炭资源的逐渐枯竭，经济结构性转型和产业升级改造已经势在必行。首先，加强对剩余煤炭资源的高效开发，淘汰落后产能，加快技术升级，并进一步拓展域外资源的开发。其次，应发展煤炭产业的下游产业，延长产业链，从“单一煤炭”向“多元煤炭”转型，发展煤化工、矿山设备制造等下游产业（朱训，2004）。

大力提高接续产业的发展水平，提高经济系统自身的应对能力。加强纺织、建材等传统行业高新技术改造，加快产品深加工，延伸产业链条。促进以现代制药为方向的医药健康产业，重点发展以梅花鹿等为特色的生物制药产品，立足高端产品方向，提高自主研发能力，实现产业带动作用。对原有装备制造业、机械加工进行整合和技术改造，发展新材料产业，利用“长春一汽”的辐射带动，建立以汽车零部件为龙头的新材料生产基地。积极整合原有资源优势，努力提高产业的科技含量，培育市场化经营模式，以龙头企业为依托，实现产业规模化和高级化。按照“集聚”的规模效益，建立产业聚集区，加快生产要素集聚，促进区域工业布局的调整优化和土地资源的集约利用，控制区域间的产业同构和无序竞争，构筑具有强大竞争力和区域辐射力的工业空间体系（王国栋和申守勤，2009）。

拓展优化第三产业结构，巩固原有优势的批发零售贸易、餐饮业，大力发展旅游业、信息产业、物流业等高层次产业，优化第三产业的空间布局，提升产业素质。加强旅游基地建设，开发建设清朝历史文化古迹旅游产品，加强东辽河源头、乌龙山森林公园、关门生态村、清河林果园、农业科技生态园、仁合山庄等生态旅游度假区的建设，发展一批在省内外有一定影响的生态旅游区。依托“山水城市”的优势，把城市建设与发展旅游业充分融合，加快商业步行街、休闲广场等基础设施建设，做到基础设施景观化，环境建设艺术化。加快物流中心建设，把辽源市区建设成吉林省综合性物流基地和一级物流中心，把那丹伯、安恕镇建设成农副产品专业性物流中心，成为二级物流中心。

积极建设农业基地，发展高效农业，建设集约化旱作绿色农业基地；发展无公害畜牧业，建设规模化的畜牧业生产基地。促进绿色食品产业化和农业基地建设，支持农产品加工业的发展，提高农业产业化规模和效益。

（二）拓宽融资渠道，增强外部援助机制

辽源市应该突出重点区域，重点产业，利用现有产业基础，借助老工业基地振兴和矿业城市经济转型的政策，积极引进资金和技术。创新招商引资的机制和方式，发挥政府在招商引资中的推动作用，强化企业的主体作用。开辟招商引资新途径，努力实现招商引资队伍网络化、招商人员专业化、招商形式多样化。组织综合主题招商、专业招商和小型化招商活动。积极吸纳战略投资者，在更深、更广领域、更高层次实现招商引资。大力发展外向型经济，进一步加强对外经济合作和交流，积极推动不同领域、不同层次的对外开放，实施以质取胜和市场多元化战略，优化出口产品结构，进一步扩大商品出口，努力开拓国际市场，提高出口对辽源市经济的拉动作用。

积极拓宽融资渠道，加大融资力度，确保建设重大工程的需要。把招商引资作为筹措资金，推进项目建设的主要举措，搞好招商项目的选择和筹划，提高招商引资项目的成功率和资金到位率，充分发挥各金融机构的主渠道作

用，搞好银行企业项目对接，将更多重点项目纳入支持计划。完善融资平台，加快投资融资体制改革。实施金融生态环境建设工程。加强与金融部门的合作，最大限度地发挥金融部门的重要作用。发挥地方优势，全力做大做强城市信用联社，完善地方银行的投资融资功能。结合企业产权制度改革，加快资产重组，引入增量，盘活存量，促进资本流动。大力发展资本市场，选择效益好的企业争取发行股票上市和发行企业债券进行融资。努力增加有效投资，加强政府宏观调控部门与项目法人单位的协调配合，积极争取国家、省政策性资金支持。完善投融资政策，启动民间资本存量，扶持鼓励民营企业上项目，降低民营企业的经营风险和经营成本，提高民营企业的存活率和成功率。

（三）发展民营经济，增强经济活力

改革开放的实践证明，发展民营经济是发展地方经济，增强地方实力的有效选择，也是安排就业、增加财政收入的重要渠道。2007 年辽源市民营经济所占比重超过了全部经济的 70%，税收占全部税收的 50%以上。民营经济的不断发展壮大，经济实力的进一步提高，是实现经济转型的重要路径。从经济转型的需要出发，民营经济要从传统制造业和商贸业，向高技术高附加值的先进制造业和新兴服务业转变，提升民营经济的产业层次和发展水平。要引导民营企业以大中型骨干企业为依托，充分发挥骨干企业的吸聚和带动功能，配套生产上下游产品，拉长产业链，形成配套协作的生产格局。各类园区要以吸纳民资和外资为主，提供便利服务，降低创业成本，减少投资风险，引导民营企业入园发展，促进产业集群，追求集聚效益。另外，政府要加大对非公有制经济发展的扶持保护力度，全面消除民营经济发展的体制性障碍，使民营企业在投资、融资、税收、贸易、价费、用地和财政性扶持资金使用等方面与其他企业享有同等待遇，强化民营经济对辽源市经济发展的带动作用。

二、社会系统可持续发展对策

（一）扩大就业，完善社会保障体系

大力开发就业岗位，拓宽就业渠道，不断完善社会保障制度建设。具体的措施：一是结合经济产业结构的调整，培育新的经济增长点，提高就业容量，吸纳更多的劳动力就业；二是大力发展第三产业、中小企业和非国有经济，鼓励劳动者从事社区服务业，实现劳动力就业结构的大调整；三是在深化国企改革，增加国企对劳动力需求的同时，从政策上大力鼓励、扶持和发展非国有经济，促进劳动者自愿组织起来就业，到私营、三资企业就业，或

从事个体经营实现就业；四是引导劳动者转变择业观念，积极推行非全日制工作、弹性工时、家庭工、阶段就业等就业形式。

扩大基本养老保险的覆盖范围，实行统一的社会统筹和个人账户相结合基本养老保险制度，建立稳定的基本养老保险基金来源机制。二是失业保险制度。抓好失业保险扩面和征缴工作，有计划、有步骤地指导各地区完成下岗职工基本生活保障与失业保险制度的并轨，继续实行失业保险基金征缴目标责任制。三是医疗保险制度。进一步完善城镇职工基本医疗保险制度，进一步完善基本医疗保险政策与管理，进一步完善基本医疗保险的费用支付办法和费用控制办法，提高医疗保险的抗风险能力。四是农村社会养老保险制度。为促进城乡社会保障的融合，在家庭保障和个人自我保障为主的基础上，逐步建立和完善个人缴费为主、集体补助为辅、国家政策扶持的农村社会养老保险制度。在城乡经济发展水平逐步缩小的条件下，逐步缩小城乡社会保障水平的差距，最终建立城乡一体化的社会保障体系。

（二）加强城市社会发展环境建设

城市社会发展水平的高低是影响城市竞争力的关键因素，也是城市社会系统适应能力的重要标志。加强城市社会发展环境建设包括优化城市布局、健全基础设施和完善软环境等方面。具体的措施：首先，优化城市布局和空间规划。在辽源市原有城市建设的基础上对城市布局结构和功能进行优化组合，完善城市建设和管理的手段和依据。其次，调整城市产业布局。实现城市功能和目标合理定位，立足优势搞好城市的产业布局，按照因地制宜、功能互补的原则，科学规划和布局，不断完善城市功能和配套设施，提高城市建设水平，塑造城市特色形象。再次，形成协调互补的城镇体系。从辽源的实际出发，完善以辽源市区为中心，以东丰镇、白泉镇为次中心，以渭津、大阳等乡镇为节点的空间结构形态，形成优势突出、各具特色、功能互补的城镇格局。最后，围绕城市转型和发展接续产业，抓紧制定出台相关的政策措施。充分利用国家有关振兴东北老工业基地、支持资源枯竭地区和城市发展接续产业、支持粮食主产区、中小企业、民营企业发展等方面政策和措施，形成良好的发展软环境，有效吸引外部项目投资，加强现代企业制度建设，积极推行全民创业、招商引资、发展民营经济，加强政府、企业的诚信体系建设，并出台鼓励和扶持政策。创造开放、公平、竞争的发展环境。同时，进一步完善城市基础设施建设，加强城市土地利用、拆迁、运输、供电、供水、供热、通信和道路等方面的投资建设力度。

（三）转变思想观念，树立城市文化形象

辽源市作为东北老工业基地的一部分，长期以生产煤炭为主，不注重城

市文化建设，城市文化形象模糊，原有思想文化观念相对陈旧，缺乏市场意识、竞争意识。因此，辽源市应该加快转变思想文化观念，在对外交流、引进借鉴中树立市场观念、商业观念、法制观念、竞争观念、效益观念，形成机遇意识、开放意识、创新意识、独立意识，做到传统与现代的交融、渗透、贯通，对原有陈旧思想进行变革和创新。政府应当加大教育科学投入，大力发展文化教育事业，加强文化基础设施建设，更新文化观念，提高人们的文化素质，实现经济与文化的融合共生。同时，辽源市应该在现有东北区域文化的基础上，挖掘地方文化潜力，整合区域文化资源，提高区域文化竞争力。加强区域文化特色建设，因地制宜塑造自身区域文化形象。通过建立区域文化形象，对内可以增强凝聚力，对外可以提高自身的知名度，从而提升城市形象，增强外部吸引力，促进区域经济社会发展（邱朝霞，2006）。

（四）积极吸引高素质人才

人才是经济增长的强有力引擎，是生产效率提高和现代经济增长的重要源泉。针对辽源市存在的人才结构不合理、流失严重、缺乏高素质专业技术人员的问题，辽源市要采取如下几项措施：首先，大力发展职业教育，培育应用实践型人才；其次，政府应更新观念，创新人才机制，全面推行竞争上岗、择优录用、鼓励流动、适度交流的用人方针，引进、培养、使用多管齐下，鼓励人才的正常流动与合理竞争，尽快形成各类人才脱颖而出的机制，让更多的人力资源流动、转移和配置到经济转型发展的第一线；再次，要创新人才环境，政府部门可利用各种有效的调控手段，通过制定和完善政策，转变政府职能，增强服务意识，加大支持力度等，抓好人才引进、人才开发、人才使用等各个环节，努力塑造一个适宜人才发展的宽松激励的社会环境；最后，全面整合现有人力资源，结合人才引进，实施科技创新，优化科技资源配置，着力建设以企业为主体，高等院校为依托，社会科技服务机构为中介，政府积极推动，产学研紧密结合的科技创新体系。

三、自然系统可持续发展对策

（一）加大环境治理的投资

加大环境治理是提升城市自然系统适应能力，进而降低其脆弱性的一个有效手段。辽源市长期以来环境治理投入不足，主要原因还是城市财政困难。辽源矿务局是辽源市最大的煤炭企业，企业利润和所得税全部上缴中央，此种情况造成辽源市及矿业企业的积累长期偏低。随着煤炭资源趋于枯竭，加之历史欠账太多，造成了辽源市财政连年亏空，赤字不断增长。在这种情况下，辽源市财政没有大规模进行环境治理能力。在振兴东北老工业基地战略的支持下，结合辽源市资源型城市转型试点工作，国家和吉林省要加大对辽源市环境治理方面的支持。同时，辽源市要创新机制和政策，多方引入民间资本，并逐步建立和完善生态补偿制度，以确保治理资金及时而稳定的供给。

（二）严格执行环保法律法规，加大环境监管与宣传力度

目前，我国已经建立了相关的法律体系，如《矿产资源法》、《环境保护法》、《土地管理法》、《煤炭法》和《森林法》等法律法规。应结合矿业城市的生态与环境问题特点，健全矿业城市环境治理和保护的法律法规体系。各级环保部门要依据相关环境治理和保护的法律法规，落实监管责任，加强监管力度。环境治理和保护能够降低辽源市自然系统的敏感性，增强它的反应能力，从而从根本上降低自然系统的脆弱性（李鹤，2009）。

通过宣传教育，使人们逐渐认识到环境保护的重要性。自觉保护环境，自发地培养与自然和谐相处的意识。倡导正确的生活方式，建立健全公众参与机制，共同参与“绿色”管理，使人与自然和谐发展具有深厚的群众基础。建立环保问题公众听证会制度，充分调动广大人民群众参与生态和环境建设的积极性。

（三）采取有针对性的环境治理与保护措施

第一，在农村，积极引导农民使用农家肥，鼓励农民减少燃烧农作物秸秆，并让其自然还田；控制规模化畜禽渔养殖业的污染，推广畜禽养殖业粪便综合利用和处理技术，鼓励建设养殖业和种植业紧密结合的生态工程，开展畜禽渔养殖污染、面源污染的综合防治。在城市，加快城市污水管网建设，提高污水收集率和处理率，推广中水回用，完善城市污水处理厂长效运行机制和监管机制。关于工业水污染的治理，结合产业结构调整，提倡循环经济发展模式，采用高新适用技术改造传统产业，支持企业通过技术改造，节水降耗，综合利用，实行水污染全过程控制，减少生产过程中的水污染物排放（沙景华和李刚，2005）。

第二，遏制东辽河、松花江流域水土流失的加重发展，建立起比较完善的水土保持监督管理体系和水土流失动态监测网络。通过治理和监督管理，从根本上改变二龙山水库和辉发河水系东丰段的水污染及水土流失现象。

第三，调整城市燃料结构，控制大气污染，严格执行政府关于燃煤含硫量小于1%和灰分少于15%的规定，鼓励使用气、油、电等洁净燃料。

第四，开展矿山生态环境现状调查和评价，逐步建立和完善矿山生态环境与次生地质灾害动态监测和防治系统。建立矿山企业环境保护责任制度，

对“三废”排放过多、生态环境破坏严重和造成环境污染逾期不能达标的矿山，要强行停产整顿或强令关闭。引导、鼓励矿山企业对矿山环境保护和污染防治方面的科学研究与技术改造，减少矿产开发对生态环境的影响。对关闭的坑采矿区要进行次生地质灾害防治处理；对关闭的砖瓦黏土矿区，恢复植被或改造为农田；对废弃矿区的地面沉降、塌陷，做好监测预报，避免次生灾害发生。

参考文献

郝莹莹.2004.资源枯竭型城市社会成本研究——以吉林省辽源市为例.长春：东北师范大学硕士学位论文.

李鹤.2009.东北地区矿业城市人地系统脆弱性评价与调控研究.长春：中国科学院东北地理与农业研究所博士学位论文.

辽源市地方志编撰委员会.1995.辽源市志.长春：吉林人民出版社.

辽源市国土资源局.2003.辽源市矿产资源规划（2001～2010）.

霍斯利·钱纳里，鲁宾逊·S，塞尔奎因·M，等.1995.工业化和经济增长的比较研究.吴奇，王松宝，伍云长，等译.上海：上海人民出版社.

邱朝霞.2006.资源枯竭型城市区域竞争力再培育研究——以辽源市为例.长春：东北师范大学硕士学位论文.

沙景华，李刚.2005.矿业城市经济转型的模式选择及经验研究——以吉林省辽源市为例.中国矿业，14（12）：22-26.

孙世民.2005.基于熵权的城乡结合部地域特征属性模糊界定研究.山东农业大学学报，（3）：43-50.

王国栋，申守勤.2009.资源枯竭型城市转型规划理论与实践.长春：吉林摄影出版社.

谢赤，钟赞.2002.熵权法在银行经营绩效综合评价中的作用.中国软科学，（9）：107-110.

徐建华.2002.现代地理学中的数学方法.北京：高等教育出版社.

朱训.2002.21世纪中国矿业城市形势与发展战略思考.中国矿业，11（1）：1-9.

朱训.2004.矿业城市的可持续发展是振兴东北老工业基地的基础.资源与产业，6（5）：1-4.

Gallopín G C. 2006. Linkages between vulnerability，resilience，and adaptive capacity. Global Environmental Change，16（3）：293-303.

Janssen M A，Schoon M L，Ke W，et al. 2006. Scholarly networks on resilience，vulnerability and adaptation within the human dimensions of global environmental change. Global Environmental Change，16（3）：240-252.

Turner II B L，Kasperson R E，Matson P A，et al. 2003. A framework for vulnerability analysis in sustainability science. PNAS，100（14）：8074-8079.